普通高等教育"计算机类专业"规划教材

ASP.NET
动态网站设计教程（第2版）
——基于C#+SQL Server 2008

刘萍 主编
李学峰 副主编
谢旻旻 赵颖 潘春花 参编

清华大学出版社
北京

内 容 简 介

全书共11章，分为基础篇、核心篇和实战篇三部分，全面而又详尽地介绍了微软公司推出的新一代企业级开发平台ASP.NET 4.0。读者通过学习本书，能够在最短的时间内开发出高效、可靠和可扩展的网站。

本书的基础篇主要包括ASP.NET基础、HTML简介及使用技巧、C#语言基础、ASP.NET常用对象，完整详尽地介绍网站设计基础知识；核心篇包括ASP.NET控件、SQL Server 2008数据库管理、ADO.NET数据库编程、数据绑定、ASP.NET AJAX基础以及LINQ技术，该部分完整讲述了ASP.NET主要核心技术的使用方法；实战篇通过具体的应用程序设计实例详细介绍了利用ASP.NET开发动态网站的整个过程。全书提供了大量应用实例，每章后均附有实战习题。

本书内容丰富、实例翔尽、可操作性强，可作为高等院校本、专科计算机专业或非计算机相关专业的教材，也可作为各类ASP.NET培训和网站制作爱好者的参考资料。

本书封面贴有清华大学出版社防伪标签，无标签者不得销售。

版权所有，侵权必究。举报：010-62782989，beiqinquan@tup.tsinghua.edu.cn。

图书在版编目（CIP）数据

ASP.NET动态网站设计教程：基于C#＋SQL Server 2008/刘萍主编. —2版. —北京：清华大学出版社，2016(2021.2重印)
　普通高等教育"计算机类专业"规划教材
　ISBN 978-7-302-42197-9

Ⅰ.①A… Ⅱ.①刘… Ⅲ.①网页制作工具－程序设计－高等学校－教材 Ⅳ.①TP393.092

中国版本图书馆CIP数据核字(2015)第278950号

责任编辑：白立军　薛　阳
封面设计：常雪影
责任校对：白　蕾
责任印制：刘海龙

出版发行：清华大学出版社
　　网　　址：http://www.tup.com.cn, http://www.wqbook.com
　　地　　址：北京清华大学学研大厦A座　　邮　编：100084
　　社 总 机：010-62770175　　　　　　　　邮　购：010-83470235
　　投稿与读者服务：010-62776969, c-service@tup.tsinghua.edu.cn
　　质量反馈：010-62772015, zhiliang@tup.tsinghua.edu.cn
　　课件下载：http://www.tup.com.cn, 010-83470236

印 装 者：北京九州迅驰传媒文化有限公司
经　　销：全国新华书店
开　　本：185mm×260mm　　印　张：25.75　　字　数：621千字
版　　次：2013年2月第1版　2016年1月第2版　　印　次：2021年2月第5次印刷
定　　价：49.00元

产品编号：066760-01

《ASP.NET 动态网站设计教程（第 2 版）——基于 C♯+SQL Server 2008》 前言

近年来，ASP.NET 技术已经成为越来越多的 Web 应用开发人员的首选。本书第 1 版基于 ASP.NET 2.0 于 2013 年年初出版，并受到广大读者的一致好评，随着 Microsoft .NET Framework 4.0 的发布，采用 ASP.NET 4.0 和 SQL Server 2008 进行动态网站开发，无论在设计思想、开发效率，还是在编程模式等方面都有了很大的改进，代码更精简、更安全，采用已编译的、由事件驱动的编程模型，使应用程序性能进一步得到提升。因此，为了适应市场需求，作者在第 1 版的基础上编写了基于 C♯+SQL Server 2008 的 ASP.NET 网站设计教程第 2 版。

本书采取了"删繁就简"的基本原则，重点介绍 Web 开发的技术体系，帮助读者建立网站建设的知识框架，直观展示示例项目的实际开发技术与操作步骤，剖析示例的技术要点。本书各章都涉及"实践与练习"部分，提供了许多与讲授内容密切相关的编程场景与习题，其目的是进一步总结归纳知识点，培养读者的应用和探索能力。

另外，程序设计规范应该是每位开发者从开始编程就应该注重的，但很多人往往忽视了这一点，只将关注的重心放在技术点上，结果反而制约了技术能力的发挥。因为在实际开发工作中，不论是团队开发，还是产品开发，要求都是统一规范，如果到那时再培养自己的规范习惯，欲速则不达。本书并没有刻意去介绍编程规范，而是将其融入每一个具体的实例中，使读者在学习过程中，自然而然地感知并强化良好的编程习惯。

本书采用 ASP.NET 4.0 版本，用 C♯作为后台编程语言，C♯是微软专为.NET 系统量身定做的语言，越来越多的.NET 开发者选择了 C♯语言。如果读者已经掌握了 VB、C/C++或者 Java 语言，则 C♯是很容易入门的，其中第 3 章是对 C♯的介绍。本书案例的开发工具为 Microsoft Visual Studio 2010。

总之，让读者循序渐进地掌握 ASP.NET 这个强大的开发工具，是编写本书的目的。本书主要作为高等院校本、专科计算机专业或非计算机相关专业的教材或参考书，面向学习 ASP.NET 技术的初、中级读者，也适合于广大初、中级网站开发者或动态网页的设计者。

本书共 11 章，分为三大部分：第一部分基础篇，包括 ASP.NET 基础、HTML 简介及使用技巧、C♯语言基础和 ASP.NET 常用对象；第二部分核心篇，包括 ASP.NET 控件、SQL Server 2008 数据库管理、ADO.NET 数据库编程、数据绑定、ASP.NET AJAX 基础以及 LINQ 技术；第三部分实战篇，涉及具体的应用程序设计实例，包括新闻发布系统和注册及登录验证模块设计。

书中第 1、5 章由青海广播电视大学开放教育学院赵颖编写，第 2、3、4 章由深圳市中医院（广州中医药大学深圳临床医学院）计算机中心刘萍编写，第 7、10、11 章由青海民族大学

前言 《ASP.NET 动态网站设计教程（第2版）——基于 C#+SQL Server 2008》

计算机学院谢旻旻编写，第6、8章由青海广播电视大学教育技术中心李学峰编写，第9章由青海民族大学计算机学院潘春花编写。

　　鉴于编者水平所限，书中纰漏和考虑不周之处在所难免，恳请专家和广大读者不吝赐教，批评指正。

FOREWORD

第一篇 基 础 篇

第1章 ASP.NET 基础 ………………………………………… 3
1.1 C/S 与 B/S 架构体系 ………………………………… 3
1.1.1 C/S 架构 …………………………………… 3
1.1.2 B/S 架构 …………………………………… 4
1.1.3 C/S 与 B/S 的区别 ………………………… 4
1.2 静态网页与动态网页 ………………………………… 5
1.2.1 静态网页技术 ……………………………… 5
1.2.2 动态网页技术 ……………………………… 5
1.2.3 静态网页和动态网页的特点比较 …… 6
1.2.4 动态网页的发展阶段 ……………………… 6
1.3 .NET Framework 基础 ………………………………… 7
1.3.1 .NET Framework 概述 …………………… 7
1.3.2 公共语言运行库 …………………………… 8
1.3.3 .NET Framework 类库 …………………… 9
1.3.4 .NET Framework 的功能 ………………… 9
1.4 ASP.NET 环境搭建 …………………………………… 10
1.4.1 IIS 的安装与配置 ………………………… 10
1.4.2 安装 Visual Studio 2010 ………………… 12
1.4.3 配置 Visual Studio 2010 开发环境 …… 30
1.5 ASP.NET 网页语法 …………………………………… 37
1.5.1 ASP.NET 网页扩展名 …………………… 37
1.5.2 页面指令 …………………………………… 37
1.5.3 服务器端文件 ……………………………… 38
1.5.4 HTML 服务器控件语法 ………………… 42
1.5.5 ASP.NET 服务器控件语法 ……………… 43
1.6 制作一个 ASP.NET 网站 …………………………… 43
1.6.1 创建 ASP.NET 站点 ……………………… 43

　　　　1.6.2　设计 Web 页面 ………………………… 44
　　　　1.6.3　添加 ASP.NET 文件 …………………… 46
　　　　1.6.4　添加配置文件 Web.config …………… 47
　　　　1.6.5　配置 IIS 虚拟目录 ……………………… 48
　　实践与练习 …………………………………………… 49

第 2 章　HTML 简介及使用技巧 …………………… 51
　2.1　HTML 文件基本结构标记 ……………………… 51
　　　　2.1.1　制作一个基本的网页 …………………… 51
　　　　2.1.2　HTML 文件的基本结构 ………………… 52
　2.2　文本和图像标记 ………………………………… 55
　　　　2.2.1　常用文本标记 …………………………… 55
　　　　2.2.2　图像标记 ………………………………… 64
　　　　2.2.3　超链接标记 ……………………………… 65
　2.3　表格 ……………………………………………… 68
　　　　2.3.1　表格基本结构 …………………………… 69
　　　　2.3.2　表格常用标记及属性 …………………… 70
　　　　2.3.3　表格应用 ………………………………… 73
　2.4　表单 ……………………………………………… 76
　　　　2.4.1　表单基本结构 …………………………… 76
　　　　2.4.2　表单常用控件及属性 …………………… 77
　　　　2.4.3　表单应用 ………………………………… 83
　2.5　框架 ……………………………………………… 85
　　　　2.5.1　框架集与框架 …………………………… 85
　　　　2.5.2　框架应用 ………………………………… 87
　2.6　CSS 样式表 ……………………………………… 88
　　　　2.6.1　CSS 基础 ………………………………… 89
　　　　2.6.2　样式表的创建 …………………………… 89
　　　　2.6.3　样式表的应用 …………………………… 95
　　　　2.6.4　CSS 各种样式的定义 …………………… 96
　2.7　HTML 的其他常用标记 ………………………… 100
　　　　2.7.1　嵌入多媒体文件 ………………………… 100
　　　　2.7.2　播放背景音乐 …………………………… 103

　　　　　2.7.3　滚动效果 …………………… 105
　　　　　2.7.4　页面属性的设置 …………… 106
　　2.8　在 HTML 中使用 JavaScript ……… 109
　　　　　2.8.1　JavaScript 简介 ……………… 109
　　　　　2.8.2　在 HTML 中使用 JavaScript … 109
　　实践与练习 ……………………………… 114

第3章　C#语言基础 ……………………… 116
　　3.1　C#语言的特点 ……………………… 116
　　3.2　程序结构 …………………………… 117
　　　　　3.2.1　命名空间 …………………… 117
　　　　　3.2.2　类 …………………………… 120
　　　　　3.2.3　结构 ………………………… 123
　　3.3　C#的数据结构 ……………………… 125
　　　　　3.3.1　变量和常量 ………………… 125
　　　　　3.3.2　运算符 ……………………… 132
　　3.4　流程控制 …………………………… 137
　　　　　3.4.1　分支语句 …………………… 137
　　　　　3.4.2　循环语句 …………………… 146
　　3.5　集合类型 …………………………… 157
　　　　　3.5.1　数组 ………………………… 157
　　　　　3.5.2　枚举 ………………………… 160
　　3.6　错误和异常处理 …………………… 162
　　实践与练习 ……………………………… 166

第4章　ASP.NET 常用对象 ……………… 171
　　4.1　Response 对象 ……………………… 171
　　　　　4.1.1　Response 对象简介 ………… 171
　　　　　4.1.2　向浏览器发送信息 ………… 172
　　　　　4.1.3　重定向 ……………………… 173
　　　　　4.1.4　输出文本文件 ……………… 173
　　　　　4.1.5　设置缓冲区 ………………… 173
　　　　　4.1.6　检查浏览者联机状态 ……… 174

4.1.7 在指定时间段显示网页 …… 175
4.2 Request 对象 …… 175
  4.2.1 Request 对象的属性和方法 …… 175
  4.2.2 获取表单数据 …… 177
  4.2.3 获取客户端浏览器信息 …… 178
  4.2.4 获取服务器端环境变量 …… 179
  4.2.5 获取当前浏览器网页的路径 …… 180
4.3 Server 对象 …… 180
  4.3.1 Server 对象的常用属性和方法 …… 181
  4.3.2 HTML 编码和解码 …… 182
  4.3.3 URL 编码和解码 …… 182
  4.3.4 执行指定程序 …… 184
实践与练习 …… 185

第二篇 核 心 篇

第 5 章 ASP.NET 控件 …… 189
5.1 HTML 控件 …… 189
  5.1.1 表格 …… 189
  5.1.2 表单 …… 192
  5.1.3 图像 …… 198
5.2 常用控件 …… 200
  5.2.1 Label 控件 …… 200
  5.2.2 TextBox 控件 …… 204
  5.2.3 Button 控件 …… 207
  5.2.4 LinkButton 控件 …… 210
  5.2.5 ImageButton 控件 …… 213
  5.2.6 HyperLink 控件 …… 215
  5.2.7 ListBox 控件 …… 217
  5.2.8 DropDownList 控件 …… 220
  5.2.9 RadioButton 控件和 RadioButtonList 控件 …… 224
  5.2.10 CheckBox 控件和 CheckBoxList

      控件 ·· 228
   5.2.11 Image 控件 ································· 234
   5.2.12 ImageMap 控件 ·························· 236
   5.2.13 Panel 容器控件 ·························· 239
   5.2.14 FileUpload 文件上传控件············· 244
 5.3 数据验证控件 ··· 248
   5.3.1 非空数据验证 ······························· 249
   5.3.2 数据范围验证 ······························· 251
   5.3.3 数据比较验证 ······························· 252
   5.3.4 数据类型验证 ······························· 253
   5.3.5 数据格式验证 ······························· 253
   5.3.6 页面统一验证 ······························· 256
 5.4 站点导航控件 ··· 256
   5.4.1 TreeView 控件······························· 256
   5.4.2 Menu 控件 ····································· 259
   5.4.3 SiteMapPath 控件 ·························· 260
 实践与练习 ··· 260

第 6 章 SQL Server 2008 数据库管理 ············· 263
 6.1 表管理 ··· 264
   6.1.1 创建表 ·· 264
   6.1.2 修改表 ·· 267
   6.1.3 删除表 ·· 268
   6.1.4 查看和编辑表数据 ······················· 269
 6.2 常用 SQL 语句 ·· 272
   6.2.1 SELECT 语句 ······························· 272
   6.2.2 INSERT 语句 ································ 275
   6.2.3 UPDATE 语句 ······························· 275
   6.2.4 DELETE 语句 ······························· 276
 实践与练习 ··· 276

第 7 章 ADO.NET 数据库编程 ·························· 278
 7.1 ADO.NET 简介 ·· 278

		7.1.1 ADO.NET 对象模型 ………… 279
		7.1.2 ADO.NET 命名空间 ………… 280
	7.2	Connection 对象连接数据库 ………… 281
		7.2.1 使用 SqlConnection 对象连接 SQL Server 数据库 ………… 282
		7.2.2 使用 OleDbConnection 对象连接 OLE DB 数据源 ………… 282
		7.2.3 使用 OdbcConnection 对象连接 ODBC 数据源 ………… 283
		7.2.4 使用 OracleConnection 对象连接 Oracle 数据源 ………… 283
	7.3	Command 对象操作数据 ………… 284
		7.3.1 查询数据 ………… 285
		7.3.2 添加数据 ………… 287
		7.3.3 修改数据 ………… 289
		7.3.4 删除数据 ………… 292
	7.4	结合使用 DataAdapter 对象和 DataSet 对象 ………… 295
		7.4.1 使用 DataAdapter 对象填充 DataSet 对象 ………… 295
		7.4.2 对 DataSet 中的数据操作 ………… 297
	7.5	DataReader 对象读取数据 ………… 299
		7.5.1 使用 DataReader 对象读取数据 …… 299
		7.5.2 DataReader 对象和 DataSet 对象的区别 ………… 301
	实践与练习 ………… 301	

第 8 章 数据绑定 ………… 302

8.1 数据绑定简介 ………… 302
    8.1.1 简单数据绑定 ………… 302
    8.1.2 用于简单数据绑定控件 ………… 308
8.2 GridView 控件 ………… 312
    8.2.1 GridView 控件概述 ………… 312

    8.2.2 GridView 控件绑定数据源…………… 312
    8.2.3 GridView 控件外观设置……………… 314
    8.2.4 GridView 控件分页显示数据………… 323
    8.2.5 GridView 控件中数据排序…………… 326
  8.3 DataList 控件…………………………………… 329
    8.3.1 DataList 控件概述 …………………… 329
    8.3.2 DataList 控件绑定数据源 …………… 330
    8.3.3 使用 SelectedItemTemplate 模板 …… 332
    8.3.4 在 DataList 控件中编辑数据 ……… 335
  8.4 Repeater 控件…………………………………… 337
    8.4.1 Repeater 控件概述 …………………… 337
    8.4.2 在 Repeater 控件中显示数据 ……… 338
  实践与练习 ……………………………………………… 340

第 9 章 ASP.NET AJAX 服务器端编程 ……………… 341
  9.1 ASP.NET AJAX 基础 ………………………… 341
    9.1.1 AJAX 的基本概念和特点 …………… 341
    9.1.2 安装和配置 ASP.NET AJAX ……… 342
  9.2 ScritpManager 控件的使用 …………………… 344
  9.3 UpdatePanel 控件的使用 ……………………… 345
    9.3.1 UpdatePanel 控件基础 ……………… 345
    9.3.2 UpdatePanel 控件应用 ……………… 346
  9.4 UpdateProgress 控件的使用 ………………… 350
    9.4.1 UpdateProgress 控件基础 ………… 350
    9.4.2 UpdateProgress 控件应用 ………… 351
  9.5 Timer 控件的使用 …………………………… 353
  实践与练习 ……………………………………………… 354

第 10 章 LINQ 技术 ………………………………… 355
  10.1 LINQ 技术 …………………………………… 355
  10.2 LINQ 查询 …………………………………… 356
  10.3 使用 LINQ 操作数据库 …………………… 359
    10.3.1 LINQ to SQL ……………………… 359

10.3.2　对象模型和对象模型的创建 …… 360
10.3.3　查询数据库 …………………… 361
实践与练习 ……………………………… 362

第三篇　实　战　篇

第11章　应用程序设计实例 …………… 365
11.1　注册及登录验证模块设计 ………… 365
11.1.1　系统设计 ………………… 365
11.1.2　关键技术 ………………… 365
11.1.3　开发过程 ………………… 368
11.2　新闻发布系统 ……………………… 377
11.2.1　关键技术 ………………… 378
11.2.2　开发过程 ………………… 379

参考文献 ……………………………………… 397

第一篇 基 础 篇

第 1 章 ASP.NET 基础

本章学习目标
- 理解 C/S 与 B/S 架构体系以及静态网页与动态网页的区别。
- 理解.NET Framework 的基础。
- 熟练掌握 ASP.NET 环境搭建使用方法。
- 熟练掌握 ASP.NET 网页语法。
- 掌握如何搭建一个 ASP.NET 网站。

通过本章的学习读者将掌握如何创建 ASP.NET 4.0 网站并配置 Web.config 文件,搭建网站文件结构,本章还将学习 SQL Server 2008 的安装和基本操作。

1.1 C/S 与 B/S 架构体系

架构的思想萌芽自 1968 年 Dijkstra 的工作。架构设计出现的背景是需要进行超越算法和数据结构一级的设计,以适应软件规模和复杂性的增长。C/S 和 B/S 是当今世界开发模式技术架构的两大主流技术,C/S 是美国 Borland 公司最早研发的、基于客户/服务器的模式;B/S 是美国微软公司研发的、基于浏览/服务器的模式。目前开发出的很多产品都是基于 C/S 或 B/S 技术的。

1.1.1 C/S 架构

1. 什么是 C/S 架构

C/S 架构是一种典型的两层架构,全称是 Client/Server,即客户/服务器架构,其客户端包含一个或多个在用户的计算机上运行的程序;而服务器端有两种,一种是数据库服务器端,客户端通过数据库连接访问服务器端的数据;另一种是 Socket 服务器端,服务器端的程序通过 Socket 与客户端的程序通信。

C/S 架构也可以看作是胖客户端架构,因为客户端需要实现绝大多数的业务逻辑和界面展示。在这种架构中,作为客户端的部分需要承受很大的压力,因为显示逻辑和事务处理都包含在其中,通过与数据库的交互(通常是 SQL 或存储过程的实现)来达到持久化数据,以此满足实际项目的需要。

2. C/S 架构的优缺点

优点:
(1) C/S 架构的界面和操作很丰富。
(2) 安全性能很容易保证,容易实现多层认证。
(3) 由于只有一层交互,因此响应速度较快。

缺点:
(1) 适用面窄,通常用于局域网中。

(2) 用户群固定。由于程序需要安装才可使用,因此不适合面向一些不可知的用户。

(3) 维护成本高,发生一次升级,则所有客户端的程序都需要改变。

1.1.2 B/S 架构

1. 什么是 B/S 架构

B/S 架构的全称为 Browser/Server,即浏览/服务器架构。Browser 指的是 Web 浏览器,极少数事务逻辑在前端实现,但主要事务逻辑在服务器端实现,Browser 客户端,Web App 服务器端和 DB(数据库)端构成所谓的三层架构。B/S 架构的系统无须特别安装,只有 Web 浏览器即可。

B/S 架构中,显示逻辑交给了 Web 浏览器,事务处理逻辑则放在 Web App 上,这样就避免了庞大的胖客户端,减少了客户端的压力。因为客户端包含的逻辑很少,因此也被称为瘦客户端。

2. B/S 架构的优缺点

优点:

(1) 客户端无须安装,有 Web 浏览器即可。

(2) B/S 架构可以直接放在广域网上,通过一定的权限控制实现多客户访问的目的,交互性较强。

(3) B/S 架构无须升级多个客户端,升级服务器即可。

缺点:

(1) 在跨浏览器上,B/S 架构不尽如人意。

(2) 表现要达到 C/S 程序的程度需要花费不少精力。

(3) 在速度和安全性上需要花费巨大的设计成本,这是 B/S 架构的最大问题。

1.1.3 C/S 与 B/S 的区别

C/S 是建立在局域网基础上的,B/S 是建立在广域网基础上的。主要区别如下。

1. 硬件环境不同

C/S 一般建立在专用网络上,小范围网络环境,局域网之间再通过专门服务器提供连接和数据交换服务;B/S 建立在广域网之上,不必是专门的网络硬件环境,例如,电话上网,租用设备,信息可以自己管理,有着比 C/S 更强的适应范围,一般只要有操作系统和浏览器就行。

2. 安全要求不同

C/S 一般面向相对固定的用户群,对信息安全的控制能力很强,一般高度机密的信息系统采用 C/S 结构较为适宜,而仅通过 B/S 发布部分可公开信息;B/S 建立在广域网之上,对安全的控制能力相对较弱,面向的是不可知的用户群。

3. 程序架构不同

C/S 程序更加注重流程,可以对权限多层次校验,对系统运行速度可以较少考虑。B/S 对安全以及访问速度的多重考虑,建立在需要更加优化的基础之上,比 C/S 有更高的要求。B/S 结构的程序架构是发展趋势,从 Microsoft 的.NET 系列的 BizTalk、Exchange 等,全面支持网络的构件搭建的系统。Sun 和 IBM 推出的 JavaBean 构件技术等,使 B/S 更加成熟。

4. 软件重用不同

C/S 程序可以整体性考虑,构件的重用性达不到 B/S 结构的要求;B/S 对多重结构要求构件具有相对独立的功能,能够相对较好地重用这些构件。

5. 系统维护不同

C/S 程序由于整体性要求,必须整体考察以处理出现的问题和系统升级,升级较难,有可能需要再做一个全新的系统;B/S 构件的组成方便了构件个别更换,可以实现系统的无缝升级,使系统维护开销减到最小,用户从网上自己下载安装就可以实现升级。

6. 处理问题不同

C/S 程序处理用户界面是固定的,在相同区域安全要求高,需求与操作系统相关,都是相同的系统;B/S 建立在广域网上,面向不同的用户群,地域分散,与操作系统关系最小。

7. 用户接口不同

C/S 多是建立在 Windows 平台上,表现方法有限,对程序员普遍要求较高;B/S 建立在浏览器上,有更加丰富和生动的表现方式与用户交流,并且开发成本较低。

1.2 静态网页与动态网页

1.2.1 静态网页技术

网页一般分为静态网页和动态网页两大类,相应的网页开发技术也就分为静态网页技术和动态网页技术。

静态网页是指用纯 HTML 代码编写的网页,并保存为.html 或.htm 的文件形式。这种用纯 HTML 代码编写的网页在制作完成后,任何人在任何时候采用任何方式浏览该页面,所看到的浏览结果都是相同的。因此,这种网页的内容更新较为烦琐,必须是设计制作好之后用专门的软件上传到服务器上才能更新。例如,网站的栏目有些是长时间不变的,像这样的页面宜采用静态网页来实现,且浏览的速度比较快。静态网页适合于一些产品规格恒定,不轻易变更的小规模公司,其作用主要是用于配合传统媒体做广告宣传,适用于一般更新较少的展示型网站。

在 HTML 格式的网页上,也可以出现各种动态的效果,如.GIF 格式的动画、Flash、滚动字幕等,这些"动态效果"只是视觉上的,与下面将要介绍的动态网页是不同的概念。

1.2.2 动态网页技术

所谓动态网页,就是根据用户的请求,由服务器动态生成的网页,用户在发出请求后,从服务器上获得生成的动态结果,并以网页的形式显示在浏览器中。在浏览器发出请求指令之前,网页中的内容其实并不存在,这就是其动态名称的由来。换句话说,浏览器中看到的网页代码原先并不存在,而是由服务器生成的,根据不同用户的不同要求,服务器返回的页面可能并不一致。

比如,在 Google 上搜索信息时,得到一个搜索结果的页面,该页面的内容是经过整合后变成静态网页返回,而且是动态生成的。

动态网页的网页文件里包含程序代码,通过后台数据库与 Web 服务器的信息交互,由后台数据库提供实时数据更新和数据查询服务。这种网页的后缀名称一般根据不同的程序设计语言不同，如常见的有.ASP、.JSP、.PHP、.PERL、.CGI 等形式为后缀。动态网页能够根据不同时间和不同访问者而显示不同的内容。常见的有 BBS、留言板、论坛、聊天室、计数器、校友录和购物系统等通常用动态网页实现。动态网页的制作比较复杂，需要用到 ASP、PHP、ISP 和 ASP.NET 等专门的动态网页设计语言。

1.2.3 静态网页和动态网页的特点比较

静态网页和动态网页各有特点，网站采用动态网页还是静态网页主要取决于网站的功能需求和网站内容的多少，如果网站功能比较简单，内容更新量不是很大，采用纯静态网页的方式会更简单，反之，一般要采用动态网页技术来实现。

静态网页是网站建设的基础，静态网页和动态网页之间也并不矛盾，为了让网站适应搜索引擎检索的需要，即使采用动态网站技术，也可以将网页内容转化为静态网页发布。

动态网站也可以采用动静结合的原则，适合采用动态网页的地方用动态网页，如果有必要使用静态网页，则可以考虑用静态网页的方法来实现。在同一个网站上，动态网页内容和静态网页内容同时存在也是很常见的。

1. 静态网页的特点

（1）静态网页每个网页都有一个固定的 URL，且网页 URL 以.HTM、.HTML、.SHTML 等常见形式为后缀。

（2）网页内容一经发布到网站服务器上，无论是否有用户访问，每个静态网页的内容都是保存在网站服务器上的，也就是说，静态网页是实实在在保存在服务器上的文件，每个网页都是一个独立的文件。

（3）静态网页的内容相对稳定，因此容易被搜索引擎检索。

（4）静态网页的交互性较差，在功能方面有较大的限制。

（5）静态网页没有数据库的支持，在网站制作和维护方面工作量较大，因此，当网站信息量很大时完全依靠静态网页制作方式比较困难。

2. 动态网页的特点

（1）动态网页以数据库技术为基础，可以大大降低网站维护的工作量。

（2）采用动态网页技术的网站可以实现更多的功能，如用户注册、用户登录、在线调查、用户管理、订单管理等。

（3）动态网页实际上并不是独立存在于服务器上的网页文件，只有当用户请求时服务器才返回一个完整的网页。

1.2.4 动态网页的发展阶段

与静态网页相比，动态网页的处理上多了一个处理代码的过程。用什么方式来处理代码，在不同的历史时期采用了不同的技术，大体上可以划分为以下三个阶段。

1. CGI 阶段

CGI 是英文 Common Gateway Interface 的缩写，代表服务器端的一种通用（标准）接口。每当服务器接到客户更新数据的要求以后，利用这个接口去启动外部应用程序来完成各类计算、处理或访问数据库的工作，处理完后将结果返回 Web 服务器，再返回浏览器。外部应用程序是用 C、C++、Perl、Pascal、Java 或其他语言编写的程序,程序运行在独立的地址空间中。随着 ISAPI(用于 Internet Explorer 浏览器)和 NSAPI(用于 Netscape 浏览器)技术的出现,外部应用程序改用动态链接库(DLL),被载入 Web 服务器的地址空间运行,并且用"线程"代替"进程",因而显著地提高了运行效率。但不论是 CGI 还是 ISAPI 或 NSAPI,都需要编写外部应用程序,而编写外部应用程序并不是一件容易的事情。从开发人员的角度讲,这种开发方式并没有带来开发上的方便。

2. 脚本语言阶段

该阶段出现了许多优秀的脚本语言,如 ASP、PHP、JSP 等。脚本语言的出现大大简化了动态网站开发的难度,特别是 ASP 和 PHP 学习简单、功能强大,成为许多网站开发者的首选。

JSP 与 ASP 的程序结构非常相似,其主要特点是在传统的 HTML 网页文件中加入 Java 程序片段(Scriptlet)和使用各种 JSP 标志(Tag),构成 JSP 网页。Web 服务器在接收客户的访问要求时,首先执行其中的程序片段,并将执行结果以 HTML 格式返回给客户。

3. 组件技术阶段

ASP.NET 和 Java(J2EE)技术是这个阶段的代表。这是一个由类和对象(组件)组成的完全面向对象的系统,采用编译方法和事件驱动方式运行。系统具有高效、高可靠、高可扩展的特点。

1.3 .NET Framework 基础

1.3.1 .NET Framework 概述

1. 什么是.NET Framework

.NET Framework 又称.NET 框架,是由微软开发的一个致力于敏捷软件开发(Agile Software Development)、快速应用开发(Rapid Application Development)、平台无关性和网络透明化的软件开发平台。微软公司从发布第一个.NET Framework 以来,已经发布了 1.0 版、1.1 版、2.0 版、3.0 版、3.5 版、4.0 版、4.5 版。目前稳定版本为 4.0 版。.NET Framework 4.5 是一个针对.NET Framework 4 的高度兼容的就地更新。该版本不支持 Windows 2000、Windows XP。

.NET Framework 4.5 发行于 2012 年 8 月 16 日,是支持生成和运行下一代应用程序和 Web 服务的内部 Windows 组件。.NET Framework 的关键组件为公共语言运行时(Common Language Runtime,CLR)和.NET Framework 类库(包括 ADO.NET、ASP.NET、Windows 窗体和 Windows Presentation Foundation(WPF)和 Windows Workflow Foundation(WF))。.NET Framework 提供了托管执行环境、简化的开发和部署以及与各种编程语言的集成。

现在的计算机编程语言的执行方式分为两种,一种是编译执行,一种是解释执行。编译执行是指源程序代码先由编译器编译成可执行的机器码,然后再执行;解释执行是指源代码程序被解释器直接读取执行。

.NET Framework 是一套语言独立的应用程序开发框架,是用于代码编译和执行的集成托管环境,以编译的方式执行。.NET Framework 作为开发应用程序的一个框架,它对操作系统进行封装,使用.NET Framework 开发的应用程序与操作系统特性隔离开来,这样,.NET Framework 开发的应用程序就可以移植到许多不同的硬件和操作系统上。.NET Framework 管理应用程序的方方面面,包括程序首次运行的编译、为程序分配内存以存储数据和指令、对应用程序授予或拒绝相应的权限、启动并管理应用程序执行,并且管理剩余内存的再分配。

2. .NET 框架使用的语言

.NET Framework 的主要特点在于简化应用程序的开发复杂性,提供一个一致的开发模型,开发人员可以选择任何支持.NET 的编程语言来进行多种类型的应用程序开发。

在.NET 框架上可以运行多种语言,这是.NET 的一大优点。.NET 框架中的程序设计语言及公共语言规范实际上是一种语言规范。由于.NET 框架支持多种语言,并且要在不同语言对象之间进行交互,因此就要求这些语言必须遵守一些共同的规则。公共语言规范(Common Language Specification,CLS)就定义了这些语言的共同规范,它包括数据类型、语言构造等,同时 CLS 又被设计得足够的小。

凡是符合 CLS 的语言都可以在.NET 框架上运行。目前已经有 C♯.NET、VB.NET、C++.NET、J♯.NET、JScript.NET 等。预计还将有二十多种语言可以运行在.NET 框架中。目前,有些公司还在创建符合 CLS 的自己的语言。

JavaScript 是各类浏览器采用的通用语言。传统的 JavaScript 是一种基于面向对象的脚本语言,现在 ASP.NET 中采用的 JScript.NET 与 JavaScript 语言完全兼容,但已将它改造成为一种完全面向对象的语言,不仅给语言增添了很多新功能,还得到.NET 框架的完全支持。

由于多种语言都运行在.NET 框架之中,因此它们功能都基本相同,只是语法有区别。程序开发者可以选择自己习惯或爱好的语言进行开发。VB.NET 和 VC.NET 与原来的 VB、VC 相比已经有很多地方不兼容。VB.NET 和 VB 相比变化更大,VB.NET 是一种完全面向对象的语言(而 VB 只是基于面向对象的语言)。Visual J♯ 是.NET 框架 1.1 版本以后才增加进来的语言,供原来使用 Java 语言的程序员转向使用.NET 框架的应用程序时使用。

Visual C♯ 是为.NET 框架"量体裁衣"开发出来的语言,非常简练和安全,最适合于在.NET 框架中使用。

.NET Framework 有两个主要组件:公共语言运行库(Common Language Runtime,CLR)和.NET Framework 类库。

1.3.2 公共语言运行库

公共语言运行库是.NET Framework 的基础,可视为管理代码执行的环境。它介于操作系统和应用程序之间,提供了代码编译、内存分配、线程管理以及垃圾回收之类的核心服务。它还强制实施了严格的类型安全检查,并通过强制实施代码访问安全来确保代码在安全的环境中执行。事实上,代码管理的概念是运行库的基本原则。通常在 CLR 中运行的代码称为托管代码(Managed Code)。

可以将公共语言运行库比喻为人类生存的地球,它提供能源、水、自然资源等,生活在地球上的人们则可以比喻为托管代码。

1.3.3 .NET Framework 类库

类库(Class Library)是程序员用来实现各种功能的类的集合。Visual C++ 的类库为 MFC；Delphi 的类库为 VCL；Java 的类库为 Swing、AWT 等。这些类库封装了系统底层的功能并提供更好的操作方式。.NET Framework 具有一套与公共语言运行库紧密集成的类库，该类库是一个综合性的面向对象的可重用类型集合，封装了对 Windows、网络、文件、多媒体的处理功能，是所有.NET Framework 语言都必须使用的核心类库。并且，为了便于语言之间进行交互操作，.NET Framework 类库中的类型都是符合公共类型系统的。使用类库可以创建多种类型的应用程序，极大简化开发人员的学习曲线，提高软件开发生产力。

使用.NET Framework 类库能够完成一系列常见编程任务(包括诸如字符串管理、数据收集、数据库连接以及文件访问等任务)。除这些常规任务之外，类库还包括支持多种专用开发方案的类型。例如，可使用.NET Framework 开发下列类型的应用程序和服务。

(1) 控制台应用程序。

(2) Windows GUI 应用程序(Windows 窗体)。

(3) Windows Presentation Foundation(WPF)应用程序。

(4) ASP.NET 应用程序。

(5) Web 服务。

(6) Windows 服务。

(7) 使用 Windows Communication Foundation(WCF)的面向服务的应用程序。

(8) 使用 Windows Workflow Foundation(WWF)的启用工作流程的应用程序。

例如，Windows 窗体类是一组综合性的可重用的类型，它们简化了 Windows GUI 的开发。如果要编写 ASP.NET Web 窗体应用程序，可使用 Web 窗体类。

1.3.4 .NET Framework 的功能

微软不断地升级和更新.NET Framework，使其具有更强大的功能，并极大地减少了在开发过程中的复杂性。.NET Framework 4.5 以.NET Framework 2.0 和.NET Framework 3.0 为基础，它们都使用相同的公共语言运行库。

.NET Framework 2.0 改进了.NET Framework 1.1 中的许多不足，并增加了如泛型、可控类型、匿名方法等新特性。.NET Framework 3.0 则以.NET Framework 2.0 为基础，增加了以下三种全新的技术。

(1) Windows Presentation Foundation(WPF)，Windows 表现层技术。

(2) Windows Communications Foundation(WCF)，Windows 通信层技术。

(3) Windows Workflow Foundation(WWF)，Windows 工作流开发技术。

.NET Framework 4.0 则以.NET Framework 3.0 为基础，增加了对 ASP.NET AJAX 的直接支持，完善了语言集成查询(LINQ)技术以及一些附加的类库。

.NET Framework 4.5 中的新增功能如下。

(1) 能够在部署期间通过检测并关闭.NET Framework 4 应用程序来减少系统重启。

(2) 在 64 位平台下支持大于 2GB 的数组，此功能可在应用程序配置文件中启用。

（3）通过服务器后台垃圾回收提高性能。当在.NET Framework 4.5 中使用服务器垃圾回收时，后台垃圾回收自动启用。

（4）后台实时(Just In Time，JIT)编译，可在多核处理器上使用此功能改进应用程序性能。

（5）可以限制正则表达式引擎在超时之前持续尝试解析正则表达式的时间。

（6）定义应用程序域的默认区域性的能力。

（7）Unicode(UTF-16)编码的控制台支持。

（8）支持对区域性字符串排序和比较数据进行版本控制。

（9）在检索资源时的更佳性能。

（10）Zip 压缩改进，可减少压缩文件的大小。

（11）支持应用程序的国际域名(IDNA)标准的 2008 版。

（12）可以在 Windows 8 使用.NET Framework 时，将字符串比较委托给操作系统(这将实现 Unicode 6.0)。在其他平台上运行时，.NET Framework 包括其自己的字符串比较数据，这将实现 Unicode 5.X。能够为每个应用程序域计算字符串的哈希代码。

（13）类型反射支持 Type 和 TypeInfo 类之间的拆分。

这些框架通常由安装程序自动安装，如安装 Visual Studio 2005 时自动安装框架.NET Framework 2.0；安装 Visual Studio 2010 时自动安装框架.NET Framework 4.0。

1.4　ASP.NET 环境搭建

建立丰富的 Web 信息系统，除了需要设计网页、建立 Web 服务器外，更需要开发功能强大的 Web 服务端应用程序，特别是基于数据库的 Web 应用程序。ASP.NET 是由微软公司推出的用于 Web 应用开发的全新.NET 框架，即.NET Framework 的组成部分，它从现有的 ASP 结构体系上跨出了一大步，包含许多新的特性，是为了建立动态 Web 应用而设计的新技术。

本节主要介绍如何搭建开发 ASP.NET 4.0 Web 应用程序的各种环境，包括安装 Microsoft Visual Studio 2010，安装 Microsoft SQL Server 2008，配置集成开发环境，导入和导出 Visual Studio 2010 的设置，安装和配置 IIS 等。只有搭建好开发环境，才能为后面的学习铺平道路。

1.4.1　IIS 的安装与配置

1. IIS 简介

IIS(Inter-IC Sound bus)又称 I2S，是菲利浦公司提出的串行数字音频总线协议。目前很多音频芯片和 MCU 都提供了对 IIS 的支持。IIS 总线只处理声音数据。其他信号(如控制信号)必须单独传输。为了使芯片的引出管脚尽可能少，IIS 只使用了三根串行总线。这三根线分别是：提供分时复用功能的数据线、字段选择线(声道选择)、时钟信号线。

IIS 是 Internet Information Services 的缩写，是一个 World Wide Web Server。Gopher Server 和 FTP Server 全部包容在里面。IIS 意味着能发布网页，并且有 ASP(Active Server Pages)、Java、VBScript 产生页面，有着一些扩展功能。IIS 支持一些有趣的东西，像有编辑

环境的界面(FrontPage)、有全文检索功能的(Index Server)、有多媒体功能的(Net Show)。其次,IIS是随Windows NT Server 4.0一起提供的文件和应用程序服务器,是在Windows NT Server上建立Internet服务器的基本组件。它与Windows NT Server完全集成,允许使用Windows NT Server内置的安全性以及NTFS文件系统建立强大灵活的Internet/Intranet站点。IIS[1](Internet Information Server,互联网信息服务)是一种Web(网页)服务组件,其中包括Web服务器、FTP服务器、NNTP服务器和SMTP服务器,分别用于网页浏览、文件传输、新闻服务和邮件发送等方面,它使得在网络(包括互联网和局域网)上发布信息成了一件很容易的事。

2. IIS的安装与配置

(1) 进入Windows7的控制面板,选择左侧的打开或关闭Windows功能,如图1.1所示。

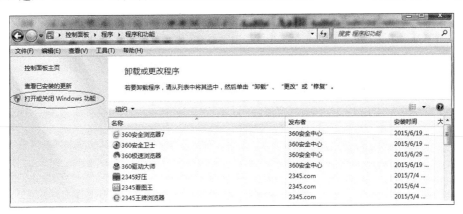

图1.1 安装程序初始界面

(2) 单击"打开或关闭Windows功能",找到Web管理工具下的IIS6勾选并确定,如图1.2所示。

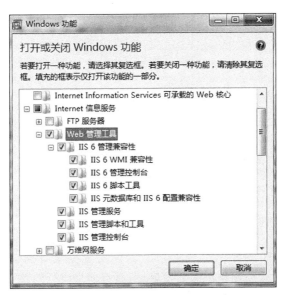

图1.2 安装IIS6界面

(3）安装完成后，再次进入控制面板，选择管理工具，双击"Internet 信息服务（IIS）管理器"选项，进入 IIS 设置，如图 1.3 所示。

图 1.3　管理工具

（4）单击 ASP 的选项，在 IIS7 中 ASP 父路径是没有启用的，要开启父路径，选择 True，单击右侧的"应用"，确定父路径选项，如图 1.4 所示。

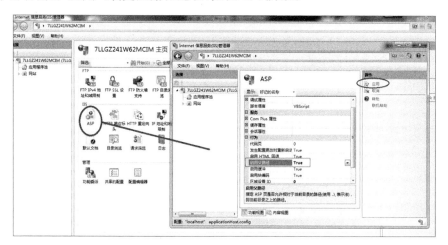

图 1.4　IIS7 中父路径启用界面

（5）配置 IIS7 的站点。单击右边的"高级设置"选项，可以设置网站的目录，如图 1.5 所示。

（6）在浏览器地址栏中输入"http://localhost"，网页为 Windows 7 IIS 的首页。至此，Windows 7 的 IIS7 安装成功。

1.4.2　安装 Visual Studio 2010

1. Visual Studio2010 简介

Visual Studio 是微软公司推出的开发环境，是目前最流行的 Windows 平台应用程序开发环境。Visual Studio 2010 版本于 2010 年 4 月 12 日上市，其集成开发环境（Integrated Development Environment，IDE）的界面被重新设计和组织，变得更加简单明了。Visual

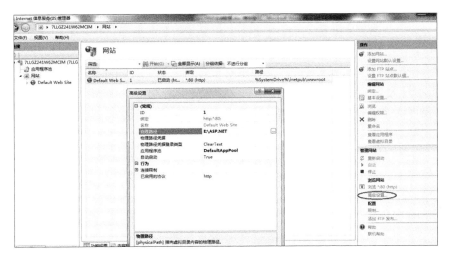

图 1.5 设置网站目录界面

Studio 2010 同时带来了.NET Framework 4.0、Microsoft Visual Studio 2010 CTP (Community Technology Preview,CTP),并且支持开发面向 Windows 7 的应用程序。除了 Microsoft SQL Server,它还支持 IBM DB2 和 Oracle 数据库。Visual Studio 可以用来创建 Windows 平台下的 Windows 应用程序和网络应用程序,也可以用来创建网络服务、智能设备应用程序和 Office 插件。

Visual Studio 的发展历程如下。

1992 年 4 月,微软发布了革命性的操作系统 Windows 3.1,把个人计算机引进了真正的视窗时代。微软在原有 C++ 开发工具 Microsoft C/C++ 7.0 的基础上,开创性地引进了 MFC(Microsoft Foundation Classes)库,完善了源代码,成为 Microsoft C/C++ 8.0,也就是 Visual C++ 1.0,并于 1992 年发布。Visual C++ 1.0 是真正意义上的 Windows IDE,这也是 Visual Studio 的最初原型。虽然以现在的眼光来看,这个界面非常简陋和粗糙,但是它脱离了 DOS 界面,让用户可以在图形化的界面下进行开发,把软件开发带入了可视化 (Visual)开发的时代。从此,可视化的时代开始了。

1998 年,微软公司发布了 Visual Studio 6.0,所有开发语言的开发环境版本均升至 6.0。这也是 Visual Basic 最后一次发布,从下一个版本(7.0)开始,Microsoft Basic 进化成了一种新的面向对象的语言 Microsoft Basic.NET。由于微软公司对于 Sun 公司 Java 语言扩充导致与 Java 虚拟机不兼容而被 Sun 告上法庭,微软在后续的 Visual Studio 中不再包括面向 Java 虚拟机的开发环境。

2002 年,随着.NET 口号的提出与 Windows XP/Office XP 的发布,微软发布了 Visual Studio.NET(内部版本号为 7.0)。在这个版本的 Visual Studio 中,微软剥离了 Visual FoxPro,并将其作为一个单独的开发环境以 Visual FoxPro 7.0 为名单独销售,同时取消了 Visual InterDev。与此同时,微软引入了建立在.NET 框架上(版本 1.0)的托管代码机制以及一门新的语言 C#(读作 C Sharp)。C# 是一门建立在 C++ 和 Java 基础上的现代语言,是编写.NET 框架的语言。

Visual Basic、Visual C++ 都被扩展为支持托管代码机制的开发环境,且 Visual Basic

.NET 更是从 Visual Basic 脱胎换骨，彻底支持面向对象的编程机制。而 Visual J++ 也变为 Visual J#。后者仅语法与 Java 相同，但是面向的不是 Java 虚拟机，而是.NET Framework。

2003 年，微软对 Visual Studio 2002 进行了部分修订，以 Visual Studio 2003 的名义发布（内部版本号为 7.1）。Visio 作为使用统一建模语言（Unified Modeling Language，UML）架构应用程序框架的程序被引入，同时被引入的还包括移动设备支持和企业模板。.NET 框架也升级到了 1.1。

2005 年，微软发布了 Visual Studio 2005。.NET 字眼从各种语言的名字中被抹去，但是这个版本的 Visual Studio 仍然还是面向.NET 框架的（版本 2.0）。它同时也能开发跨平台的应用程序，如开发使用微软操作系统的手机程序等，总体来说是一个非常庞大的软件，甚至包含代码测试功能。这个版本的 Visual Studio 包含众多版本，分别面向不同的开发角色，同时还永久提供免费的 Visual Studio Express 版本。

使用 Visual Studio 2005，专业开发人员能够：创建满足关键性要求的多层次的智能客户端、Web、移动或基于 Microsoft Office 的应用程序。

使用改进后的可视化设计工具、编程语言和代码编辑器，享受高效率的开发环境，在统一的开发环境中，开发并调试多层次的服务器应用程序，使用集成的可视化数据库设计和报告工具，创建 SQL Server 2005 解决方案，使用 Visual Studio SDK 创建可以扩展 Visual Studio IDE 的工具。Microsoft 为单独工作或在小型团队中的专业开发人员提供了两种选择：Visual Studio 2005 Professional Edition 和用于 Microsoft Office 系统的 Visual Studio 2005 工具。每种版本都在标准版的特性上进行了扩展，包括用于远程服务程序开发和调试、SQL Server 2005 开发的工具，以及完整的、没有限制的开发环境。每种产品都可以单独购买或打包订购。

专业开发人员喜欢自由地使用.NET Framework 2.0，它是一种稳健的、功能齐备的开发环境，支持创建扩展 Visual Studio 集成开发环境的工具。

随着 Windows Vista 和 Office 2007，Visual Studio 9 也渐渐浮出水面。Visual Studio 9 目前可以确定的是支持建立于 DHTML 基础上的 AJAX 技术，这种微软在 Visual InterDev 时代提出的基于异步的客户端动态网页技术在当年并没有像微软预期中的那样流行起来，反而随着 GMail 等应用而东山再起，渐渐成为主流网络应用之一。同时，Visual Studio 9 会强化对于数据库的支持以及微软新的基于工作流（Workflow）的编程模型。为了保持与 Office 系列的统一，Visual Studio 9 的名称为 Visual Studio 2007。

2007 年 11 月，微软发布了 Visual Studio 2008 英文版，2008 年 2 月 14 日发布了简体中文专业版。

2010 年 4 月 12 日，微软发布 Visual Studio 2010 以及.NET Framework 4.0，并于 2010 年 5 月 26 日发布了中文版。

2. 安装 Visual Studio 2010 的环境要求

安装 Visual Studio 2010 的计算机软硬件的基本需求如下。

(1) CPU 的主频至少在 600MHz 以上，建议使用 1GHz 以上的 CPU。

(2) 内存最低配置 192MB，建议使用 256MB 及以上内存。

(3) 系统盘至少 1GB 空闲空间，安装盘至少 2GB 空闲空间。

(4) 操作系统的版本可以是 Windows 7；Windows XP(x86)Service Pack 3，除 Starter Edition 之外的所有版；Windows Vista(x86 和 x64)Service Pack 2，除 Starter Edition 之外的所有版本；Windows Server 2003(x86 和 x64)Service Pack 2，所有版本；Windows Server 2008(x86 和 x64)Service Pack 2，所有版本；Windows Server 2008 R2(x64)，所有版本。

3. 安装 Visual Studio 2010

通过不同的方式获得 Visual Studio 2010 后，首要的工作就是将其安装到计算机中。现以 Visual Studio 2010 简体中文版为例介绍其安装过程。

(1) 将获得的 Visual Studio 2010 光盘放入光盘驱动器，屏幕上将会弹出如图 1.6 所示的安装程序初始界面。

图 1.6　安装程序初始界面

(2) 单击"安装 Microsoft Visual Studio 2010"链接，出现如图 1.7 所示的安装程序开始复制安装文件界面。

(3) 复制文件完成后，开始加载安装组件，出现如图 1.8 所示的加载安装组件界面。

(4) 组件加载完成后，单击"下一步"按钮，出现如图 1.9 所示的安装程序起始页。该窗体包含最终用户许可协议，用户需要同意其所有条款才能继续下一步安装。

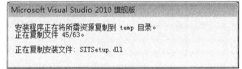

图 1.7　安装程序开始复制安装文件界面

(5) 接受许可协议后，单击"下一步"按钮，进入如图 1.10 所示的安装程序的选项页。

此处出现的窗体右侧中部可以修改产品安装路径，用户可根据右下方磁盘空间的提示选择合适的安装位置。对于 Visual Studio 2010 功能比较熟悉的用户可以在窗体左侧选择自定义安装。

(6) 单击"安装"按钮，安装程序将进入一个比较长的安装过程，并出现如图 1.11 所示的"Visual Studio 2010 维护模式"窗口，选择要安装的功能。

(7) 单击"下一步"按钮，出现如图 1.12 所示的安装方式窗口，单击"添加或删除功能"。

(8) 出现如图 1.13 所示的选择要添加或删除的组件界面，单击"更新"按钮。

图 1.8 加载安装组件界面

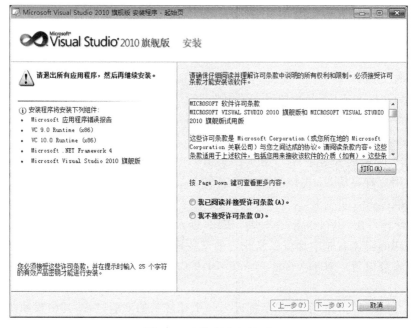

图 1.9 安装程序起始页

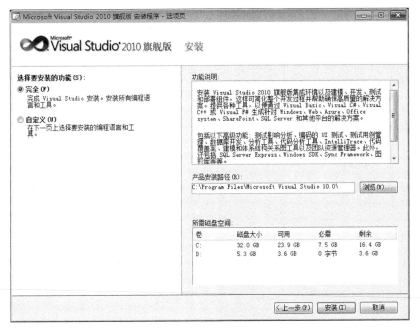

图 1.10 安装程序的选项页

图 1.11 "Visual Studio 2010 维护模式"窗口

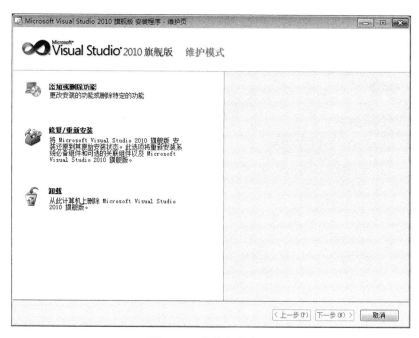

图 1.12　安装方式窗口

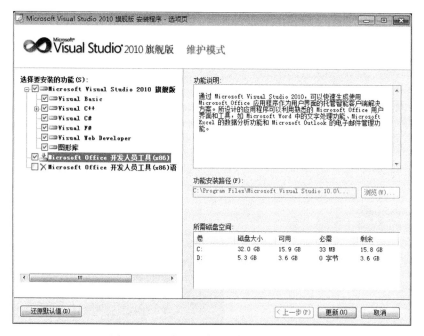

图 1.13　选择要添加或删除的组件窗口

（9）安装程序开始更新 Microsoft Visual Studio 2010 的安装。出现如图 1.14 所示窗口，安装成功。

Visual Studio2010 安装完成后可以继续安装 MSDN。

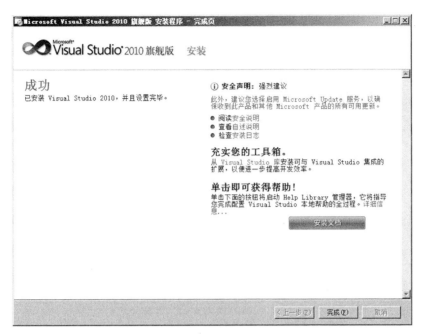

图 1.14　安装成功

4. 安装 MSDN

MSDN 的全称是 Microsoft Developer Network,是微软公司面向软件开发者的一种信息服务。MSDN 实际上是一个以 Visual Studio 和 Windows 平台为核心整合的开发虚拟社区,包括技术文档、在线电子教程、网络虚拟实验室、微软产品下载等一系列服务。在 Visual Studio 2010 中包括 MSDN Library 的安装,其中包括 C# 的帮助文件和许多与开发相关的技术文献。

(1) 单击安装文件,进入 MSDN 的安装界面,如图 1.15 所示。

图 1.15　SDN 安装初始界面

(2) 单击"下一步"按钮,进入如图 1.16 所示的 MSDN 用户信息填写界面。在此界面中输入用户名和单位名称。

(3) 单击"下一步"按钮,进入如图 1.17 所示的 MSDN 选择安装类型界面。建议初学

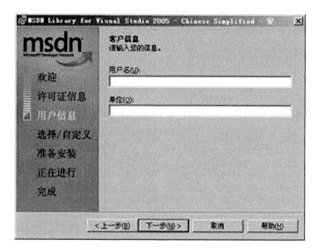

图 1.16　MSDN 用户信息填写

者此处选择完全安装,熟悉 MSDN 的用户可以选择自定义安装。

图 1.17　MSDN 选择安装类型

（4）单击"下一步"按钮,进入如图 1.18 所示的 MSDN 目标文件夹选择界面。此处可以更改 MSDN 的安装位置。由于完全安装占用空间比较大,建议选择安装到磁盘空间较为空闲的分区中。

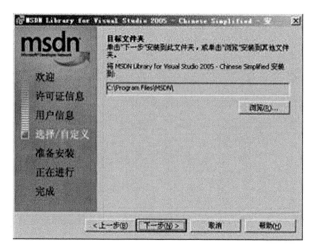

图 1.18　MSDN 目标文件夹选择

(5) 单击"下一步"按钮,进入如图 1.19 所示的 MSDN 准备安装界面。

图 1.19　MSDN 准备安装界面

(6) 单击"安装"按钮之后出现如图 1.20 所示的安装正在进行界面。

图 1.20　安装正在进行

(7) 单击"下一步"按钮,进入如图 1.21 所示的 MSDN 安装完成界面之后,证明安装结束。单击"完成"按钮即可。

5. 安装 Microsoft SQL Server 2008

SQL Server 2008 与之前版本一样分为 32 位和 64 位两种,拥有以下 7 种版本:企业版(Enterprise)、标准版(Standard)、工作组版(Workgroup)、网络版(Web)、开发者版(Developer)、免费精简版(Express),以及免费的集成数据库 SQL Server Compact 3.5。

SQL Server 2008 支持 Windows XP SP3、Windows Vista SP1、Windows Server 2003 SP2、Windows Server 2008 等操作系统,需要预安装.NET Framework 2.0 和 Windows Installer 4.5 等组件,根据用途不同可能还需要 SQL Server 2000 DSO 或客户端组件。

SQL Server 2008 企业版是一个全面的数据管理和业务智能平台,为关键业务应用提

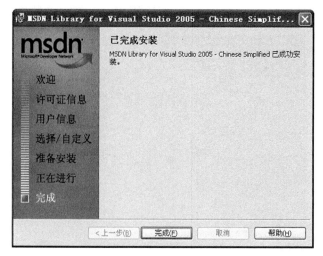

图 1.21　MSDN 安装完成

供了企业级的可扩展性、数据仓库、安全、高级分析和报表支持。这一版本将提供更加坚固的服务器和执行大规模在线事务处理。

　　SQL Server 2008 标准版是一个完整的数据管理和业务智能平台,为部门级应用提供了最佳的易用性和可管理特性。

　　SQL Server 2008 工作组版是一个值得信赖的数据管理和报表平台,用以实现安全的发布、远程同步和对运行分支应用的管理能力。这一版本拥有核心的数据库特性,可以很容易地升级到标准版或企业版。

　　SQL Server 2008 Web 版是针对运行于 Windows 服务器中要求高可用、面向 Internet Web 服务的环境而设计。这一版本为实现低成本、大规模、高可用性的 Web 应用或客户托管解决方案提供了必要的支持工具。SQL Server 2008 开发者版允许开发人员构建和测试基于 SQL Server 的任意类型应用。这一版本拥有所有企业版的特性,但只限于在开发、测试和演示中使用。基于这一版本开发的应用和数据库可以很容易地升级到企业版。

　　SQL Server 2008 Express 是 SQL Server 的一个免费版本,它拥有核心的数据库功能,其中包括 SQL Server 2008 中最新的数据类型,但它是 SQL Server 的一个微型版本。这一版本是为了学习、创建桌面应用和小型服务器应用而发布的,也可供 ISV 再发行使用。

　　需要注意的是:SQL Server 2008 企业版(Enterprise)要求必须安装在 Windows Server 2003 及 Windows Server 2008 系统上,其他版本还可以支持 Windows XP 系统。还有以下两点值得注意。

　　(1) SQL Server 2008 已经不再提供对 Windows 2000 系列操作系统的支持。

　　(2) 64 位的 SQL Server 程序仅支持 64 位的操作系统。当前操作系统满足上述要求以后,下一步就需要检查系统中是否包含以下必备软件组件。

　　① .NET Framework 3.5 SP11;

　　② SQL Server Native Client;

　　③ SQL Server 安装程序支持文件;

　　④ SQL Server 安装程序要求使用 Microsoft Windows Installer 4.5 或更高版本;

⑤ Microsoft Internet Explorer 6 SP1 或更高版本。

其中所有的 SQL Server 2008 安装都需要使用 Microsoft Internet Explorer 6 SP1 或更高版本。Microsoft 管理控制台（MMC）、SQL Server Management Studio、Business Intelligence Development Studio、Reporting Services 的报表设计器组件和 HTML 帮助都需要 Internet Explorer 6 SP1 或更高版本。

在安装 SQL Server 2008 的过程中，Windows Installer 会在系统驱动器中创建临时文件。在运行安装程序以安装或升级 SQL Server 之前，请检查系统驱动器中是否有至少 2.0GB 的可用磁盘空间用来存储这些文件。即使在将 SQL Server 组件安装到非默认驱动器中时，此项要求也适用。

下面介绍在 Windows 7 上安装 Microsoft SQL Server 2008 Enterprise 版本的具体步骤。

（1）进入 SQL Server 安装中心后跳过"计划"内容，直接选择界面左侧列表中的"安装"，如图 1.22 所示，进入安装列表选择。

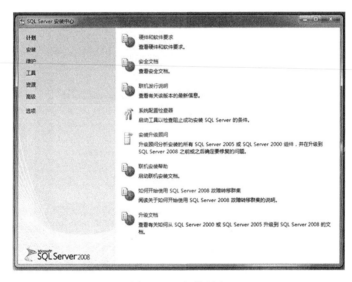

图 1.22　安装列表

（2）如图 1.23 所示，进入 SQL Server 安装中心——安装界面后，右侧的列表显示了不同的安装选项。选择第一个安装选项"全新 SQL Server 独立安装或现有安装添加功能"。

（3）选择全新安装之后，系统程序兼容助手再次提示兼容性问题，如图 1.24 所示。单击"运行程序"按钮继续安装。

（4）进入"安装程序支持规则"安装界面，安装程序将自动检测安装环境基本支持情况，需要保证通过所有条件后才能进行下面的安装，如图 1.25 所示。当完成所有检测后，单击"确定"按钮进行下面的安装。

（5）接下来是 SQL Server 2008 版本选择和密钥填写，如图 1.26 所示。

（6）在许可条款界面中，需要接受 Microsoft 软件许可条款才能安装 SQL Server 2008，如图 1.27 所示。

（7）接下来进行安装支持检查，如图 1.28 所示，单击"安装"按钮继续安装。

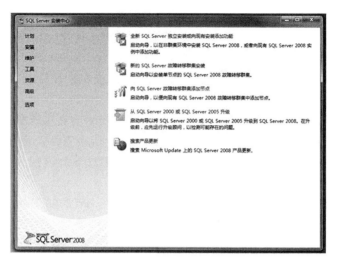

图 1.23　SQL Server 安装中心——安装

图 1.24　兼容性问题提示

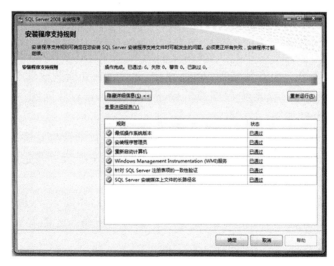

图 1.25　安装程序支持规则

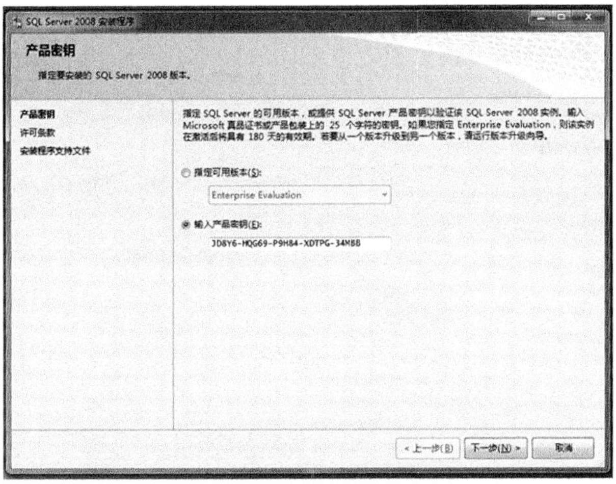

第 1 章 ASP.NET 基础

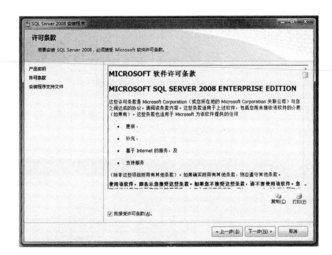

图 1.26 产品密钥

图 1.27 许可条款

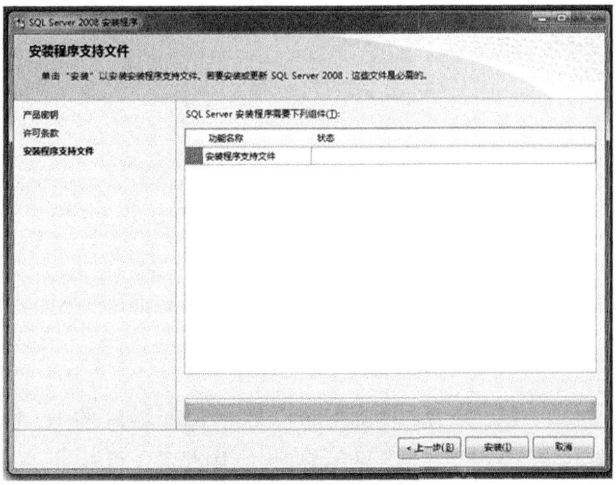

图 1.28 安装程序支持文件

(8) 如图 1.29 所示,当所有检测都通过之后才能继续下面的安装。如果出现错误,需要更正所有失败后才能安装。

图 1.29　安装程序支持规则

(9) 通过"安装程序支持规则"检查之后进入"功能选择"界面,如图 1.30 所示。这里选择需要安装的 SQL Server 功能,以及安装路径。

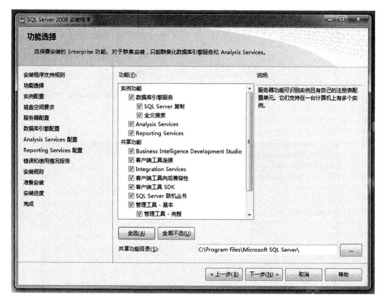

图 1.30　"功能选择"界面

(10) 如图 1.31 所示,接下来是"实例配置",这里选择默认的 ID 和路径。

(11) 在完成安装内容选择之后会显示磁盘使用情况,可根据磁盘空间自行调整,如图 1.32 所示。

图 1.31　实例配置

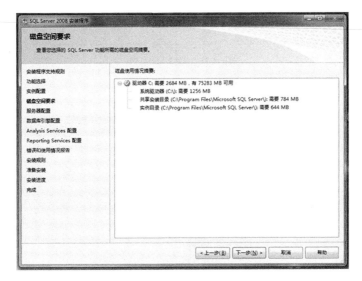

图 1.32　磁盘空间要求

(12) 如图 1.33 所示,在服务器配置中,需要为各种服务指定合法的账户。

(13) 接下来是数据库登录时的身份验证,这里需要为 SQL Server 指定一位管理员,如图 1.34 所示。身份验证模式选中混合模式,并输入密码。

(14) 在报表服务配置中选择默认模式,用户可根据需求选择,如图 1.35 所示。

(15) 如图 1.36 所示,在"错误和使用情况报告"界面中可选择是否将错误报告发送给微软。

(16) 最后根据功能配置选择再次进行环境检查,如图 1.37 所示。

(17) 当通过检查之后,软件将会列出所有的配置信息,最后一次确认安装,如图 1.38 所示。单击"安装"按钮开始 SQL Server 安装。

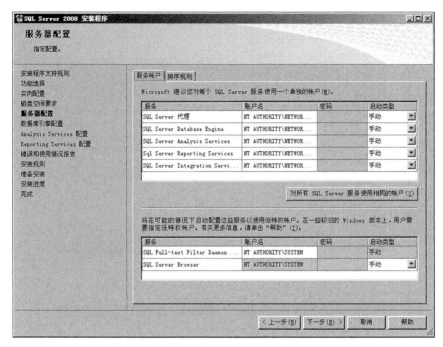

图 1.33 服务器配置

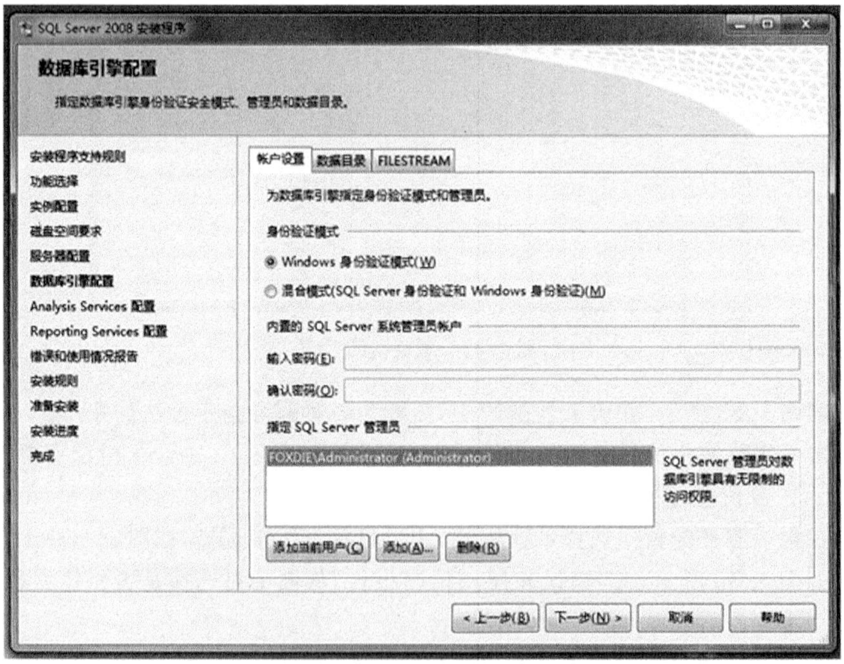

图 1.34 数据库引擎配置

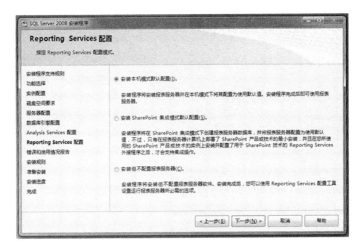

图 1.35　Reporting Services 配置

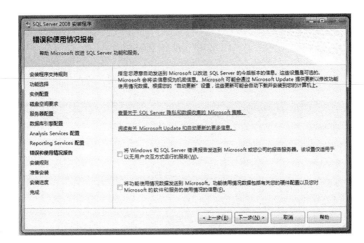

图 1.36　"错误和使用情况报告"界面

图 1.37　安装规则

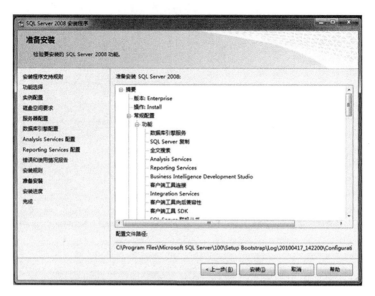

图 1.38　准备安装

（18）如图 1.39 所示，当安装完成之后，SQL Server 列出各功能安装状态。

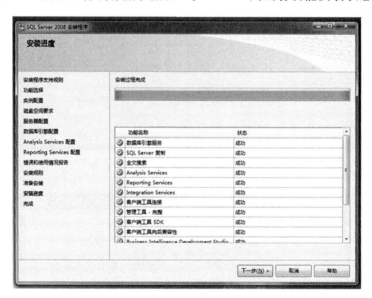

图 1.39　安装进度完成

（19）如图 1.40 所示，此时 SQL Server 2008 完成了安装，并将安装日志保存在了指定的路径下。

1.4.3　配置 Visual Studio 2010 开发环境

1. 启动 Visual Studio 2010

在 Windows 操作系统中启动 Visual Studio 2010 通过桌面的"开始"菜单或桌面上的快捷图标启动。

图 1.40　完成安装

单击"开始"菜单,选择"程序"→Microsoft Visual Studio 2010→Microsoft Visual Studio 2010,便可启动 Visual Studio 2010。

2. 配置 Visual Studio 2010 默认环境

(1) 启动 Visual Studio 2010 应用程序后,出现集成开发环境窗口,如图 1.41 所示。

图 1.41　Visual Studio 2010 集成开发环境窗口

(2) Visual Studio 2010 集成开发环境包括许多可以停靠、浮动的窗口,如在"视图"菜单中单击"服务器资源管理器",即可在窗口中打开显示服务器资源(如数据库)的"服务器资源管理器"面板,如图 1.42 所示。

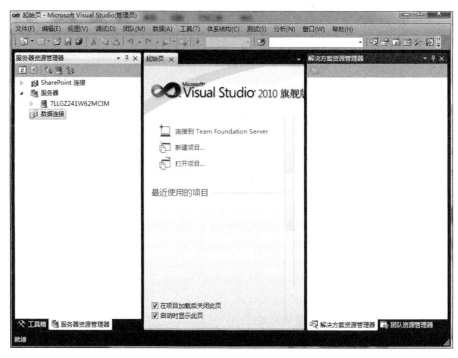

图 1.42 "服务器资源管理器"面板

在"视图"菜单中单击"解决方案资源管理器",即可在窗口中显示文件目录结构的"解决方案资源管理器"面板,如图 1.43 所示。

图 1.43 "解决方案资源管理器"面板

(3) 选择 Visual Studio 2010 窗口中的"工具"→"选项"菜单,打开"选项"对话框,并选择"环境"选项的"常规"节点,如图 1.44 所示,在"常规"节点中,可以配置窗口布局、最近的文件等选项。

单击"选项"对话框中的"项目和解决方案"节点,并选择"常规"子节点,如图 1.45 所示,

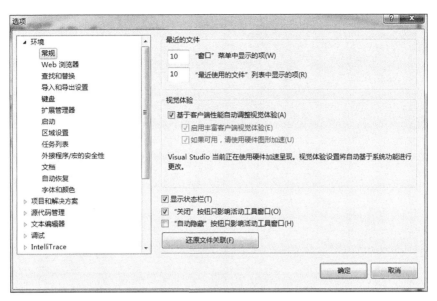

图 1.44 "选项"对话框中"环境"选项的"常规"节点

该节点中可以配置项目的位置、模板的位置,以及与解决方案相关的一些属性等。

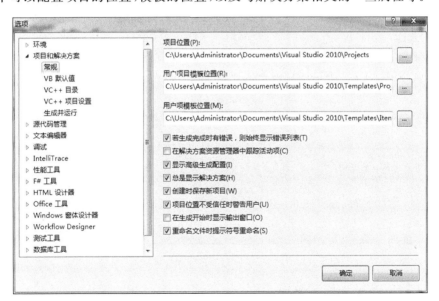

图 1.45 "项目和解决方案"节点中的"常规"子节点

(4) 选择"文本编辑器"的 C#子节点,如图 1.46 所示。在 C#子节点中,可以配置 C#编辑器的语句结束的属性、设置的属性、显示的属性等。

(5) 选择"HTML 设计器"的"常规"子节点,如图 1.47 所示。在该节点中,可以配置 HTML 编辑器的起始页位置、智能标记等。

3. 导入和导出 Visual Studio 2010 的设置

为了更加方便地提供 Visual Studio 2010 集成开发环境的配置功能,集成开发环境还提供了导入和导出开发环境设置的功能。选择"工具"→"导入和导出设置"菜单,弹出"导入和

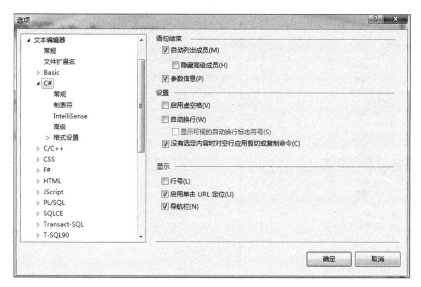

图 1.46 "选项"对话框的 C# 子节点

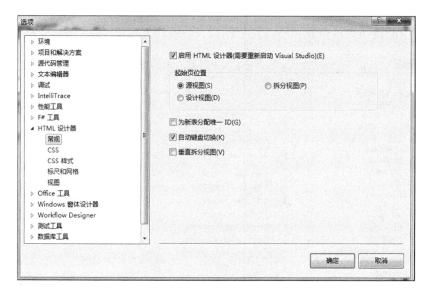

图 1.47 "选项"对话框的"HTML 设计器"节点

导出设置向导"对话框,如图 1.48 所示。

在该对话框中,可以导出当前的设置,导入选择的设置,以及重置当前的环境设置。如果选择"导出选定的环境设置"选项,单击"下一步"按钮,如图 1.49 所示,其中可以选择导出的设置,有"代码分析设置"、"常规设置"、"选项"等设置内容。

单击"下一步"按钮,可以对导出的设置进行命名,并且还可以选择导出的设置文件的保存位置,如图 1.50 所示。

在图 1.48 中,选择"导入选定的环境设置"选项,单击"下一步"按钮,如图 1.51 所示,在该对话框中可以配置是否要保存当前的环境设置,并且还可以配置保存当前的环境设置的文件名称和保存位置。

图 1.48 "导入和导出设置向导"对话框

图 1.49 导出选定的环境设置

图 1.50　命名设置文件

图 1.51　"保存当前设置"对话框

1.5 ASP.NET 网页语法

1.5.1 ASP.NET 网页扩展名

ASP.NET 的任何功能都可以在具有适当文件扩展名的文本文件中创建。可以把 ASP.NET 网页扩展名理解为 ASP.NET 文件的"身份证",不同的扩展名决定了不同文件的类型和作用。通过 Internet 信息服务(IIS)将文件扩展名映射到 ASP.NET 运行处理。

1.5.2 页面指令

ASP.NET 页面支持多个页面指令,常用的页面指令如下。

(1) @ Page:定义 ASP.NET 页分析器和编译器使用的页特定(.aspx 文件)属性,可以编写为<%@ Page attribute="value" [attribute="value"…]%>。

(2) @ Control:定义 ASP.NET 页分析器和编译器使用的用户控件(.ascx 文件)特定的属性。该指令只能为用户控件配置。可以编写为<%@ Control attribute="value" [attribute="value"…]%>。

(3) @ Import:将命名空间显式导入到页中,使所导入的命名空间的所有类和接口可用在该页。导入的命名空间可以是.NET Framework 类库或用户定义的命名空间的一部分。可以编写为<%@ Import namespace="value" %>。

(4) @ Implements:提示当前页或用户控件实现指定的.NET Framework 接口。可以编写为<%@ Implements interface="ValidInterfaceName" %>。

(5) @ Reference:以声明的方式指示,应该根据在其中声明此指令的页对另一个用户控件或页源文件进行动态编译和链接。可以编写为<%@ Reference page | control="pathtofile" %>。

(6) @ Output Cache:以声明的方式控制 ASP.NET 页或页中包含的用户控件的输出缓存策略。

可以编写为<%@ Output Cache Duration="#ofseconds" Location="Any | Client | Downstream | Server | None" Shared="True | False" VaryByControl="controlname" VaryByCustom="browser | customstring" VaryByHeader="headers" VaryByParam="parametername" %>

(7) @ Assembly:在编译过程中将程序集链接到当前页,以使程序集的所有类和接口都可用在该页上。可以编写为<%@ Assembly Name="assemblyname" %>或<%@ Assembly Src="pathname" %>的方式。

(8) @ Register:将别名与命名空间以及类名关联起来,以便在自定义服务器控件语法中使用简明的表示法。可以编写为<%@ Register tagprefix="tagprefix" Namespace="namepace" Assembly="assembly" %>或<%@ Register tagprefix="tagprefix" Tagname="tagname" Src="pathname" %>的方式。

1.5.3 服务器端文件

1. 认识 Web.config 文件

Web.config 文件是一个 XML 文本文件,它用来储存 ASP.NET Web 应用程序的配置信息(如最常用的设置 ASP.NET Web 应用程序的身份验证方式),它可以出现在应用程序的每一个目录中。当通过.NET 新建一个 Web 应用程序后,默认情况下会在根目录下自动创建一个默认的 Web.config 文件,包括默认的配置设置,所有的子目录都继承它的配置设置。如果想修改子目录的配置设置,可以在该子目录下新建一个 Web.config 文件。它可以提供除从父目录继承的配置信息以外的配置信息,也可以重写或修改父目录中定义的设置。

Web.Config 是以 XML 文件规范存储,配置文件分为以下几种格式。

1) 配置节处理程序声明

特点:位于配置文件的顶部,包含在<configSections>标志中。

2) 特定应用程序配置

特点:位于<appSetting>中,可以定义应用程序的全局常量设置等信息。

3) 配置节设置

特点:位于<system.Web>节中,控制 ASP.NET 运行时的行为。

4) 配置节组

特点:用<sectionGroup>标记,可以自定义分组,可以放到<configSections>内部或其他<sectionGroup>标记的内部。

配置节的每一节分别如下。

(1) <configuration>节根元素,其他节都是在它的内部。

(2) <appSetting>节,此节用于定义应用程序设置项。对于一些不确定设置,还可以让用户根据自己的实际情况设置。

用法:

```
<appSettings>
< addkey=" Conntction" value=" server = 192.168.85.66; userid = sa; password =; database=Info;"/>
<appSettings>
```

定义了一个连接字符串常量,并且在实际应用时可以修改连接字符串,不用修改程序代码。

```
<appSettings>
<add key="ErrPage" value="Error.aspx"/><appSettings>
```

定义了一个错误重定向页面。

(3) <compilation>节。

格式:

```
<compilation defaultLanguage="c# "
debug="true"/>
```

defaultLanguage:定义后台代码语言,可以选择 C# 和 VB.NET 两种语言。

debug：为 true 时，启动 aspx 调试；为 false 不启动 aspx 调试，因而可以提高应用程序运行时的性能。一般程序员在开发时设置为 true,交给客户时设置为 false。

（4）＜customErrors＞节。

格式：

```
<customErrors
mode="RemoteOnly"
defaultRedirect="error.aspx"
<error statusCode="440" redirect="err440page.aspx"/>
<error statusCode="500" redirect="err500Page.aspx"/>
/>
```

mode：具有 On、Off、RemoteOnly 三种状态。On 表示始终显示自定义的信息；Off 表示始终显示详细的 ASP.NET 错误信息；RemoteOnly 表示只对不在本地 Web 服务器上运行的用户显示自定义信息。

（5）＜globalization＞节。

格式：

```
<globalization
requestEncoding="utf-8" responseEncoding="utf-8" fileEncoding="utf-8"/>
```

requestEncoding：用来检查每一个发来请求的编码。

responseEncoding：用于检查发回的响应内容编码。

fileEncoding：用于检查 aspx,asax 等文件解析的默认编码。

（6）＜sessionState＞节

格式：

```
<sessionState mode="InProc"
stateConnectionString="tcpip=127.0.0.1:42424"
sqlConnectionString="data source=127.0.0.1;Trusted_Connection=yes"
cookieless="false" timeout="20"/>
```

mode：分为 off、InProc、StateServer、SqlServer 几种状态。mode＝"InProc"存储在进程中的特点：具有最佳的性能，速度最快，但不能跨多台服务器存储共享。mode＝"StateServer"存储在状态服务器中的特点：当需要跨服务器维护用户会话信息时,使用此方法。但是信息存储在状态服务器上，一旦状态服务器出现故障，信息将丢失。mode＝"SqlServer"存储在 SQL Server 中的特点：工作负载会变大,但信息不会丢失。

stateConnectionString：指定 ASP.NET 应用程序存储远程会话状态的服务器名,默认为本机。

sqlConnectionString：当用会话状态为数据库时,在这里设置连接字符串。

（7）＜authentication＞节。

格式：

```
<authentication mode="Forms">
<forms name=".ASPXUSERDEMO" loginUrl="Login.aspx" protection="All" timeout=
```

```
"30"/>
</authentication>
<authorization>
<deny users="?"/>
</authorization>
```

① Windows：使用 IIS 验证方式。

② Forms：使用基于窗体的验证方式。

③ Passport：采用 Passport Cookie 验证模式。

④ None：不采用任何验证方式。

内嵌 forms 节点的属性含义如下。

name：指定完成身份验证的 HTTP Cookie 的名称。

loginUrl：如果未通过验证或超时后重定向的页面 URL，一般为登录页面，让用户重新登录。

protection：指定 Cookie 数据的保护方式。可设置为 All、None、Encryption 和 Validation 4 种保护方式。All 表示加密数据，并进行有效性验证两种方式。None 表示不保护 Cookie。Encryption 表示对 Cookie 内容进行加密。Validation 表示对 Cookie 内容进行有效性验证。

在运行时对 Web.config 文件的修改不需要重启服务就可以生效。

2. 默认的 Web.config 配置文件

Web.config 配置文件（默认的配置设置）以下所有的代码都应该位于＜configuration＞、＜system.web＞和＜/system.web＞、＜/configuration＞之间。

1) ＜authentication＞节

作用：配置 ASP.NET 身份验证支持（为 Windows、Forms、PassPort、None 4 种）。该元素只能在计算机、站点或应用程序级别声明。＜authentication＞元素必须与＜authorization＞配合使用。

2) ＜authorization＞节

作用：控制对 URL 资源的客户端访问（如允许匿名用户访问）。此元素可以在任何级别（计算机、站点、应用程序、子目录或页）上声明。必须与＜authentication＞配合使用。

示例：禁止匿名用户的访问

```
<authorization>
    <deny users="?"/>
</authorization>
```

3) ＜compilation＞节

作用：配置 ASP.NET 使用的所有编译设置。默认的 debug 属性为 True。在程序编译完成交付使用之后应将其设为 False（Web.config 文件中有详细说明，此处省略示例）。

4) ＜customErrors＞

作用：为 ASP.NET 应用程序提供有关自定义错误信息的信息。它不适用于 XML Web Services 中发生的错误。

示例：当发生错误时，将网页跳转到自定义的错误页面。

```
<customErrors defaultRedirect="ErrorPage.aspx" mode="RemoteOnly">
</customErrors>
```

其中,元素 defaultRedirect 表示自定义的错误网页的名称。mode 元素表示:对不在本地 Web 服务器上运行的用户显示自定义(友好的)信息。

5) <httpRuntime>节

作用:配置 ASP.NET HTTP 运行库设置。该节可以在计算机、站点、应用程序和子目录级别声明。

示例:控制用户上传文件最大为 4MB,最长时间为 60s,最多请求数为 100

```
<httpRuntime
maxRequestLength="4096" executionTimeout="60" appRequestQueueLimit="100"/>
```

6) <pages>

作用:标识特定于页的配置设置(如是否启用会话状态、视图状态,是否检测用户的输入等)。<pages>可以在计算机、站点、应用程序和子目录级别声明。

示例:不检测用户在浏览器输入的内容中是否存在潜在的危险数据(注:该项默认是检测,如果使用了不检测,一定要对用户的输入进行编码或验证),在从客户端回发页时将检查加密的视图状态,以验证视图状态是否已在客户端被篡改。

```
\<pages buffer="true" enableViewStateMac="true" validateRequest="false"/>
```

7) <sessionState>

作用:为当前应用程序配置会话状态设置(如设置是否启用会话状态,会话状态保存位置)。

示例:

```
<sessionState mode="InProc" cookieless="true" timeout="20"/>
</sessionState>
```

8) <trace>

作用:配置 ASP.NET 跟踪服务,主要用来测试判断哪里出错。

以下为 Web.config 中的默认配置:

```
<trace enabled="false" requestLimit="10" pageOutput="false" traceMode=
"SortByTime" localOnly="true" />
```

3. 自定义 Web.config 文件配置

自定义 Web.config 文件配置节过程分为以下两步。

(1) 在配置文件顶部<configSections>和</configSections>标记之间声明配置节的名称和处理该节中配置数据的.NET Framework 类的名称。

(2) 在<configSections>区域之后为声明的节做实际的配置设置。

示例:创建一个节存储数据库连接字符串

```
<configuration>
    <configSections>
```

```
        <section name="appSettings" type="System.Configuration
        .NameValueFileSectionHandler,System,Version=1.0.3300.0,Culture=
        neutral,PublicKeyToken=b77a5c561934e089"/>
    </configSections>
    <appSettings>
        <add key="scon" value="server=a;database=northwind;uid=sa;pwd=123"/>
    </appSettings>
    <system.web>
    …
    </system.web>
</configuration>
```

可以通过使用 ConfigurationSettings.AppSettings 静态字符串集合来访问 Web.config 文件。

1.5.4 HTML 服务器控件语法

默认情况下，ASP.NET 文件中的 HTML 元素作为文本进行处理，页面开发人员无法在服务器端访问文件中的 HTML 元素。要使这些元素可以被服务器端访问，必须将 HTML 元素作为服务器控件进行分析和处理，这可以通过为 HTML 元素添加 runat＝"server"属性来完成。服务器端通过 HTML 元素的 id 属性引用该控件。

语法：

`<控件 id="名称"…runat="server">`

【例 1.1】 使用 HTML 服务器端控件创建一个简单的 Web 应用程序。在页面加载事件 Page_Load 事件中，将文本控件中显示"HTML 服务器控件"，运行结果如图 1.52 所示。

程序代码如下。

图 1.52　HTML 服务器控件

```
<html>
<title>HTML 服务器控件</title>
<script type="text/javascript" runat="server">
    protected void Page_Load(object sender,EventArgs e)
    {
        this.MyText.Value="HTML 服务器控件";
    }
</script>
<style type="text/css">
    # MyText
    {
        width: 188px;
    }
</style></head>
<body><input id="MyText" type="text"runat="server"/></form>
</body>
</html>
```

1.5.5 ASP.NET 服务器控件语法

ASP.NET 服务器控件比 HTML 服务器控件具有更多的内置功能。Web 服务器控件不仅包括窗体控件（例如按钮和文本框），而且还包括特殊用途的控件（例如日历、菜单和树视图控件）。Web 服务器控件与 HTML 服务器控件相比更为抽象，因为其对象模型不一定符合 HTML 语法。

语法：

```
<asp:控件名 ID="名称"…组件的其他属性…runat="server"/>
```

【例1.2】 使用 ASP.NET 服务器端控件创建一个简单的 Web 应用程序，在页面加载事件 Page_Load 中即在页面初始化时，显示按钮控件的文本"欢迎学习 ASP.NET!"，运行结果如图 1.53 所示。

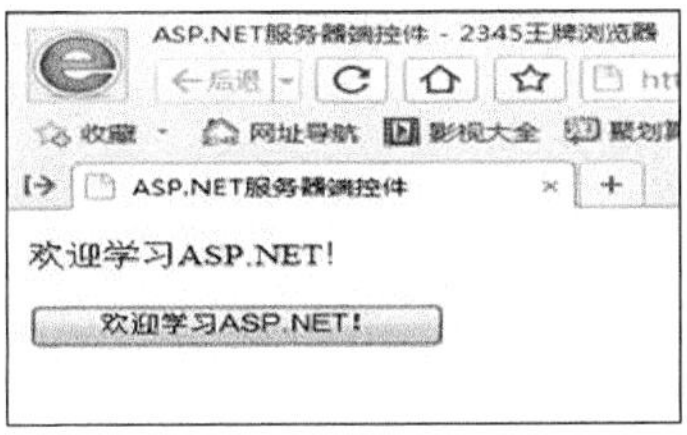

程序代码如下。

图 1.53 ASP.NET 服务器端控件

```html
<html xmlns="http://www.w3.org/1999/xhtml">
<head runat="server">
    <title>ASP.NET 服务器端控件</title>
    <script language="C# " runat="server">
      protected void Page_Load(object sender,EventArgs e)
      {
          Response.Write(this.btnText.Text);
      }
    </script>
</head>
<body>
    <form id="form1" runat="server">
    <div>
        <asp:Button ID="btnText" runat="server" Text="欢迎学习 ASP.NET!" />
    </div>
    </form>
</body>
</html>
```

1.6 制作一个 ASP.NET 网站

1.6.1 创建 ASP.NET 站点

(1) 启动 Visual Studio 2010 开发环境，首先进入起始页界面。在该界面中，单击"文件"→"新建"→"网站"菜单命令，创建 ASP.NET 站点。

(2) 单击"新建"→"网站"菜单命令后，打开"新建网站"对话框，在此对话框的模板区域内选择"ASP.NET 网站"，并输入网站的位置以及选择编程语言，如图 1.54 所示。

(3) 单击"确定"按钮，创建网站。在创建网站的同时，开发环境会自动打开一个名为 Default.aspx 的页面，窗口布局如图 1.55 所示。

图 1.54 创建 ASP.NET 站点

图 1.55 新建站点窗口

1.6.2 设计 Web 页面

创建了一个网站以后,接下来要进行的就是 Web 页面的设计。

1. ASP.NET 页面设计的三种方式

每个.aspx 的 Web 窗体网页都有三种视图方式:"设计"、"拆分"以及"源"视图。在"解决方案资源管理器"上双击某一个.aspx 就可以打开.aspx 文件,接下来可以通过三种方式来设计页面。

1)"视图"设计

图 1.56 显示如何切换到"视图"设计,"视图"设计可以模拟用户在浏览器中看到的页面。

2)"拆分"视图方式

"拆分"视图方式会将 HTML 及设计界面同时呈现在开发工具中,让开发设计者设计好 HTML 即可看到显示的界面,如图 1.57 所示。

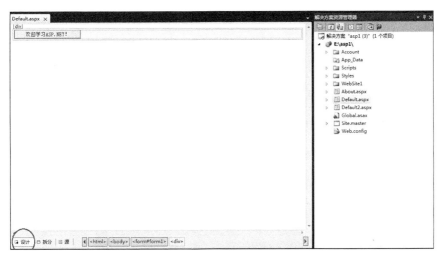

图 1.56 "设计"视图方式

图 1.57 "拆分"视图方式

3)"源"视图

"源"视图可让网页设计人员针对网页的 HTML 及程序做细致的编辑及调整,如图 1.58 所示。

2. 布局 ASP.NET 网页

通过两种方法可以实现布局 Web 页面,一个是 Table 表格布局 Web 窗体,另一个是 CSS+DIV 布局 Web 窗体。使用 Table 表格布局 Web 窗体,将 Web 窗体中添加一个 HTML 格式表格,然后根据位置的需要,向表格中添加相关文字信息或服务器控件。使用 CSS+DIV 布局 Web 窗体需要通过 CSS 样式控制 Web 窗体中的文字信息或服务器控件的位置,这需要精通 CSS 样式。

3. 添加服务器控件

在"设计"视图中,用户可以从"工具箱"选项卡中直接选择各种控件添加到 Web 页面

图 1.58 "源"视图方式

上,也可以在页面中直接输入文字,详见第 5 章。

1.6.3 添加 ASP.NET 文件

ASP.NET 的文件类型有很多种,具体如下。

(1) *.resx 是资源文件。每个页面都有一个资源文件相对应。

(2) global.asax 是 global.asa 的.NET 版。

(3) global.asax.vb 是 global.asax 的后台文件。

(4) *.ascx 是一个用户自定义控件。

(5) *.ascx.vb 是自定义控件的代码文件,C♯的是 *.ascx.cs。

(6) *.ascx.resx 是自定义控件的资源文件。

(7) *.aspx.vb 是 *.aspx 页面的后台代码。

(8) Web.config 是整个 WebApplication 的配置文件。

(9) *.vbproj 是 VB.NET 的工程文件。

(10) *.vsdisco 是 WebService 的文件。

(11) *.vbproj.webinfo 是 VB.NET 工程文件的 WebApplication 文件。

(12) *.sln 是 VS.NET 的解决方案文件。

其中,global.asax,global.asax.vb,web.config,*.vbproj,*.vsdisco,*.vbproj.webinfo,*.sln 都是在建立一个 VB.NET 的 WebApplication 工程的时候自动产生的。

ASP.NET 的页面文件是 *.aspx,每个页面对应一个 *.resx 资源文件和一个 *.aspx.vb 的代码文件。

添加 ASP.NET 文件的步骤是:在"解决方案资源管理器"上,选择需要添加文件的位置,右击,在弹出的快捷菜单中选择"添加新项"命令,在打开的"添加新项"对话框中选择需要添加的文件类型,并在下载文件属性位置输入文件名称,单击"添加"按钮就可完成文件的添加,如图 1.59 所示。

图 1.59 添加新项

1.6.4 添加配置文件 Web.config

1. 配置文件保存位置

.NET 的默认配置文件保存在 Windows 目录\Microsoft.NET\Framework\对应 .NET 版本\config 文件夹下面。不同的操作系统 Windows 目录不一样。

ASP.NET 中有两个非常重要的配置文件,分别是 machine.config 和 web.config,它们都位于 config 文件夹下面。这两个文件一般不需要手工维护,保持默认即可。但针对 ASP.NET 应用程序,它自身会有 0 个,1 个或者多个 Web.config 配置文件。

2. 配置文件加载顺序

IIS 在 ASP.NET 网站启动时,会加载配置文件中的配置信息,然后缓存这些信息,不会每次要用都去读取配置文件,只是 IIS 会随时监视着这些文件的变化,一旦有变化,它会重新去读取并缓存配置信息。

ASP.NET 网站运行时会按照以下方式加载配置文件中的节点信息。

(1) 如果在当前运行页面所在的目录下有 Web.config 文件,则查找是否存在所需要的节点,如果存在则返回结果,并停止下一步查找。

(2) 如果所在目录不存在 Web.config 配置或者配置文件里没有所需要的节点,则查找它所在的上一级目录的配置文件中的节点,直到网站根目录。

(3) 如果网站根目录中都不存在 Web.config 或者所需要的配置节点,转而到 Windows 目录\Microsoft.NET\Framework\对应.NET 版本\config\web.config 中去查找。

(4) 如果第(3)条中还没找到,继续到 Windows 目录\Microsoft.NET\Framework\对应.NET 版本\config\machine.config 中去查找。

(5) 如果还没找到,那就报错。

3. 配置文件节点介绍

Web.config 文件是一个 XML 文本文件,它的根节点为<configuration>,该节点下包含常见的子节点有＜configSections＞、＜appSettings＞、＜connectionStrings＞（保存数据库连接字符串）、＜location＞和＜system.web＞。

1.6.5 配置IIS虚拟目录

使用Internet信息服务（IIS）管理器，可以为ASP.NET Web应用程序创建虚拟目录。虚拟目录在客户端浏览器上显示时，就好像它包含在Web服务器的根目录中一样，即使它实际可能驻留在另外某个位置也是如此。使用此方法，可以发布不位于Web服务器的根文件夹下的Web内容。

在创建新的虚拟目录后，可以将它配置为运行ASP.NET页并配置安全性。如表1.1所示为在所有版本的IIS（包括IIS 6.0）中可用的权限设置。

表1.1 所有版本的IIS中可用的权限设置

账户或组	权限
选择的要赋予其站点浏览权限的账户或组（如果在创建虚拟目录时禁用了匿名身份验证）	读取和执行
为访问ASP.NET当前用户上下文的系统资源而配置的账户，如Network Service账户（IIS 6.0）或ASP.NET账户（IIS 5.0和IIS 5.1）。	读取和执行 列出文件夹内容 读取 写入

在完成对虚拟目录的配置后，可以向与虚拟目录关联的物理目录添加ASP.NET网页。有关更多信息，请参见配置ASP.NET应用程序。

为虚拟目录配置安全性和身份验证的方法如下。

在IIS管理器中，右击要配置的虚拟目录的节点，然后单击"属性"命令。

打开"目录安全性"选项卡，然后在"身份验证和访问控制"部分单击"编辑"按钮。

选中与要用于虚拟目录的身份验证方法对应的复选框，然后单击"确定"按钮。默认情况下，"启用匿名访问"和"Windows集成身份验证"复选框已经处于选中状态。

注意：两个最常见的身份验证方案是对本地Intranet站点使用Windows集成身份验证，对用户通过防火墙访问的Internet或Extranet站点使用Forms身份验证。若要为Intranet或本地开发方案配置身份验证，请清除"启用匿名访问"复选框，并确保"集成Windows身份验证"复选框处于选中状态。若要为Internet站点配置身份验证，需要设置Forms身份验证，这不在本主题的讨论范围之内。

在Windows资源管理器中，定位到将包含站点各页的文件夹。右击该文件夹，然后单击快捷菜单中的"共享和安全"命令。

在"安全"选项卡上，配置所需的其他任何账户和权限，然后单击"确定"按钮。

注意：若要更改现有账户的权限，请在"组或用户名"列表中选择该账户，然后选中相应的权限复选框。若要添加新账户，请单击"添加"按钮，然后单击"位置"按钮。从列表中选择本地计算机名，再单击"确定"按钮。然后在文本框中输入要添加的特定账户名。输入账户名之后，单击"检查名称"按钮对账户名进行验证，最后单击"确定"按钮添加该账户。

实践与练习

一、选择题

1. 静态网页文件的后缀是（　　）。
   A．.asp   B．.aspx   C．.htm   D．.jsp
2. 在.NET中CLS的作用是（　　）。
   A．存储代码   B．防止病毒   C．源程序跨平台   D．对语言进行规范
3. 在ASP.NET中源程序代码先被生成中间代码（IL或MSIL），然后再转变成各个CPU需要的代码，其目的是（　　）的需要。
   A．提高效率   B．保证安全   C．源程序跨平台   D．易识别
4. .NET与XML紧密结合的最大好处是（　　）。
   A．代码易于理解   B．跨平台传送数据
   C．减少存储空间   D．代码安全
5. 下列哪些不是公共语言运行环境的特性？（　　）
   A．代码执行管理   B．管理函数指针调用
   C．类型安全   D．代码访问安全
6. 下列不属于动态HTML的核心技术的是（　　）。
   A．客户端脚本语言   B．CSS样式表
   C．文件目标模块   D．动画素材
7. 在"工具"菜单中选择"选项"命令，可以更改启动VS2005时默认出现的用户界面，请问以下哪些是VS支持的启动界面？（　　）
   A．空环境，不打开任何界面   B．最后一次加载的项目
   C．打开起始页   D．打开主页

二、填空题

1. 动态网页的发展包括_____、_____和_____几个阶段。
2. .NET框架由_____、_____、_____、_____和_____5部分组成。
3. .NET框架中包括一个庞大的类库，为了便于调用，将其中的类按照_____进行逻辑分区。
4. IIS的全称是_____。
5. .NET Framework中公共语言运行库的作用是_____。

三、判断题

1. 和ASP一样，ASP.NET也是一种基于面向对象的系统。　　　　　　　　　（　　）
2. 在ASP.NET中能够运行的程序语言只有三种。　　　　　　　　　　　　　（　　）
3. 对于HTML，任何文本编辑器都可以编辑它。它目前已经成为各种类型浏览器的通用标准，能独立于各种操作系统平台。　　　　　　　　　　　　　　　　（　　）
4. 浏览器相当于HTML的翻译程序，负责解释HTML文件各种符号的含义。　（　　）
5. Flash动画是动态HTML。　　　　　　　　　　　　　　　　　　　　　　（　　）
6. 客户端脚本语言可以是JavaScript和VBScript。　　　　　　　　　　　　（　　）

7. ASP 需要在服务器端专门配置运行环境才能运行。 (   )

8. ASP、JSP 和 ASP.NET 技术都是把脚本语言嵌入到 HTML 文档中。 (   )

四、简答题

1. 静态网页与动态网页运行时的最大区别是什么？
2. 请详细叙述服务器打开.htm 和.aspx 两种网页时内部的执行过程。
3. ASP.NET 应用程序由哪几部分组成？
4. 请写出在 VS 2010 中开发 ASP.NET 应用程序的一般步骤。

五、上机操作

1. 在 VS 2010 中创建一个 C#控制台应用程序，输出"这是我的第一个 C#程序"。
2. 创建一个 Windows 应用程序，设置窗体的 Text 属性为"我的新程序"。

第 2 章　HTML 简介及使用技巧

本章学习目标
- 了解 HTML 的含义并掌握网页文件的创建。
- 熟练掌握 HTML 各类常用标记及其应用。
- 掌握网页中添加多媒体效果的方法。

本章首先介绍 HTML 文件的基本结构及创建方法,然后详细介绍各类常用标记及其应用,最后介绍网页中添加多媒体效果的方法。

超文本标记语言(Hyper Text Markup Language,HTML),是标准通用标记语言下的一个应用,是一种制作万维网页面的标准语言,它通过标记符号来标记要显示在网页中的各个部分。网页的本质就是超文本标记语言,通过结合使用其他的 Web 技术,如脚本语言、公共网关接口、组件等,可以创造出功能强大的网页。因而,超文本标记语言是万维网编程的基础,也就是说万维网是建立在超文本基础之上的。超文本标记语言之所以称为超文本标记语言,是因为文本中包含所谓"超级链接"点。

2.1　HTML 文件基本结构标记

一个网页对应于一个 HTML 文件,标准的 HTML 文件都具有一个基本的整体结构,HTML 通过标记符号来标记要显示的网页中的各个部分。网页文件本身是一种文本文件,通过在文本文件中添加标记符,可以告诉浏览器如何显示其中的内容,如文字如何处理,画面如何安排,图片如何显示等。浏览器按顺序阅读网页文件,然后根据标记符解释,并显示其标记的内容,对书写出错的标记将不指出其错误,且不停止其解释执行过程,设计者只能通过显示效果来分析出错原因和出错部位。

需要注意的是,对于不同的浏览器,同一标记符可能会有不完全相同的解释,因而可能会有不同的显示效果。

2.1.1　制作一个基本的网页

HTML 文件是一种标准的纯文本文件,其扩展名为 html 或 htm。创建一个 HTML 文件,只需要两个工具,一个是 HTML 编辑器,另一个是 Web 浏览器。HTML 编辑器是用于生成和保存 HTML 文件的应用程序。大多数通用的编辑器,如 Word、Windows 系统自带的记事本和写字板等,都可以用来创建或修改 HTML 文件。当然,使用更专业的网页编辑工具(如 FrontPage 和 Dreamweaver 等)来编辑 HTML 文件是一种更好的选择。专业工具能够达到所见即所得的效果,在编辑 HTML 文件的同时,不需要打开 Web 浏览器,即可模拟显示出该文件在浏览器中的实际效果。

【例 2.1】　定义一个简单的网页,网页中包含标题和一行网页内容。
操作步骤:

步骤1　打开记事本,输入以下代码。

```html
<html>
    <head>
        <title>一个简单的HTML示例</title>
    </head>
    <body>
        Hello World!
    </body>
</html>
```

步骤2　选择"文件"→"另存为"命令,弹出"另存为"对话框;将"保存类型"选择为"所有文件","编码"选择为 ANSI,选定存储路径,并将文件名命名为"Ex2_1.html",单击"保存"按钮保存该文件。

步骤3　定位到 Ex2-1.html 文件所在的位置,可以看到一个 IE 的图标,双击该文件,系统将默认以 IE 浏览器打开此文件,显示如图 2.1 所示的效果。

图 2.1　例 2.1 在 IE 中的运行结果

注意:编写 HTML 文件时一般采用"编写—存盘—浏览"三步曲,以此循环工作。

2.1.2　HTML 文件的基本结构

1. 基本结构

一个完整的 HTML 文件由标题、段落、表格和文本等各种嵌入的对象组成,这些对象统称为元素,HTML 使用标记来分隔并描述这些元素。实际上,整个 HTML 文件就是由元素和标记组成。

HTML 文件的基本结构为:

```
<HTML>文件开始标记
    <HEAD>文件头开始的标记
        …文件头的内容
    </HEAD>文件头结束的标记
    <BODY>文件主体开始的标记
        …文件主体的内容
```

</BODY>文件主体结束的标记

</HTML>文件结束标记

从以上结构可以看出,HTML 代码分为三部分,各部分含义如下。

<HTML>…</HTML>：HTML 文件的开始和结束标记,HTML 文件中所有的内容包括<HEAD>和<BODY>标记都应该在这对标记之间,一个 HTML 文件总是以<HTML>开始,以</HTML>结束。

<HEAD>…</HEAD>：HTML 文件的头部标记,主要用来放置页面的标题以及文件信息等内容,通常将这两个标记之间的内容统称为 HTML 的头部。

<BODY>…</BODY>：用来指明文件的主体区域,网页所要显示的内容都放在这个标记内,页面的内容包括文字、图片、动画及超链接等。其结束标记</BODY>指明主体区域的结束。

2．文件中的标记和元素

HTML 的主要语法是元素和标记。HTML 以标记符来标识、排列各对象。标记也叫作标识(Tag),是用来规定元素的属性和它在文件中的位置。标记符以"<"和">"表示。标记符里的内容称为元素(Element),元素代表了标记符的意义。元素是符合文件类型定义的文件组成部分,如 TITLE(文件标题)、IMG(图像)、TABLE(表格)等。元素名不区分大小写。

例如:

```
<title>网页设计教程</title>
```

其中,title 是标记名,<title>与</title>之间的内容都属于标记 title,<title>是标记,用来说明标记 title。

注意：HTML 标记符虽然不区分大小写,但通常约定标记符使用大写字母,这有利于 HTML 文件的维护。

3．标记的划分

HTML 文件的标记分为单标记和双标记。

1) 单标记

只需单独使用就能完整地表达意思的标记称为"单标记"。

语法格式:

```
<标记名称>
```

例如,最常用的单标记为
,它表示换行。

2) 双标记

双标记由"始标记"和"尾标记"两部分构成,必须成对使用,其中始标记告诉 Web 浏览器从此处开始执行该标记所表示的功能,而尾标记告诉 Web 浏览器在这里结束该功能。

语法格式:

```
<标记>被标记的内容</标记>
```

其中,"被标记的内容"部分就是要被这对标记施加作用的部分。

例如,将"我的第一个网页"这几个字以粗体显示。就把这几个字放在标记与之间:

我的第一个网页

【例 2.2】 将例 2.1 中的网页内容"Hello World!"加粗显示。

代码为：

```
<html>
    <head>
        <title>一个简单的 HTML 示例 </title>
    </head>
    <body>
        <b>Hello World!</b>
    </body>
</html>
```

在浏览器中的显示结果如图 2.2 所示。与例 2.1 相比，明显地对网页内容"Hello World!"做了加粗。

图 2.2　例 2.2 在 IE 中的运行结果

说明：HTML 是一种嵌套语言，一个标记的外面可以嵌套另外一个标记。

4．标记的属性

例如，单标记<hr>表示在文件当前位置画一条水平线，一般是从窗口中当前行的最左端一直画到最右端。属性是用来描述对象的特性。在 HTML 中，所有标记的属性都放置在始标记符的尖括号内，标记符与属性之间用空格分隔，属性的值放在相应属性之后，用等号分隔，而不同的属性之间用空格分隔。

格式为：

<标记符 属性 1=属性值 1　属性 2=属性值 2 …>被标记的内容</标记符>

HTML 属性通常也不区分大小写。一个标记可以有多个属性，各属性之间无先后次序，属性也可省略，当属性省略时就取默认值。属性值可以直接书写，也可以使用引号括起来。

如果该标记带一些属性，写成：

<hr size=3 align=left width="75% ">

表示在文件当前位置画一条水平线，线的粗细为 3pixel（像素），居左对齐，画满整个窗口宽度的 75%。

其中，size 属性定义线的粗细，属性值取整数，默认值为 1 pixel（像素）。

align 属性表示对齐方式,可取 left(左对齐,默认值),center(居中),right(右对齐)。

width 属性定义线的长度,可取相对值(由一对双引号括起来的百分数,表示相对于充满整个窗口的百分比),也可取绝对值(用整数表示的屏幕像素点的个数,如 width="300"),默认值是"100%"。

5. 注释语句

为了使程序清楚、容易理解,供用户阅读方便,应该在程序中添加注释。

注释语句的格式为:

<!--注释文-->

或

<! 注释文>

注释语句可以放在程序的任何地方,注释内容不在浏览器中显示。例如,<!--ASP.NET 基础-->或者<! ASP.NET 网站设计教程>都可作为 HTML 代码的注释。

2.2 文本和图像标记

HTML 基本标记有很多,包括文件结构标记、文本版面编辑标记、列表标记、图像标记、超链接标记、表格标记、表单标记、框架标记等。本节详细介绍文本和图像标记。

2.2.1 常用文本标记

页面文本标记是一组用来控制页面文字显示效果的标记,包括文字字型控制、段落控制、显示方式控制等。这些格式化标记都是用于<BODY></BODY>标记对之间的。常用文本标记如表 2.1 所示。

表 2.1 常用文本标记

标 记	说 明
<address>	地址标记,一般放在文件体的首部或尾部。<address>和</address>之间的内容通常是有关编程者的信息,包括姓名、身份等
<b>	成对出现。<b>和</b>之间的内容将显示为粗体文字

	
单独出现,作用相当于插入回车符。如果没有
换行标记,Web 浏览器窗口将根据浏览器窗口的宽度尽可能长地显示文本
<hi>	<hi>标记成对出现,夹在<hi>和</hi>之间的文字是文件中的标题。标题文字都用粗体显示,上级标题总比下面各级标题更大些、更粗些。<hi>标记共分 6 级,其中,<h1>标记括起来的文字是第一级标题,最大最粗,而<h6>标记括起的文字是最后一级标题,最小最细
<hr>	<hr>标记单独出现,作用是换行并在该行下面画一条水平直线。它有三个属性值:size、width 和 align,分别用以规定水平线的高度、宽度和水平线在浏览器窗口中的位置
<i>	<i>和</i>之间的内容将显示为斜体
<p>	p 是 paragraph 的意思,用于划分段落,作用是换行并插入一个空白行,<p>标记可以单独使用,也可成对使用。成对使用时,可以添加 align 属性,标出段落在浏览器中的位置

续表

标记	说明
\<pre\>	\<pre\>是预格式化标记，HTML 的输出是基于窗口的，因而 HTML 文件在输出时要重新排版，对确实不需要重新排版的内容，可使用\<pre\>…\</pre\>。浏览器在输出时，对\<pre\>…\</pre\>之间的内容几乎不做修改地输出
\<u\>	\<u\>和\</u\>之间的内容将显示为带下划线的文字

1. 正文标题标记

HTML 用\<h1\>到\<h6\>这几个标记来定义正文标题，字体从大到小。每个正文标题自成一段。

语法格式：

\<hi 属性 1=属性值 1　属性 2=属性值 2 …\>正文标题文字\</hi\>(i=1,2,…,6)

说明：

(1) \<h1\>…\</h1\>的字体最大，\<h6\>…\</h6\>的字体最小。使用正文标题样式时，必须使用结束标记符。

(2) 常用的属性有 align,face,size,color 等。align 用来设置标题在页面中的对齐方式：left(左对齐)、center(居中)或 right(右对齐)；face 设置字型；size 设置字号；color 设置字的颜色。

例如：

\<h4 align="left" face="楷体_GB2312" size="4" color="#0000FF"\>青海民族大学计算机学院\</h4\>

(3) \<hn\>…\</hn\>标记符默认显示宋体。\<hn\>…\</hn\>标记符会自动插入一个空行，不必再用空行标记符。在一个正文标题行内无法使用不同大小的字体。

(4) \<hn\>…\</hn\>标记与 HEAD 中的\<title\>…\</title\>定义的网页标题不同，正文标题内容显示在浏览器窗口内，而不像网页标题，网页标题显示在浏览器的标题栏中。

【例 2.3】 在浏览器窗口内显示不同的正文标题字体。

```
<html>
    <body>
        <h1>这是 H1 标题字体</h1>
        <h2>这是 H2 标题字体</h2>
        <h3>这是 H3 标题字体</h3>
        <h4>这是 H4 标题字体</h4>
        <h5>这是 H5 标题字体</h5>
        <h6>这是 H6 标题字体</h6>
    </body>
</html>
```

显示结果如图 2.3 所示。

【例 2.4】 标题字体中加入属性后的变化。

代码为：

图 2.3 例 2.3 在 IE 中的运行结果

```
<html>
    <body>不同的标题字体：
        <h3>这是 H3 标题字体！</h3>
        <h4 color=#ff0000 align=right>这是 H4 标题字体！</h4>
        <h5 align=center>这是 H5 标题字体！</h5>
        <h6 align=left >这是 H6 标题字体！</h6>
    </body>
</html>
```

显示结果如图 2.4 所示。

图 2.4 例 2.4 在 IE 中的运行结果

2. 文字格式标记

在网页中为了增强页面的层次,其中的文字可以用不同的大小、字体、字型和颜色,通常使用 font 标记符来完成。

font 标记符的语法格式为:

<font size="数字" face="字体名" color="颜色">被设置的文字 </font>

说明:

(1) size 属性是字号属性,用于控制文字的大小,它的取值可以是:1,2,3,4,5,6,7 或 ＋N,－N(既可以是绝对值,也可以是相对值)。默认值为 3 号。

(2) face 属性是字体属性,用来指定字体样式。默认值为字体。

(3) color 属性可用来控制文字的颜色,属性值可以是 6 位十六进制值或 HTML 预定义的颜色常量名(如 olive,teal,maroon,navy ,gray,lime,fuchsia,purple)。

【例 2.5】 设置各种基本文字字体的大小。

代码为:

```
<html>
    <body>
        <font size=7>这是 7 号字体!!</font><br>
        <font size=5>这是 5 号字体!!</font><br>
        <font size=3>这是 3 号字体!!</font><br>
        <font size=2>这是 2 号字体!!</font><br>
        <font size=1>这是 1 号字体!!</font><br>
    </body>
</html>
```

浏览器的显示结果如图 2.5 所示。

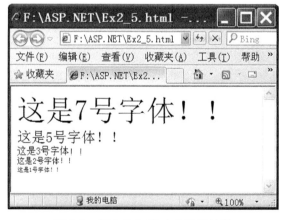

图 2.5 例 2.5 在 IE 中的运行结果

注意: 字体标记不会自动换行,这一点与标题字体不同。

3. 字型设置标记

HTML 定义了多种用于字体和字型修饰的标记。其功能是设置文字的风格,如粗体、斜体、带下划线等。这些标记可以单独使用,也可以混合使用,产生复合修饰效果。常用的字型标记如表 2.2 所示。

表 2.2 常用的字型标记

标　　记	说　　明
<b>	<b></b>使文本以粗体字的形式输出(bold)
<i>	<i></i>使文本以斜体字的形式输出(italic)
<u>	<u></u>加下划线的形式输出(underline)
<s>	<s></s>加删除线的形式输出(strikeout)
<sub>	作为下标显示(subscript)
<sup>	作为上标显示(superscript)
<tt>	<tt></tt>输出打字机风格字体的文本(等宽体显示西文字符)
<small>	<small></small>使文字大小相对于前面的文字减小一级
<big>	<big></big>使文字大小相对于前面的文字增大一级
<cite>	<cite></cite>输出引用方式的字体,通常是斜体
<em>	<em></em>输出需要强调的文本(通常是斜体加粗体)(emphasis)
<strong>	<strong></strong>输出加重文本(通常是斜体加粗体)

【例 2.6】 设置不同字型的文本标记格式。

代码为:

```
<html>
    <head>
        <title>文本标记的综合示例</title>
    </head>
    <body text="blue">
        <h1>最大的标题</h1>
        <h3>使用 h3 的标题</h3>
        <h6>最小的标题</h6>
        <p><b><i>粗体并斜体字文本</i></b></p>
        <p><u><big>下划线并比前面字号大一级的文本</big></u></p>
        <p><tt>打字机风格的文本</tt></p>
        <p><cite>引用方式的文本</cite></p>
        <p><em>强调文本</em></p>
        <p><strong>加重文本</strong></p>
        <p><font size="+1" color="#FF0000">size 取值"+1"color 取值为红色时的文本
        </font></p>
    </body>
</html>
```

运行结果如图 2.6 所示。

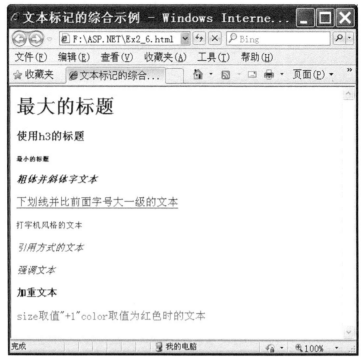

图 2.6 文本标记的综合示例

**4．换行标记
**

在 HTML 文件中，无法用多个回车、空格、Tab 键来调整文件段落的格式。要用 HTML 的标记符来强制换行、分段。

是一个很简单的标记，它没有结束标记，因为它是用来创建一个回车换行的。它不产生一个空行，但连续多个
标记可以产生多个空行的效果。

在
的使用方面还有一定的技巧，如果把
加在<p></p>标记对的外边，将创建一个很大的回车换行，即
前面和后面的文本的行与行之间的距离很大，若放在<p></p>的里面，则
前面和后面的文本行与行之间的距离比较小。

注意：
标记是单独使用的。

【例 2.7】 删除例 2.5 中的全部换行标记，比较显示结果。

将例 2.5 的代码改写为：

```
<html>
    <body>
        <font size=7>这是 7 号字体!!</font>
        <font size=5>这是 5 号字体!!</font>
        <font size=3>这是 3 号字体!!</font>
        <font size=2>这是 2 号字体!!</font>
        <font size=1>这是 1 号字体!!</font>
    </body>
</html>
```

删除换行标记
,其运行结果如图 2.7 所示。

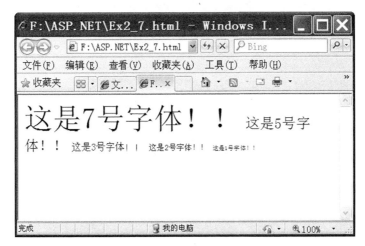

图 2.7　例 2.7 在 IE 中的运行结果

5. 段落标记<p>

段落标记<p>用于将文件划分为段落,在此标记对之间加入的文本将按照段落的格式显示在浏览器上。

设置段落标记符的格式为：

```
<p align="对齐方式">文字 </p>
```

align 属性用于设置段落的对齐方式,其常见取值有三种：right(右对齐)、left(左对齐)、center(居中对齐)。

【例 2.8】　设置段落标记。

代码为：

```
<html>
    <body>
        <p align="left">青海民族大学 </p>
        <p align="center">青海师范大学 </p>
        <p align="right">青海大学 </p>
        <p >青海广播电视大学 </p>
    </body>
</html>
```

运行结果如图 2.8 所示。

6. 文本居中排列标记<center>

文本居中排列标记<center></center>使作用的对象在屏幕的中央显示。

【例 2.9】　设置文本居中排列标记。

代码为：

```
<html>
    <head>
```

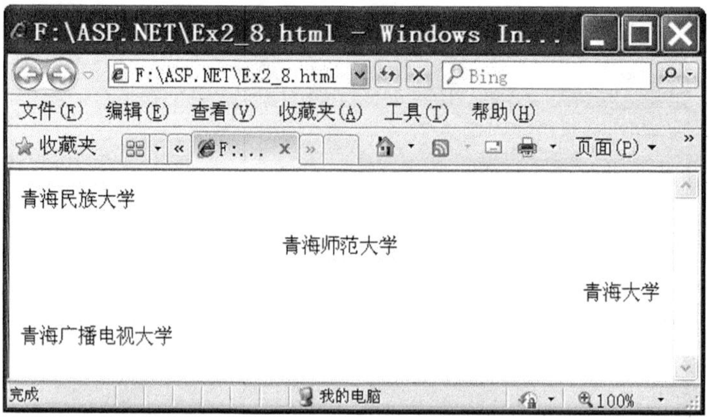

图 2.8 段落标记的设置

```
    <title>居中显示</title>
</head>
<body>
    <center>
    <h3>此行文本在屏幕的中央显示<h3>
    </center>
    此行文本不在居中排列标记之内
</body>
</html>
```

运行结果如图 2.9 所示。

图 2.9 文本居中排列标记的设置

7. 水平线标记<hr>

水平线标记<hr>可以在 Web 页面上插入一条水平线。线的宽度和高度是可调的,该标记对于美化页面很有帮助。其属性有 align、width、size 和 noshade,分别用于调整水平线的位置、长度、宽度和是否为实心线。

语法格式:

```
<hr [size=值 align=值  width=值  noshade]>
```

align：表示水平线位置与前面类似，有 right、center、left，默认时为居中。

width：表示水平线长度，可以用满屏宽度的百分数表示，也可以用像素值指明，默认为 100%。

size：表示水平线宽度，可以用像素值 2、4、8、16、32 等指明，默认为 2，2 也是最小值。

noshade：表示水平线是一条实心线，默认为一条阴影线。

【例 2.10】 在页面上插入不同样式的水平线。

代码为：

```
<html>
    <body>
        <br>
        插入水平线 1<hr ><br>
        插入水平线 2<hr size=4 align=left width=75% >
        插入水平线 3<hr size=8 align=center width=50% >
        插入水平线 4<hr size=16 align=right width=50%  noshade>
    </body>
</html>
```

运行结果如图 2.10 所示。

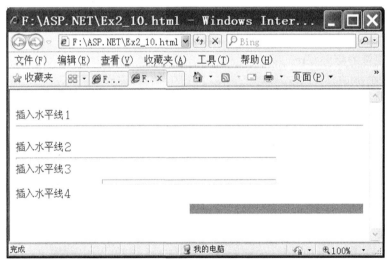

图 2.10　不同样式的水平线

注意：与
类似，<hr>也不包括结束标记符。

8. 特殊字符显示标记

由于字符<、&、>和空格在 HTML 中用作控制字符，如果要将它们当作一般字符显示在页面上，就必须用以下方式来表示。

<：<

&：&

>：>

空格：

【例 2.11】 页面上显示一块文本，文本中包含字符串"
"。代码为：

```
<html>
    <head><title>有关文本标记的使用 </title></head>
    <body>
        白日依山尽 <br>
        &ltBR&gt <br>              <!--页面上显示字符串"<BR>"-->
        <b>黄河入海流 </b><br>       <!--文本加粗-->
        欲穷千里目<br>
        <b>更上一层楼</b><br>
        <hr size=10 width=100 align=left color=#00ff00><!--绿色水平线-->
    </body>
</html>
```

运行结果如图 2.11 所示。

2.2.2 图像标记

超文本支持的图像格式一般有 X Bitmap (XBM)、GIF、JPEG 三种，所以对图片处理后要保存为这三种格式中的任何一种，才可以在浏览器中看到。

1. 插入图像的标记<img>

插入图像的标记是<img>，格式为：

图 2.11 页面上显示字符串"
"

```
< img src="图形文件地址" alt="简单说明" longdesc="详细说明" width="宽度" height="高度" border="边框长度" hspace="水平空白" vspace="垂直空白" align="对齐方式">
```

<img>属性说明如表 2.3 所示。

表 2.3 <img>属性说明

属性	说 明
src	指明了所要链接的图像文件所在地址，该图像文件可以在本地计算机上，也可以位于远端主机上
height	表示图形的高度，默认单位是像素
width	表示图形的宽度，默认单位是像素
align	网页上不仅有图形还有文字，文字与图形之间有各种不同的对齐方式，用属性 align 定义对齐方式。align 的取值可以是 top、middle、bottom、right、left 中的一个。默认时图像放在文字的右边
hspace	表示文字与图像之间的水平距离
vspace	表示文字与图像之间的垂直距离
alt	表示当鼠标移动到图像上时显示的文本
border	表示图形的边框，可以取大于或者等于 0 的整数，值为 0 时无边框。默认单位是像素

2. 图像属性赋值

<img>标记并不是真正地将图像加入到 HTML 文件中,而是对标记的 SRC 属性赋值。该值是插入图像文件的文件名,包括路径。路径可以是相对路径,也可以是网址。实际上就是通过路径将图形文件嵌入到文件中。

所谓相对路径是指所要链接或嵌入到当前 HTML 文件的文件与当前文件的相对位置所形成的路径。通常有以下几种情况。

(1) 假如 HTML 文件与图形文件(假设文件名为 logo.gif)在同一个目录下,则可以将代码写成<img src="logo.gif">。

(2) 假如图形文件放在当前的 HTML 文件所在的目录的一个子目录(子目录名假设是 images)下,则代码应该为<img src="images/logo.gif">。

(3) 假设图形文件放在当前的 HTML 文件所在的目录的上层目录(目录名假设是 home)下,则相对路径就必须是准网址了。即用"../"表示网站,然后在后面紧跟文件在网站中的路径。假设 home 是网站下的一个目录,则代码应为<img src="../home/logo.gif">,若 home 是网站下的目录 king 下面的一个子目录,则代码应该为<img src="../king/home/logo.gif">了。

注意:属性 src 在<img>标记中是必须赋值的,是不可缺少的部分。

【例 2.12】 在 HTML 文件中插入两幅图片,这两幅图片的文件名分别是"gou.jpg"和"quest.gif",与 HTML 文件保存在同一目录下。

```
<html>
    <head>
        <title>Web 页面制作</title>
    </head>
    <body>
        <img src=gou.jpg align=left alt=狗>居左不加框的图像
        <p><p><p>
        加框的图像<img src=quest.gif border=2 height=165 wdith=200 alt=quest>
    </body>
</html>
```

运行结果如图 2.12 所示。

当鼠标移动到两幅图片上时分别显示文本"狗"和"quest"。

注意:图像标记<img>没有结束标记。一般插入的是小图片,否则浪费空间。当图片较大时,或希望用户选择性地看图时,可制作一个链接。

2.2.3 超链接标记

1. 链接到本机的另一个 Web 页面

从当前页面链接到本机上的 Web 页面,用标记<a>…</a>定义一个超链接,把文件名和路径赋给 href 属性即可。

语法格式:

```
<a href="filename.html">文本内容</a>
```

图 2.12　图像标记的应用

执行后在浏览器中将看到"文本内容"变色并加下划线，当鼠标移到上面时，箭头变成手形光标，表示在此处单击鼠标，会链接到同一机器同一路径的 filename.html 文件上。

【例 2.13】　当前页面上设置超链接，链接到本地计算机的 Ex2_12.html 文件。

代码为：

```
<html>
    <head>
        <title>图片的链接</title>
    </head>
    <body>
        <a href="Ex2_12.html">链接到 Ex2_12.html 文件</a><br>
    </body>
</html>
```

运行结果如图 2.13 所示。

图 2.13　图片的链接

当鼠标单击"链接到 Ex2_12.html 文件"时,即可打开 Ex2_12.html 文件,显示如图 2.12 所示的结果。

2. 链接到另一台计算机上的 Web 页面

【例 2.14】 页面上设置超链接,链接到青海民族大学的主页。

<html>链接到另外一台计算机上的 Web 页面,只要把目标的 URL 地址赋给 href 即可。

语法格式:

```
<a href="URL 地址">文本内容</a>

<html>
    <head>
        <title>网页的链接</title>
    </head>
    <body>
        <a href="http://www.qhmu.edu.cn">这里是青海民族大学的主页</a>
    </body>
</html>
```

运行结果如图 2.14 所示。

图 2.14　链接到另一台计算机上的 Web 页面

单击文本内容,即可链接到目标页面。单击目标页面的"返回"按钮,又可回到初始页面。

3. 链接到文件内的指定位置(锚点)

1) 什么是锚点

锚点是指网页内部的超链接。锚点能更精确地控制访问者在其单击超链接之后要到达的位置。没有引入锚点的链接将把访问者带到目标网页的顶端,而访问者单击了一个引入锚点的超链接时,将直接跳转到这个锚点所在的位置。

2) 锚点的使用

使用锚点,一般是先设置锚点,然后对锚点进行链接。语法格式为:

```
<a name="A">…</a>         <!--设置锚点标记-->
<a href="#A">…</a>        <!--链接到锚点所在的位置-->
```

上述语句放在网页中<body>与</body>之间的任意位置。

【例 2.15】 锚点链接。

```
<html>
    <head>
        <title>Web 页面制作</title>
    </head>
    <body>
        <a name="登鹳雀楼">第一行</a>为"锚"标记。
        <p>《登鹳雀楼》<br>
        王之涣<br>
        白日依山尽,<br>
        黄河入海流。<br>
        欲穷千里目,<br>
        更上一层楼。<br>
        <p><p>
        <a href="#登鹳雀楼">从这里可链接到第一行</a>
    </body>
</html>
```

浏览器中的显示结果如图 2.15 所示。

图 2.15 锚点链接

单击图中蓝色的超链接,即可链接到锚标记"登鹳雀楼"。当网页内容比较多,内容显示在多屏上时,能明显地看出链接效果,在同一屏幕看不出链接变化。

2.3 表 格

表格是由行和列交叉而成的单元格组成的二维网格,用于组织和表达结构化的信息,也用于规划网页布局,是 HTML 文件中功能最为灵活的标记。利用表格标记的多种属性可以设计出多样化的表格,用来存放网页上的文本和图像。

2.3.1 表格基本结构

HTML 表格的结构与平时使用的其他表格一样,也是由若干的行和列构成。在 HTML 中创建表格用到以下基本标记。

<table></table>:定义表格标记。

<tr></tr>:定义行标记。

<th></th>:定义表头标记。

<td></td>:定义单元格标记(表格的具体数据)。

【例 2.16】 在 HTML 文件中创建一个 3×2 的表格。

代码为:

```
<html>
    <head>
        <title>HTML 表格的基本结构</title>
    </head>
    <body >
        <table border="1">
            <tr><td>a1</td><td>a2</td></tr>
            <tr><td>b1</td><td>b2</td></tr>
            <tr><td>c1</td><td>c2</td></tr>
        </table>
    </body>
</html>
```

运行结果如图 2.16 所示。

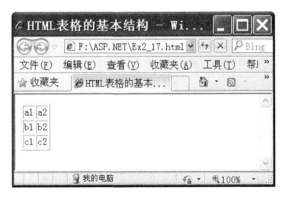

图 2.16　创建 3×2 的表格

【例 2.17】 创建一个边框为 1 的 3×3 的表格,表格中填写具体的数据。

代码为:

```
<html>
    <head>
        <title>学生基本情况表</title>
    </head>
```

```
    <body>
        <table border=1>
            <tr><th>姓名</th><th>性别</th><th>年龄</th>
            <tr><td>李霞</td><td>女</td><td>25</td>
            <tr><td>刘丽</td><td>女</td><td>23</td>
            <tr><td>王峰</td><td>男</td><td>22</td>
        </table>
    </body>
</html>
```

运行结果如图 2.17 所示。

图 2.17　创建 3×3 的表格

2.3.2　表格常用标记及属性

1．表格常用标记

HTML 中创建表格常用的标记如表 2.4 所示。

表 2.4　表格常用标记

标　　记	说　　　　明
<table>	定义表格，<table>表示表格的开始，</table>表示表格结束
<caption>	定义表格标题。格式：<caption align=＃>表格标题</caption>，表示一个表格的标题，align 的值可选择 top（放在表格上方居中），bottom（放在表格下方居中），默认值为上方居中
<th>	定义表格的表头，即字段名标记。格式：<th>字段名</th>，在<th>与</th>中间写字段名，有几个字段就加入几个字段名标记
<tr>	定义表格的行。格式：<tr>…</tr>，表示表格一行的开始和结束
<td>	定义表格单元。格式：<td>数据</td>，在<td>与</td>之间写入具体数据
<thead>	定义表格的页眉
<tbody>	定义表格的主体
<tfoot>	定义表格的页脚

续表

标 记	说 明
<col>	定义用于表格列的属性
<colgroup>	定义表格列的组

2. 表格标记的常用属性

表格标记的常用属性如表 2.5 所示。

表 2.5　表格标记的常用属性

属 性	说 明
align	设定表格的水平对齐方式,有 left、center、right 三种值
bgcolor	设定表格的背景色
background	图像文件的 URL,设定表格背景图片资源的位置
border	设定表格边框线的宽度。默认值为 0,不显示边框
cellspacing	设定单元格之间的间隔宽度,取像素值,默认值为 2
cellpadding	设定表格单元格边框与数据间的距离,取像素值,默认值为 1
colspan	设定单元格可横跨的列数
rowspan	设定单元格可横跨的行数
width	设定表格的宽度值或相对于页面长度的百分比值

【例 2.18】 在 HTML 文件中创建不带边框和带边框的表格。
代码为：

```
<html>
<table>
    <caption>本周菜价(元/斤)</caption>
    <tr><th>日期</th><th>番茄 </th><th>青椒 </th></tr>
    <tr><td>8月2日</td><td>2.50 </td><td>3.60 </td></tr>
    <tr><td>8月3日</td><td>2.50 </td><td>3.00 </td></tr>
</table><hr ><hr >
<table border=4 >
    <caption>本周菜价(元/斤)</caption>
    <tr><th>日期</th><th>番茄 </th><th>青椒 </th></tr>
    <tr><td>8月2日</td><td>2.50 </td><td>3.60 </td></tr>
    <tr><td>8月3日</td><td>2.50 </td><td>3.00 </td></tr>
</table>
</html>
```

运行结果如图 2.18 所示。

注意：如果创建一个空白表格,在<th>与</th>、<td>与</td>之间不加任何数据即可。在网页中使用较大的表格,会降低浏览速度。

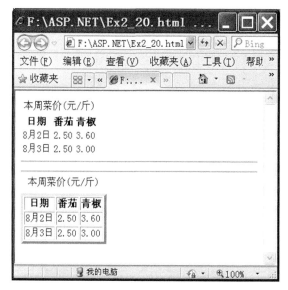

图 2.18 不带边框和带边框的表格

【例 2.19】 创建一个表格,表格的第一行单元格横跨 4 列。

```
<html>
    <table border="2">
        <tr>
            <td colspan="4">学生成绩表</td>        <!--单元格横跨 4 列-->
        </tr>
        <tr>
            <td >姓名</td><td >英语</td><td >数学</td><td >语文</td>
        </tr>
        <tr>
            <td>李锋</td><td>95</td><td>98</td><td>89</td>
        </tr>
    </table>
</html>
```

运行结果如图 2.19 所示。

【例 2.20】 创建一个表格,其中一个单元格横跨三行。

```
<html>
    <table border="1">
        <tr>
            <td rowspan="3" >晚餐食谱 </td>        <!--单元格横跨三行-->
            <td >主食</td><td >面条</td><td >饺子</td>
        </tr>
        <tr>
            <td >粥类</td><td >小米粥</td><td >八宝粥</td>
        </tr>
```

```
    <tr>
        <td>甜点</td><td>开心粉</td><td>煎饼果</td>
    </tr>
</table>
</html>
```

运行结果如图 2.20 所示。

图 2.19 第一行单元格横跨 4 列

图 2.20 其中一个单元格横跨三行

2.3.3 表格应用

1. 使用表格排版网页

使用表格排版网页,可以使网页更美观,条理更清晰,更易于维护和更新。

2. 细化表格

不要把整个网页放在一个大的表格里,因为一个大表格里的内容要全部加载完才会显示,从而影响浏览效果。建议将整个页面划分成若干部分,一般表格上方放置 Logo、Banner、Menu 等、中部放置页面内容、下方放置版权信息等,每一部分又由单独的表格来实现,尽量细化。

3. 表格设计实例

【例 2.21】 创建如图 2.21 所示的两个表格,其中第一个表格的单元格之间没有间距,第二个表格的单元格之间有较大间距。

代码如下。

图 2.21 单元格之间的不同间距

```
<html>
    <body>
        <table width="200" cellspacing="0" border="1" bordercolor="#000000">
            <tr>
                <td>  </td><td>  </td><td>  </td>
```

```
                </tr>
            </table>
            <br><br>
            <table width="200" cellspacing="8" border="1" bordercolor="#000000">
                <tr>
                    <td> </td><td> </td><td> </td>
                </tr>
            </table>
        </body>
</html>
```

比较代码，两个表格中只有属性 cellspacing 的设置不同，一个为"0"，一个为"8"，显示的结果第一个表格的每个单元格之间的距离为 0，第二个表格的每个单元格之间的距离为 8。

注意：如果表格的单元格<td></td>之间没有内容，那么这个单元格的边界是不会被显示出来的，尽管整个表格已设置边界值。要显示这个单元格的边界，应该插入空格符 。

【例 2.22】 在页面中适当加入带有立体感的表格标记，会给页面添光加彩。制作如图 2.22 所示的带有立体感的表格。

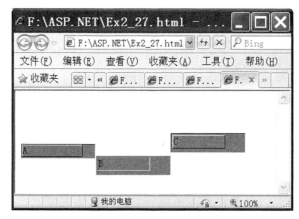

图 2.22 带有立体感的表格

代码如下。

```
<html>
<body>
    <table width="30% " border="1" align="left" cellpadding="0" cellspacing=
    "0" bordercolor="#FFFFFF" bordercolorlight="#000000" bgcolor="#9999CC">
        <tr>   <td>A</td><td></td>   </tr>
        <tr>   <td></td><td></td>   </tr>
    </table>   <br><br>
    <table width="30% " border="1" align="left" cellpadding="1" cellspacing=
    "2" bgcolor="#9999CC">
        <tr>   <td>B</td><td></td>   </tr>
```

```
        <tr>    <td></td><td></td>   </tr>
</table>
<table width="30% " border="1" align="left" cellpadding="1" cellspacing=
"2" bordercolor="#FFFFFF" bordercolorlight="#000000" bgcolor="#9999CC">
        <tr>    <td>C</td><td></td>   </tr>
        <tr>    <td></td><td></td>   </tr>
</table>
</body>
</html>
```

注意：图中的凸凹效果，完全是由属性 bordercoloer 控制，颜色浅一些，会有凸出的效果，颜色深一点，会有凹陷的效果。

【**例 2.23**】 制作图 2.23 所示的表格，隐藏表格中的部分分隔线。

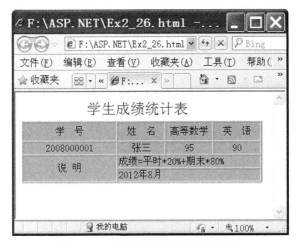

图 2.23 隐藏表格中的部分分隔线

创建表格的这部分代码如下：

```
<table border="1" cellpadding="0" bgcolor="#C0C0C0" width="400" height="75" >
    <caption>
        <p style="margin-right: 16"><font size="5" color="#0000FF">学生成绩统
            计表</font>
    </caption>
    <tr>
        <td align="center" valign="middle" width="40% " height="30">学  
            号</td>
        <td align="center" valign="middle" width="20% " height="22">姓  
            名</td>
        <td align="center" valign="middle" width="20% " height="22">高等数学</td>
        <td align="center" valign="middle" width="20% " height="22">英  
            语</td>
    </tr>
    <tr>
```

```
            <td align="center" valign="middle" width="40% ">2008000001</td>
            <td align="center" valign="middle" width="20% ">张三</td>
            <td align="center" valign="middle" width="20% ">95</td>
            <td align="center" valign="middle" width="20% ">90</td>
        </tr>
        <tr>
            <td align="center" valign="middle" width="40% " rowspan="2">说 明</td>
            <td valign="middle" width="60% " colspan="3">成绩=平时＊20% +期末＊80% </td>
        </tr>
        <tr>
            <td valign="middle" width="60% " colspan="3">2012年8月</td>
        </tr>
</table>
```

2.4 表　　单

表单(Form)是通过 HTML 实现人机交互的主要手段,用于采集用户输入的信息并提交给服务器,从而赋予网站以互动能力。

表单是实现动态网页的主要外在形式,网站无论使用哪种语言来实现,表单都是其实现互动功能的统一外在形式。

表单的处理过程一般由描述表单标记的 HTML 代码与服务端的表单处理程序共同完成。表单处理信息的过程为:当单击表单中的"提交"按钮时,输入到表单中的信息将自动上传到服务器,然后由服务器中的表单处理程序进行处理,处理的结果数据要么储存到服务器中的数据库,要么反馈到客户端浏览器,以用户需要的样式显示出来。

2.4.1 表单基本结构

HTML 表单作为网页上的一个特定区域,由＜form＞＜/form＞标记对限定其作用范围,其他的表单控件必须插入在表单区域内。表单的常用控件对象如表 2.6 所示。

表 2.6　表单的常用控件对象

常 用 控 件	说　　明	常 用 控 件	说　　明
text	单行文本框	select menu	下拉式菜单
textarea	多行文本框	file select	文件选项域
button	普通按钮	submit	"提交"按钮
radio button	单选按钮	reset	"重置"按钮
checkbox	复选框		

＜form＞标记的主要内容为可选的各类表单控件定义。＜form＞标记的事件包括 onsubmit 与 onreset 两类。＜form＞标记的常用属性如表 2.7 所示。

表 2.7 ＜form＞标记的常用属性

属　　性	说　　明
Name	为当前表单指定唯一的名称,以供脚本程序引用与操作
Method	指定表单数据从浏览器传送到服务器的方法,有 get 和 post 两种,默认为 get
Action	定义表单处理程序的位置或表单提交的电子邮件地址
Target	指定目标信息的打开窗口类型
enctype	设置表单内容的编码方式

表单定义的形式如下。

```
<form 属性关键字=属性值…>
    [select menu 元素定义]
    [text 元素定义]
    [input 元素定义]
    …
</form>
```

可以在同一个网页中定义多个表单,但表单不允许嵌套定义。

2.4.2 表单常用控件及属性

1. 表单的输入控件

表单的输入控件包括各类文本框、按钮等对象,主要通过＜input＞标记及 type 属性来定义。

输入控件标记＜input＞单独出现,它仅包含属性,内容一般为空。该标记通过对 type 属性赋予不同的值来创建命令按钮。文本框、单选按钮等多种输入表单控件,向用户提供输入数据的手段。

input 元素的定义格式如下:

```
<input type=表单控件类型 其他属性关键字=属性值…>
```

不同的 type 属性值对应于不同的表单控件类型,如表 2.8 所示。type 的默认值为 text。

表 2.8　type 属性值对应的表单控件类型

type 属性值	表 单 控 件	type 属性值	表 单 控 件
button	自定义按钮	password	密码文本框
checkbox	复选框	radio	单选按钮
file	文件域	reset	"重置"按钮
hidden	隐藏域	submit	"提交"按钮
image	图像按钮	text	单行文本框

2. 单行文本框

单行文本框允许用户输入一行信息,它是 input 元素的默认类型,也是使用频率最高的一种表单控件。其创建方法是:

```
<input type="text" 属性=属性值…/>
```

单行文本框常用的属性如表 2.9 所示。

表 2.9 单行文本框常用的属性

属　　性	说　　明
name	为文本框指定唯一的名字,以供脚本程序引用与操作
size	指定文本框的显示长度,单位为字符数
maxlength	指定文本框允许显示的最大长度,单位为字符数
value	文本框的默认值
readonly	设定文本框中的值只能显示而不能修改
disabled	设定文本框一经加载即为不可用,用户无法对文本框进行任何操作

【例 2.24】 创建一个单行文本框。

代码如下。

```
<html>
    <body>
        <form>这是一个文本框:<input type="text" name=x1 size=15>
        </form>
    </body>
</html>
```

运行结果如图 2.24 所示。

3. 显示初始值的多个文本框

文字作为初始值可以出现在文本框里面,只需在<input>标记中加入属性 value="显示的文字",文本框的显示方式可以用前面介绍过的标记来确定。

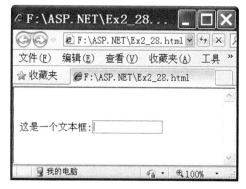

图 2.24 单行文本框

【例 2.25】 创建显示初始值的多个文本框。

代码如下。

```
<html>
    <body>
        <form>
        电话号码:<input type="text" Name=x1 value="0971－8725662"><p>
        姓　　名:<input type="text" Name=x2 value="陈维玲"><p>
        出生日期:<input type="text" Name=x3 value="1978.08.18"></p>
        </form>
```

```
        </body>
</html>
```

运行结果如图 2.25 所示。

4．输入口令的文本框

如果需要用户输入口令，又不想让别人看见，可将属性 type 的值换为 password。

【例 2.26】 创建输入口令文本框，口令长度设置为 8 位。

代码如下。

```
<html>
    <body>
        <form>
        口令：<input type="password" Name=x1 size=8 maxlengh=8>
        </form>
    </body>
</html>
```

运行结果如图 2.26 所示。

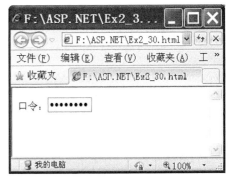

图 2.25　显示初始值的多个文本框　　　　图 2.26　输入口令的文本框

5．多行多列的文本框

如果想在文本框中多输入一些内容，可建立一个多行多列的文本框。只需在<form>标记后插入类似<textarea cols=x rows=y>格式的标记之后，使用</textarea>和</form>。其中，属性 cols 确定文本框的宽度，它指的是多行多列的文本框一行同时出现的文字个数；属性 rows 确定多行多列的文本框的高度，即一次出现的文字行数。

【例 2.27】 创建一个多行多列的文本框，并输入多行文本。

代码如下。

```
<html>
    <body>
        <form>
        一个多行多列的文本框:<p>
        <textarea cols=30 Name=x1 rows=8>
        </textarea>
```

```
            </form>
        </body>
</html>
```

运行结果如图 2.27 所示。

6．提交及重置按钮

提交(Submit)是把输入的信息提交给相关程序，让服务器进行处理。重置(Reset)是把用户输入的内容清除掉，重新输入。这两个按钮的创建格式为：

```
<input type="submit" 属性=属性值…/>
<input type="reset" 属性=属性值…/>
```

在 input 标记里，输入 value 的属性值可改变按钮上显示的标题文本，否则默认显示"submit"和"reset"。

【例 2.28】 在例 2.25 的基础上创建"提交"及"重置"按钮。

代码如下。

```
<html>
    <body>
        <form>
        电话号码：<input name=x1 type="text" ><p>
        姓   名：<input name=x2 type="text"><p>
        出生日期：<input name=x3 type="text" value="1978.08.18"></p>
        <input type="submit" value="提交">
        <input type="reset">
        </form>
    </body>
</html>
```

运行结果如图 2.28 所示。

图 2.27　多行多列的文本框

图 2.28　"提交"及"重置"按钮

7. 单选按钮

单选按钮是一个小的空心圆环,用以提供一组相互排斥的选项列表中一次只能选择一项的机制。其定义方法为:

`<input type="radio"属性=属性值…/>`

单选按钮的常用属性如表 2.10 所示。

表 2.10 单选按钮的常用属性

属 性	说 明
name	为控件指定唯一的名称,以供脚本程序引用与操作
value	控件被选中后,该 value 值将被提交给服务器进行处理
checked	设置控件首次加载时初始状态为选中状态
disabled	设置控件首次加载时处于不可用状态(控件不能选择)

【例 2.29】 创建图 2.29 所示的两组不同风格的单选按钮。

代码如下。

```
<html>
    <body>
    <form>
    <h3>单选按钮<br>
    <input type="radio" name="x1" value="北京">北京<br>
    <input type="radio" name="x1" value="上海">上海<br>
    <input type="submit" value="提交">
    <input type="reset" value="重置">
        <form>
        <h3>多选一<br>
        <input type="radio" name="x1" value="音乐" checked>音乐<br>
        <input type="radio" name="x1" value="电影">电影<br>
        <input type="radio" name="x1" value="小说">小说<br>
        <input type="radio" name="x1" value="电视">电视<br></h3>
        <input type="submit" value="提交">
        <input type="reset" value="重置">
        </form>
    </body>
</html>
```

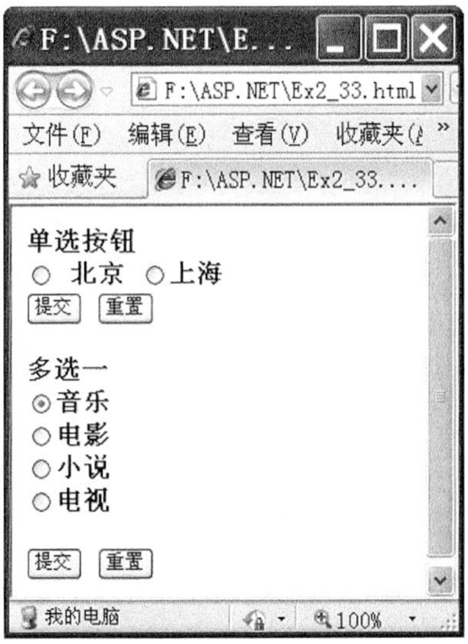

图 2.29 两组不同风格的单选按钮

注意:单选按钮中 name 的属性值"x1"是相同的,因为只选择了一个输入信息。如果想让其中的某个按钮为默认值,只要在 input 标记中加入 checked(已选择)属性即可。

8. 复选框

复选框(checkbox)允许用户在一组选项列表中同时选择多个选项。其定义格式为：

```
<input type="checkbox" name=复选框组的名称  value=值1/>复选框1的标题<br>
…
<input type="checkbox" name=复选框组的名称  value=值n/>复选框n的标题<br>
```

此处n个复选框作为一组，其name值应该相同。虽然name值不同并不影响表单的浏览效果，但这种做法有悖逻辑，不值得提倡。

【例2.30】 创建如图2.30所示的复选框，其中一个选项已被选择。

代码如下。

```
<html>
    <body>
        <form>
            <h3>多选框</h3><input type="checkbox" name="x1">北京<br>
            <input type="checkbox" name="x2">上海<br>
            <input type="checkbox" name="x3">天津<br>
            <input type="checkbox" name="x4">重庆<br>
            <input type="checkbox" name="x5" checked>武汉(已被选择)<p>
            <input type="submit" value="提交">
            <input type="reset" value="重置">
        </form>
    </body>
</html>
```

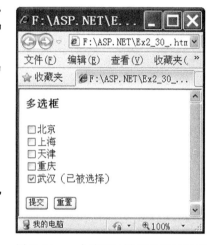

图2.30　一个选项已被选择的复选框

注意：多选框中name的属性可为不同的值x1、x2、x3、…，因为可以同时选择多个不同的输入信息。

9. 表单的选择列表控件

选择列表控件又称为下拉列表控件，它提供了从众多候选项目中选择一个或多个选项的机制。选择列表由＜select＞＜/select＞标记对创建，select元素中包含多个＜option＞标记，每个option元素定义一个可用的选择列表项。

＜select＞标记的常用属性如表2.11所示。

表2.11　＜select＞标记的常用属性

属　　性	说　　明
name	为控件指定唯一的名称，以供脚本程序引用与操作
value	控件被选中后，该value值将被提交给服务器进行处理

属 性	说 明
checked	设置控件首次加载时初始状态为选中状态
disabled	设置控件首次加载时处于不可用状态（控件不能选择）

<option>标记的常用属性如表 2.12 所示。

表 2.12　<option>标记的常用属性

属 性	说 明
label	为<optgroup>标记的使用设定一个标识
value	控件被选中后,该 value 值将被提交给服务器进行处理
selected	设定选项提交给服务器时的值
disabled	设置当前选项为不可用状态（没有焦点）

【例 2.31】 创建如图 2.31 所示的下拉列表控件。代码如下。

```
<html>
    <body>
        <form>
            下拉列表中任选一项：<p>
            <select name=x1>
            <option>青海民族大学
            <option>青海师范大学
            <option>青海大学
            <option>青海广播电视大学
            </select>
            <p><br><br><br><input type=
            "submit" value="提交">
            <input type="reset" value="重置">
        </form>
    </body>
</html>
```

图 2.31　下拉列表控件

注意：表单都是以<form>标记开始,以</form>标记结束。每当新加入一个<form>标记时,浏览器就会产生新的段落。

2.4.3　表单应用

表单的应用非常广泛,例如常见的留言簿、讨论区、会员注册、登录、在线查询等,都可以通过表单将数据传送到后台程序进行处理,因此,表单是用户和服务器之间进行信息交互的重要手段。

【例2.32】 创建如图2.32所示的用户登记表。

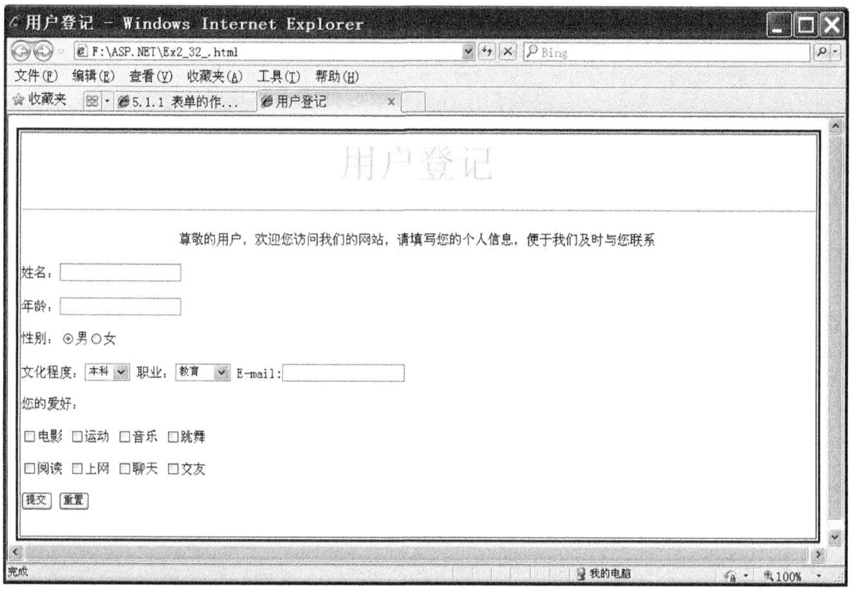

图2.32 用户登记表

代码如下。

```
<html>
<head><title>用户登记</title></head>
<body>
<table border=3 width=1000 height=500 bordercolor="#336699" align=center>
<tr>
<td>
<p align=center><font size=7 color="#00ff00">用户登记</font></p><hr >
<p align=center>尊敬的用户,欢迎您访问我们的网站,请填写您的个人信息,便于我们及时与您
            联系</p>
<form>
<p>姓名:<input type=text name=xing ming><br><br>年龄:<input type=text name=
nian ling><br><br>性别:<input type=radio name=xingbie value=femal checked>男
<input type=radio name=xingbie value=mal>女</p>
<p>文化程度:<select name=wnhua size=1>
<option value="gaozhong" selected>高中
<option value="本科">本科
<option value="硕士">硕士
</select>
职业:<select name=zhiye>
<option value=yiliao selected>教育
<option value=gongwuyuan>公务员
<option value=zaiduxuesheng>医疗
</select>
E-mail:<input type=text name=mail></p>
```

```
<p>您的爱好：</p>
<p><input type=checkbox name=aihao value=dian>电影
<input type=checkbox name=aihao value=di是an>运动
<input type=checkbox name=aihao value=ddan>音乐
<input type=checkbox name=aihao value=dddan>跳舞
</p>
<p><input type=checkbox name=aihao value=diasan>阅读
<input type=checkbox name=aihao value=diawqn>上网
<input type=checkbox name=aihao value=diasn>聊天
<input type=checkbox name=aihao value=disdan>交友</p>
<p ><input type=submit value=提交>
<input type=reset value=重置></form>
</td></tr>
</table>
</body>
</html>
```

2.5 框　　架

框架(Frame)是用来分割浏览器窗口空间的工具，可以在一个浏览器窗口中布局多个框架，每个框架内单独打开一个网页，各个框架中的网页相互独立，从而获得在同一个浏览器窗口中同时显示不同网页的效果。一般用来定义页面的导航区域、Logo标记和内容区域，从而使用户随时能找到自己感兴趣的内容。

2.5.1 框架集与框架

1. 框架集与框架的概念

共同分布在浏览器窗口中的组框架的集合称为框架集(Frameset)，通过标记＜frameset＞和＜/frameset＞定义。框架集可以嵌套使用，frameset元素一般定义在＜head＞标记后。

框架必须定义在框架集内，一个框架集可以包含多个框架元素。一般将定义框架集与框架的代码放在一个独立的 HTML 文件内，称为框架文件。这个特殊类型的文件不再包含＜body＞标记，而是以 frameset 元素取代 body 元素，用来包含框架的结构划分信息，以及指示在每个框架中引用哪类网页文件。框架用＜frame＞标记定义。＜frame＞标记为单一标记，最重要的属性为 src，用来指定要在该框架中打开的网页文件的 URL。

框架文件的通用格式为：

```
<html>
<head>
<title>html 文件标题</title>
</head>
<frameset 属性=属性值…>
<frame src=url1 其他属性=属性值…>    <!-定义框架中要打开的网页-->
<frame src=url2 其他属性=属性值…>
```

```
...
<frameset>
</html>
```

2. 框架集标记＜frameset＞＜/frameset＞

框架集元素用来描述如何组织各个框架的信息。框架是框架集的基本组成元素，框架依照框架集的行和列的设置来组织自身。框架集标记＜frameset＞的常用属性如表 2.13 所示。

表 2.13　框架集标记＜frameset＞的常用属性

属　　性	说　　明
border	设置边框粗细，单位是像素
bordercolor	设置边框的颜色
frameborder	设置是否显示边框，"0"表示不显示边框，"1"表示显示边框
cols	设定框架集包含几列，取值为百分数或绝对像素值
rows	设定框架集包含几行，取值为百分数或绝对像素值
framespacing	表示框架与框架间的保留空白的距离
noresize	设定框架不能够调节

3. 框架标记＜frame＞

框架标记用来设置框架的各种特性，如框架的名称、框架中显示的网页文件、框架的滚动特性等。＜frame＞标记是单标记，其常用属性如表 2.14 所示。

表 2.14　框架标记＜frame＞常用属性

属　　性	说　　明
src	指示加载的 url 文件的地址
bordercolor	设置边框颜色
frameborder	指示是否要边框，1 显示边框，0 不显示
border	设置边框粗细
name	指示框架名称，是链接标记的 target 所要的参数
noresize	指示不能调整窗口的大小，省略此项时就可调整
scorlling	指示是否要滚动条，auto 根据需要自动出现，yes 有，no 无
marginwidth	设置内容与窗口左右边缘的距离，默认为 1
marginheight	设置内容与窗口上下边缘的边距，默认为 1
width	框架的宽
align	可选值为 left，right，top，middle，bottom

4. 框架结构

根据框架集标记＜frameset＞的分割属性，框架结构分为三种，分别是左右分割窗口、上下分割窗口和嵌套分割窗口。

1）左右分割窗口

左右分割窗口，是在水平方向上将浏览器分割成多个窗口，采用 cols 属性。左右分割窗口的结构如下。

```
<frameset cols="value,value,…">
<frame src="url1">
<frame src="url2">
…
</frameset>
```

cols 后面的参数值可以用数字、百分比和剩余值及这三种方式的混合方式来表示。
例如：

<frameset cols="40%,*,*">表示将窗口分为 40%,30%,30%。
<frameset cols="100,200,*">表示将窗口分为 100 像素,200 像素,剩余部分。
<frameset cols="100,*,*">表示将 100 像素以外的窗口平均分配成两部分。
<frameset cols="*,*,*">表示将窗口分为三等份。

2）上下分割窗口

上下分割窗口，是在垂直方向上将浏览器分割成多个窗口，采用 rows 属性。上下分割窗口的结构如下。

```
<frameset rows="value,value,…">
<frame src="url1">
<frame src="url2">
…
</frameset>
```

3）嵌套分割窗口

一个浏览器窗口可以既左右分割又上下分割，这种窗口就是嵌套分割窗口。嵌套分割窗口的结构如下。

```
<frameset rows="value,value,…">
<frame src="url">
<frameset cols="value,value,…">
<frame src="url1">
<frame src="url2">
</frameset>
…
</frameset>
```

2.5.2 框架应用

由于框架可以把整个窗口分成几个独立的小窗口，每一个窗口可分别载入不同的文件，每个窗口可以相互沟通，因此，被广泛应用于页面的导航区域、Logo 标志和内容等区域。

【例 2.33】 将本章的 4 个例题 Ex2_1.html、Ex2_3.html、Ex2_5.html 和 Ex2_6.html

用框架的形式载入同一页面中,产生如图 2.33 所示的效果。

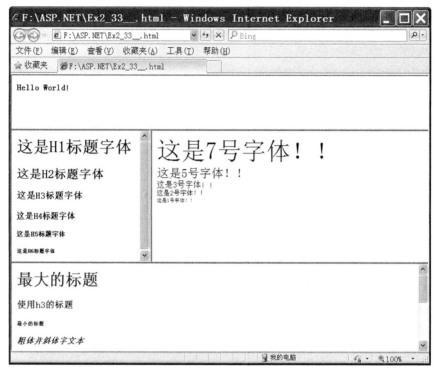

图 2.33　框架的创建

代码如下。

```
<html>
<head>
</head>
<frameset rows="20% ,*,15% " framespacing="1" frameborder="yes" border=
            "1" bordercolor="#FF00FF">
<frame src="Ex2_1.html">
<frameset cols="20% ,* "framespacing="1" frameborder="yes" border="1"
            bordercolor="#FF00FF">
<frame src="Ex2_3.html">
<frame src="Ex2_5.html">
</frameset>
<frame src="Ex2_6.html">
</frameset><noframes></noframes>
</html>
```

2.6　CSS 样式表

　　CSS(Cascading Style Sheet)全称是层叠样式表,简称样式表。CSS 的推出是为了弥补 HTML 在界面表现方面的不足,可以对页面布局、字体、颜色、背景和其他图文效果实现更加精确的控制。CSS的功能强大,不但使网页变得更加美观,而且简化了网页的更新工作,使之更易维护。CSS与HTML一样,是一种标记语言,需要通过浏览器解释执行。

2.6.1 CSS基础

1. 什么是CSS

CSS标准在1996年由W3C组织制定,样式表是出版商用于管理出版物外观的一种方式,对网页来说,样式表用于控制格式,例如文字的字体、字号、颜色等。层叠是指当同时引用多个样式时,将依据样式的层次处理,解决冲突。

HTML重视文件的内容,而不是显示效果。最初的HTML标准不尽如人意,在网页内容的排版布局上也有很多困难,非专业人员很难让网页按自己的构思和创意来显示信息。CSS的出现就是为了弥补HTML在这方面的不足。

样式表是将网页的结构与格式分离,使网页设计者能够很方便地调整网页的结构,而不影响显示效果。同时还可以制作统一的样式表,应用于多个网页,统一显示风格,避免了逐一修改各网页,减少了重复劳动的工作量。

2. CSS的特点

(1) 结构与样式分离的方式,便于后期维护。
(2) 样式定义精确到像素的级别。
(3) 可以用多套样式,使网页有任意样式切换的效果。
(4) 降低服务器的成本。

2.6.2 样式表的创建

1. CSS的创建格式

样式表由样式规则组成,用以告诉浏览器如何显示一个网页文件。一个样式表可以包含多个规则,每个规则有着固定的格式。CSS的定义通常由三部分构成:选择符selector、属性property和属性值value,其中属性和属性值称为样式。其基本格式如下:

```
selector{property 1: value 1;property 2: value 2;…}
```

其中,选择符是设置规则的对象,通常是一个HTML的元素,例如<body>、<p>、<img>等;样式是用来设置选择符的属性,用来描述选择符的显示效果。在网页中可以为一个显示对象设置多个属性,每个属性带一个值,属性与属性之间用";"号分开。

例如:

```
p {color:red;font-size:20pt}
```

这个规则是用来设置<p>和</p>之间的字体颜色和字体大小。

一般将样式表规则通过<style>标记插入页面。

【例2.34】 在网页上显示一行文本"接天莲叶无穷碧,映日荷花别样红。",创建颜色为红色、字号为20pt的样式表。

代码如下。

```
<html>
```

```
<head>
    <title>CSS 使用范例</title>
    <style type="text/css">
        p {color:red;font-size:20pt}
    </style>
</head>
<body>
    <p>接天莲叶无穷碧,映日荷花别样红。</p>
</body>
</html>
```

使用样式表后的显示效果如图 2.34 所示。

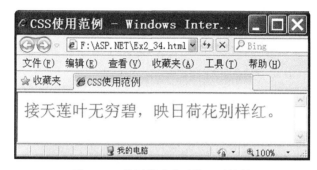

图 2.34 使用样式表后的显示效果

2. CSS 常见的属性及其设置方法

利用 CSS 常用属性,可以对字体、布局、颜色、背景、浏览器窗口及其他图文效果进行更精确的控制。

1) 字体属性

字体属性用于设置字体的显示效果,包括 font-family、font-size、font-style、font-variant、font-weight 和 font。下面介绍各属性的含义和设置方法。

(1) font-family(字体系列)

font-family 用以指定一个或多个字体名。当指定多个字体名时,浏览器会在客户机中从前往后搜寻各字体,使用第一个找到的字体。

例如:

p{font-family:"New Century Schoolbook",华文彩云,黑体,楷体}

(2) font-size(字体大小)

font-size 用来精确地控置文本字体尺寸,可以用以下多种方式设置字体。

① 绝对尺寸:单位可以为 ex(x-height)、in(英寸)、cm(厘米)、mm(毫米)、pt(点)、px(像素)。如 font-size:25pt。

② 关键字:从小到大共用 7 种关键字,分别是 xx-small、x-small、small、medium、large、x-large 和 xx-large。

③ 相对尺寸:有两种取值 larger 和 smaller,分别表示将字体大小缩小一级和扩大一级。

④ 比例尺寸:取值为一个百分数,表示放大或缩小的百分数。

(3) font-style(字体风格)

font-style 可以设置三种字体显示风格：normal,正常显示；italic,斜体显示；oblique,倾斜显示。

(4) font-variant(字体变形)

font-variant 可以设置两种变体字形：normal,正常显示；small-caps,小型大写字母。

(5) font-weight(字体粗细)

font-weight 用来设置字体的粗细,其取值为：normal,正常显示；bold,加粗；bolder,特粗；lighter,减细；100～900,字体正常显示时为 400,值越大,字体越粗。

(6) font(字体)

font 属性可以用来设置字体的多个属性,例如,p{font:italic bold 15pt 宋体}用于指定该段的字体为宋体,字体风格为斜体(italic)和粗体(bold),字体大小是 15 点。

【例 2.35】 设置 CSS 字体属性。将 1 级标题<h1>的字体设置为"宋体",字体大小设置为 30pt,字体风格为斜体,并且加粗；将段落正文<p>的字体设置为 Arial,字体大小设置为 20pt。

代码如下。

```
<html>
<head>
    <title>CSS字体属性</title>
    <style type="text/css">
        h1 {font-family:宋体; font-size: 30pt; font-style:italic; font-weight:
        bold}
        p {font:20pt Arial}
    </style>
</head>
<body>
    <h1>字体属性的设置</h1>
    <p>有志者事竟成！</p>
</body>
</html>
```

设置 CSS 字体属性后的显示效果如图 2.35 所示。

图 2.35　设置 CSS 字体属性后的显示效果

(7) text-decoration(文字修饰属性)

text-decoration 用来为文字附加某些效果,有以下几个属性值:underline,下划线;overline,上划线;line-through,删除线;blink,闪烁;none,无任何修饰。

【例 2.36】 设置段落文字修饰属性,显示下划线、上划线和删除线的显示效果。

代码如下。

```
<html>
<head>
    <title>CSS 文字修饰属性</title>
    <style type="text/css">
        p.under {text-decoration:underline}
        p.over {text-decoration:overline}
        p.through {text-decoration:line-through}
    </style>
</head>
    <body>
        <h1>文字修饰属性</h1>
        <p class="under">有志者事竟成!</p>
        <p class="over">有志者事竟成!</p>
        <p class="through">有志者事竟成!</p>
    </body>
</html>
```

设置文字修饰属性后的显示效果如图 2.36 所示。

2) 设置文本布局

设置文本布局,包括文字间距的调整、对齐方式,设置首行缩进等。

(1) word-spacing(字间距)与 line-height(行间距)

word-spacing 用来设置英文单词之间的距离,单位可以为 in(英寸)、cm(厘米)、mm(毫米)、pt(点)、px(像素)。

图 2.36 设置文字修饰属性后的显示效果

line-height 用来设置段落行与行之间的距离,单位可以用上面的方法表示,也可用无单位的字号表示,还可以用百分数表示。

【例 2.37】 页面中显示两段相同的文字,段落文字的行间距设置为 20pt,第一行字间距设置为 10pt,每二行字间距设置为 20pt。

代码如下。

```
<html>
<head>
    <title>CSS 文字间距设置</title>
    <style type="text/css">
```

```
        p{line-height:20pt}
        #line1{word-spacing:10pt}
        #line2{word-spacing:20pt}
    </style>
</head>
    <body>
        <h1>文字间距设置</h1>
        <p id=line1>Where there is a will,there is a way.</p>
        <p id=line2>Where there is a will,there is a way.</p>
    </body>
</html>
```

显示结果如图 2.37 所示。

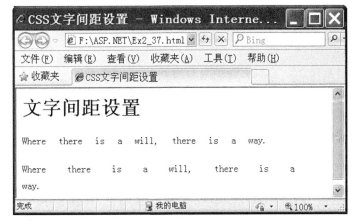

图 2.37　文字间距设置

（2）text-align（文字对齐）

text-align 属性用于设置文字的水平对齐方式,其属性值为:left,左对齐;center,居中对齐;right,右对齐;justify,两端对齐。

【例 2.38】　使用 CSS 排列文本,让标题居中对齐,段落靠右对齐。
代码如下。

```
<html>
<head>
    <title>CSS 文本对齐属性</title>
    <style type="text/css">
        h1{text-align:center}
        p{text-align:right}
    </style>
</head>
    <body>
        <h1>文本对齐</h1>
        <p>有志者事竟成!</p>
    </body>
```

```
</html>
```

设置文字对齐属性后的显示效果如图2.38所示。

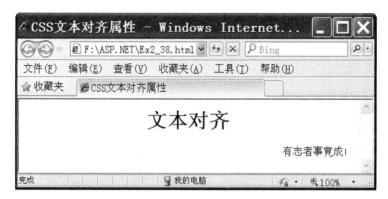

图2.38 设置文字对齐属性后的显示效果

(3) text-indent(首行缩进)

text-indent用来设置一个文字段落首行文字缩进的距离,其值为一个长度或百分数。若为百分数表示占上级元素宽度的百分数。

3) 设置颜色及背景

(1) color(颜色属性)

color属性用来指定一个元素的颜色,其值为颜色的英文名或十六进制值。

(2) background-color(背景颜色属性)

background-color属性用来指定一个元素的背景颜色,其值为颜色的英文名或十六进制值。

(3) background-image(背景图像属性)

background-image属性用于设定一个元素的背景图像。

(4) 窗口美化及超链接显示效果

窗口美化及超链接显示效果包括窗口滚动条和边框的外观设置、设计超链接的多种显示效果等。

① 设置滚动条属性。

在CSS中可以控制滚动条的显示效果,滚动条可以设置的参数如下。

scrollbar-3d-light-color：滚动条亮边框颜色。

scrollbar-highlight-color：滚动条3D界面的亮边颜色。

scrollbar-face-color：滚动条3D表面的颜色。

scrollbar-arrow-color：滚动条方向箭头的颜色。

scrollbar-shadow-color：滚动条3D界面的暗边颜色。

scrollbar-dark-shadow-color：滚动条暗边框颜色。

scrollbar-base-color：滚动条基准颜色。

② 边框属性。

边框属性用于设置一个元素边框的宽度、式样和颜色。一个边框由4部分组成：上边框、下边框、左边框和右边框。4部分可以统一设置,也可以单独设置。

统一设置边框的属性有:border-color,边框颜色;border-width,边框宽度;border-style,边框风格。其中,边框风格的取值如表2.15所示。

表2.15 边框的风格

边框风格属性值	描 述	边框风格属性值	描 述
none	无边框	groove	边缘凹陷的边框
solid	实线边框	ridge	边缘凸起的边框
dotted	点线边框	inset	实现元素内凹效果的边框
dashed	虚线边框	outset	实现元素凸出效果的边框
double	双实线边框		

边框的颜色、宽度和风格三个属性可一起设置,设置格式为:

边框名:宽度 风格 颜色

其中,边框名的取值有:border,整个边框;border-top,上边框;border-left,左边框;border-right,右边框;border-bottom,下边框。

③ 网页链接属性。

在CSS中,可以为不同状态的超链接设置不同的显示属性,可设置的样式如下。

a:link:未访问过的超链接文字的样式。

a:visited:已访问过的超链接文字的样式。

a:active:鼠标单击时超链接文字的样式。

a:hover:鼠标移动到超链接上方时超链接文字的样式。

可以为这些状态的超链接文字设置颜色、字体等属性,改变其显示效果。

2.6.3 样式表的应用

【例2.39】 使用CSS文本缩进属性美化页面,把正文内容首行缩进24pt。

代码如下。

```
<html>
<head>
    <title>CSS首行缩进</title>
    <style type="text/css">
    <!--
        p{text-indent:24pt}
    -->
    </style>
</head>
    <body>
        <h1>首行缩进</h1>
        <p>Where there is a will,there is a way.</p>
```

```
        </body>
</html>
```

运行结果如图 2.39 所示。

【例 2.40】 使用 CSS 设置超链接显示效果。

代码如下。

```
<html>
<head>
    <title>超链接属性设置</title>
    <style type="text/css">
        <!--
        a:link {color: #FF0000} <!--未被访问的链接 红色 -->
        a:visited {color: #00FF00} <!--已被访问过的链接 绿色 -->
        a:hover {color: #FFCC00} <!--鼠标悬浮在上面的链接 橙色 -->
        a:active {color: #0000FF} <!--鼠标单击激活链接 蓝色 -->
        -->
    </style>
</head>
<body>
    <a href="http://www.qhmu.edu.cn">青海民族大学网站</a>
</body>
</html>
```

设置超链接后的显示效果如图 2.40 所示。

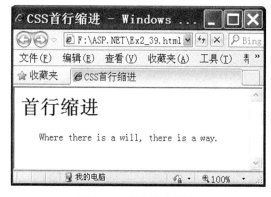

图 2.39 首行缩进样式

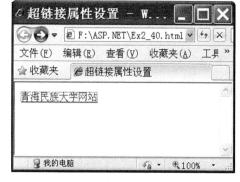

图 2.40 超链接属性设置

2.6.4 CSS 各种样式的定义

根据在 HTML 文件中的引入方式和作用范围的不同,CSS 样式表分为三类:内联样式表、文件级样式表、外部样式表。

1. 内联样式表

内联样式表用在标记<body>和</body>之间,主要在 HTML 标记中引用,用于临时设置某个 HTML 元素的样式。

语法格式：

<标记名 style="属性1:值1;属性1:值1;…">

【例2.41】 使用内联样式表,将1级标题<h1>的字体设置为宋体;将段落正文<p>的字体颜色设置为蓝色,字体大小设置为20pt。

代码如下。

```
<html>
<head>
    <title>内联样式表</title>
</head>
    <body>
        <h1 style="font-family:宋体">内联样式表</h1>
        <p style="color:blue;font-size:20pt">CSS的功能强大,不但使网页变得更加美
            观,而且简化了网页的更新工作,使之更易维护。</p>
    </body>
</html>
```

显示结果如图2.41所示。

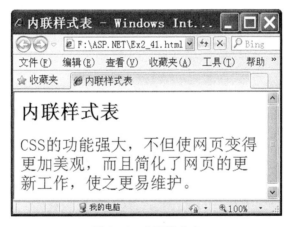

图2.41 内联样式表

内联样式表的写法虽然简单,但是不能很好地发挥CSS的优势。

2. 文件级样式表

文件级样式表通过<style>标记嵌入在HTML文件的头部,一般位于标记<head>和</head>之间。文件级样式表对整个HTML文件都有效,用来设置整个文件的样式。

语法格式：

```
<head>
…
<style type="text/css">
    <!--
    选择符1 {属性1:值1;属性2:值2;…}
    选择符2 {属性1:值1;属性2:值2;…}
```

```
    -->
</style>
...
</head>
```

语法说明：

(1) 可以设置多条 CSS 规则，每条规则占一行。

(2) 注释"<!--"和"-->"用于兼容不支持 CSS 的浏览器，可以省略。当浏览器不能识别 CSS 标记时，会自动忽略"<!--"和"-->"之间的内容。

【例 2.42】 使用文件级样式表，将 1 级标题<h1>的字体设置为宋体；将段落正文<p>的字体颜色设置为蓝色，字体大小设置为 20pt。

代码如下。

```
<html>
<head>
    <title>文件级样式表</title>
    <style type="text/css">
    <!--
        h1 {font-family:宋体}
        p {color:blue;font-size:20pt}
    -->
    </style>
</head>
    <body>
        <h1>文件级样式表</h1>
        <p>CSS 的功能强大，不但使网页变得更加美观，而且简化了网页的更新工作，
            使之更易维护。</p>
    </body>
</html>
```

显示结果如图 2.42 所示。

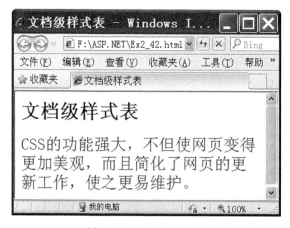

图 2.42　文档级样式表

3．外部样式表

外部样式表的作用与文件级样式表相同,但是它定义在独立的 CSS 文件中,使用时再链接到 HTML 文件中。

语法格式如下。

方法一:

```
<link rel="stylesheet" href="样式表路径" type="text/css">
```

方法二:

```
<style type="text/css">
    <!--
    @import url(样式表路径);
    -->
</style>
```

【例 2.43】 建立外部样式表文件 style.css,将 1 级标题<h1>的字体设置为宋体,将段落正文<p>的字体颜色设置为蓝色,字体大小设置为 20pt。

步骤 1　在记事本中创建一个名为 style.css 的样式表文件,文件内容为:

```
h1 {font-family:宋体}
p {color:blue;font-size:20pt}
```

步骤 2　创建一个 HTML 文件,并且调用 style.css。

代码如下。

```
<html>
<head>
    <title>外部样式表</title>
    <style type="text/css">
    <!--
        @import url(style.css);
    -->
    </style>
</head>
<body>
    <h1>外部样式表</h1>
    <p>CSS 的功能强大,不但使网页变得更加美观,而且简化了网页的更新工作,使之更
        易维护。</p>
</body>
</html>
```

使用外部样式表后的显示效果如图 2.43 所示。

4．CSS 的优先权原则

在对同一个 HTML 元素应用多个 CSS 样式时,这些样式之间可能发生冲突,显示时可能会出现无法预期的效果。浏览器在显示 CSS 样式时,遵循以下原则。

(1) 若在同一个类型的样式表中发生冲突,则按最后定义的样式显示。

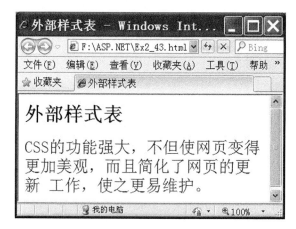

图 2.43　外部样式表

（2）若在不同类型的样式表中发生冲突，则按照内联样式表、文件级样式表、外部样式表的优先顺序显示。

2.7　HTML 的其他常用标记

2.7.1　嵌入多媒体文件

在 Web 页面中嵌入多媒体文件，可以使页面显得更加生动形象。常见的有嵌入音频和视频文件，其语法格式为：

```
<EMBED SRC="音视频文件地址">
```

【例 2.44】　页面中嵌入一个音频视频交错格式文件，嵌入的文件 zuan.avi 已存放在磁盘上。

代码如下。

```
<html>
    <head>
        <title>多媒体</title>
    </head>
    <body>
        <h4 align="center">网页中的多媒体</h4>
        <embed
        src=" blur.avi" height="50% " width="300" autostart=true loop=3>
        </center>
    </body>
</html>
```

运行结果如图 2.44 所示。

嵌入音频和视频文件时，常用的属性及属性值有以下几种。

1. 自动播放 autostart

语法格式：

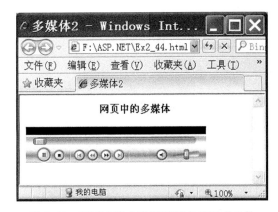

图 2.44 页面中嵌入音频视频交错格式文件

```
autostart=true|false     ("|"表示"或")
```

true：表示音乐文件在下载完之后自动播放。
false：表示音乐文件在下载完之后不自动播放。
例如：

```
<embed src="your.mid" autostart=true>
```

2. 循环播放 loop
语法格式：

```
loop=正整数|true|false
```

属性值为正整数值时,音频或视频文件的循环次数与正整数值相同；
属性值为 true 时,音频或视频文件循环；
属性值为 false 时,音频或视频文件不循环。
例如：

```
<embed src="your.mid" autostart=true loop=2>
```

3. 面板显示 hidden
语法格式：

```
hidden=true|no
```

该属性规定控制面板是否显示,默认值为 no。true：隐藏面板；no：显示面板。
例如：

```
<embed src="your.mid" hidden=true>
```

4. 开始时间 starttime
语法格式：

```
starttime=mm:ss(分:秒)
```

该属性规定音频或视频文件开始播放的时间(分:秒)。未定义则从文件开头播放。

例如：

```
<embed src="your.mid" starttime="00:10">
```

5．音量大小 volume
语法格式：

```
volume=0~100之间的整数
```

该属性规定音频或视频文件的音量大小，未定义则使用系统本身的设定。

例如：

```
<embed src="your.mid" volume="10">
```

6．容器属性 height、width
语法格式：

```
height=值1  width=值2
```

取值为正整数或百分数，单位为像素。该属性规定控制面板的高度和宽度。height：控制面板的高度；width：控制面板的宽度。

例如：

```
<embed src="your.mid" height=200 width=200>
```

7．外观设置 controls
语法格式：

```
controls=console|smallconsole|playbutton|pausebutton|stopbutton|volumelever
```

该属性规定控制面板的外观，默认值是 console。

console，一般正常面板；smallconsole，较小的面板；playbutton，只显示"播放"按钮；pausebutton，只显示"暂停"按钮；stopbutton，只显示"停止"按钮；volumelever，只显示"音量调节"按钮。

例如：

```
<embed src="your.mid" controls=smallconsole>
<embed src="your.mid" controls=volumelever>
```

8．对象名称 name
语法格式：

```
name=对象的名称
```

该属性给对象取名，以便其他对象利用。

例如：

```
<embed src="your.mid" name="sound1">
```

9．说明文字 title
语法格式：

```
title=说明的文字
```

该属性规定音频或视频文件的说明文字。

例如：

`<embed src="your.mid" title="第一首歌">`

10. 前景色和背景色 palette

语法格式：

`palette=color1|color2`

该属性表示嵌入的音频或视频文件的前景色和背景色，第一个值为前景色，第二个值为背景色，中间用"|"隔开。color 可以是 RGB 色（RRGGBB），也可以是颜色名，还可以是 transparent（透明）。

例如：

`<embed src="your.mid" palette="red|black">`

11. 对齐方式 align

语法格式：

`align = top | bottom | center | baseline | left | right | texttop | middle | absmiddle | absbottom`

该属性规定控制面板和当前行中的对象的对齐方式。

center，控制面板居中；left，控制面板居左；right，控制面板居右；top，控制面板的顶部与当前行中的最高对象的顶部对齐；bottom，控制面板的底部与当前行中的对象的基线对齐；baseline，控制面板的底部与文本的基线对齐；texttop，控制面板的顶部与当前行中的最高的文字顶部对齐；middle，控制面板的中间与当前行的基线对齐；absmiddle，控制面板的中间与当前文本或对象的中间对齐；absbottom，控制面板的底部与文字的底部对齐。

注意：音频和视频文件的数据量较大，不可频繁嵌入。

2.7.2 播放背景音乐

1. 插入背景音乐标记<bgsound>

<bgsound> 标记用以插入背景音乐，但只适用于 IE，其语法格式为：

`<bgsound src="音乐文件的地址" autostart=true|false loop=循环次数>`

属性 src 用来指出音乐文件地址；autostart 指出在音乐下载传送完之后是否自动播放，默认为 false，选择 true 则自动播放；loop 用来指出播放的次数，例如 loop=3 表示重复播放三次，infinite 或－1 表示重复多次。

注意：IE 的旧版本对<bgsound>标记支持不太好。

2. 插入背景音乐标记<embed>

可以让音乐自动载入，让它出现控制面板或当背景音乐来使用。<embed>用以插入各种多媒体，格式可以是 MIDI、MAV、AIFF、AU、MP3 等，Netscape 及新版的 IE 都支持，其参数设定较多。

语法格式：

```
<embed src="音乐文件地址" autostart=值1 loop=值2 hidden=值3 >
```

标记<embed>的常用属性如表2.16所示。

表2.16 标记<embed>的常用属性

属　性	说　　明
src	用于设定音乐文件的路径
autostart	音乐文件传送完后是否自动播放，true是，false否，默认为false
loop	设定播放重复次数，如loop=3为重复三次，true为无限次播放，false为播放一次即停止
startime	设定乐曲的开始播放时间，若30s后播放可写为：startime=00:30
volume	设定音量的大小，取值0～100。如果不设定，就用当前系统的音量
width、height	设定控制面板的大小
hidden	设置是否隐藏控制面板，true为是，no为否（默认）
controls	设定控制面板的样式。console，一般正常的面板；smallconsole，较小的面板；playbutton，只显示"播放"按钮；pausebutton，只显示"暂停"按钮；stopbutton，只显示"停止"按钮；volumelever，只显示"音量调整"按钮

【例2.45】 页面中嵌入一个文件名为"Message.mp3"的音乐文件。
代码如下。

```
<html>
    <head>
        <title>背景音乐</title>
    </head>
    <body>
        <h4 align="center">网页中的背景音乐</h4>
        <embed balance=0 src="Message.mp3" volume=-600 loop=-1
    </body>
</html>
```

运行结果如图2.45所示。

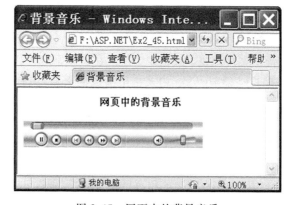

图2.45 网页中的背景音乐

2.7.3 滚动效果

1. 滚动字幕标记＜marquee＞

标记＜marquee＞,译为"跑马灯",可产生滚动字幕效果,使网页生动活泼,增加视觉效果。标记为:＜marquee＞…＜/marquee＞。

2. 标记＜marquee＞的常用属性

标记＜marquee＞的常用属性如表 2.17 所示。

表 2.17 标记＜marquee＞的常用属性

属　　性	说　　明
direction	用于指定文字移动方向,属性值有:left、right
behavior	指定文字移动方式。属性值 scroll 表示文字一圈圈移动,slide 表示如幻灯片一格格地一接触左边便全部消失,alternate 表示文字向左右两边来回移动
loop	用于指定循环次数,其值可以是正整数或 infinite,infinite 表示无限次
scrollamount	用于指定文字移动的速度,即设定每"格"文字之间的间隔,单位是像素
scrolldelay	设定文字滚动的停顿时间,单位是 ms
bgcolor	用于指定文字滚动范围的背景颜色
height、width	设置文字滚动范围,可以采取相对或绝对,如 30%或 30 等,单位为像素
hspace、vspace	设定文字的水平或垂直的空白位置

【例 2.46】 页面中插入不同效果的滚动字幕。

```
<html>
    <head><title>滚动字幕</title></head>
        <body text=#ff0000 bgcolor=#ccff99>
        <marquee>请进入滚动界面</marquee>
        <marquee direction=left>从右向左移动
        </marquee><p>
        <marquee direction=right behavior=scroll>从左向右移动
        </marquee ><p>
        <marquee scrollamount=18>移动比较快
        </marquee><p>
        <marquee loop=3 bgcolor=blue>背景是蓝色,循环三次即停止
        </marquee ><p>
        <marquee behavior="scroll" direction="left" bgcolor="#0000ff" height=
        "30" width="150" hspace="0" vspace="0" loop="infinite" scrollamount=
        "30" scrolldelay="500">hello</marquee>
        </body>
</html>
```

运行结果如图 2.46 所示。

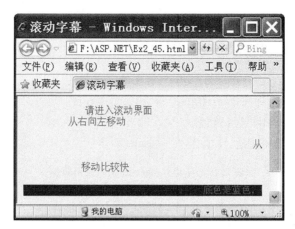

图 2.46　页面中插入不同效果的滚动字幕

2.7.4　页面属性的设置

网页中的背景设计相当重要,尤其对于主页来说,好的背景不但能影响访问者对网页内容的接受程度,还能影响访问者对整个网站的印象。不难发现,不同的网站上,甚至同一个网站的不同页面上,都会有各式各样的背景设计。一般地,常用的页面背景有以下几种。

1. 颜色背景

颜色背景的设计是最为简单的,但同时也是最为常用和最为重要的,因为相对于图片背景来说,它有无与伦比的显示速度上的优势。在网页文件中,一般通过＜body＞标签来指定页面的颜色背景,其 HTML 语法为:

```
<body bgcolor="color">
```

其中的"color"表示不同的颜色,可以用各种不同的颜色表示方法,常用的有直接用颜色的英文名称,如 blue、yellow、black 等,还可以用颜色的十六进制表示方法,如♯0000FF、♯FFFF00、♯000000 等,此外还可以用百分比值法和整数法,其效果都是一样的。

颜色背景虽然比较简单,但如要求不同的页面内容设计背景颜色的冷暖状态,要根据页面的编排设计背景颜色与页面内容的最佳视觉搭配。

2. 沙纹背景

沙纹背景其实属于图片背景的范畴,它的主要特点是整个页面的背景可以看作是局部背景的反复重排,在这类背景中以沙纹状的背景最为常见,所以将其统称为沙纹背景。

初学者制作者网页时,当试图把某张照片作为页面的背景,却发现浏览器上显示出来的不仅是一个照片,而是同一照片在水平和竖直方向上的反复排列。按照浏览器处理图片背景的这一方法,可以用一小块图片作为页面背景,让它自动在页面上重复排列,铺满整个页面,从而减小网页数据容量。

具体方法是先选择一张小的图片,越小越好,但注意要使最后的背景看起来要像一个整体,而不是若干图片的堆砌。其实现的 HTML 语法如下:

```
<body background="picture">
```

其中的"picture"表示背景图片的 URL 路径。

3. 条状背景

条状背景与沙纹背景比较相似,它适用于页面背景在水平或竖直方向上是重复排列的,而在其他方向是没有规律的。它也是利用浏览器对图片背景的自动重复排列,与沙纹背景所不同的是它只让图片在一个方向上重复排列。

以在竖直方向上排列图片为例,首先用图像处理软件制作一个从左到右为蓝白渐变的水平条状图片,其长度与页面的宽度相同。再通过语句<body background="picture">,将其设为页面背景,经浏览器显示后,就成为整个页面从左到右蓝白渐变的颜色背景。用类似方法也可以实现条状背景在水平方向上的重复排列。

4. 照片背景

当把某张照片作为页面的背景时,浏览器对图片的自动重复排列却使这一愿望难以实现。为解决这一问题,在网页文件的<head>…</head>之间加入下面的 CSS 语句:

```
<style type="text/css">
<!--body{background-image:url(photo.jpg);background-repeat:no-repeat;
background-attachment:fixed;background-position:50% 50%}--></style>
```

其中,"photo.jpg"是插入照片的文件名,可自行命名;"background-position"是照片在页面上的位置,根据需要可调整数据大小。

这样,在网页页面中,就可以看到照片位于页面的正中间,而且在拉动浏览器窗口的滚动条时,照片仍然位于页面的正中间而不随页面内容一起滚动。如果照片位于页面的正中间不满意,也可以随意地调整它在页面中的位置,只需要调整 background-position 的值就可以了。

5. 局部背景

上述几种背景都是整个页面的背景,能不能在页面上为某个局部的内容设置属于它自己的背景呢?回答是肯定的。

最为常见的是可以为表格设置一个不同于页面的背景,甚至在表格的不同单元格中,设置不同的背景。

【例 2.47】 页面上显示 2 行 3 列的表格,且每个单位格显示不同的背景。

```
<html>
    <head><title>背景设计示例 </title></head>
    <body>
        <table border="1" width="240" height="101" bgcolor="#C0C0C0">
        <tr><td width="80" height="46" bgcolor="#00FFFF"></td>
        <td width="80" height="46"></td><td width="80" height="46" bgcolor=
            "#00FF00"></td>
        </tr>
        <tr><td width="80" height="47" bgcolor="#FFFF00"></td>
        <td width="80" height="47" bgcolor="#FF0000"></td>
        <td width="80" height="47" bgcolor="#FF00FF"></td></tr>
        </table>
    </body>
```

```
</html>
```

运行结果如图2.47所示。

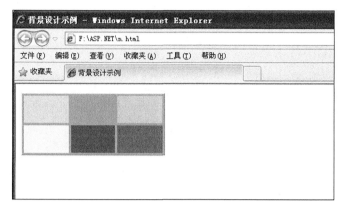

图2.47 各单元格背景设置

除此之外,还可以单独为某个文字段落设置背景,甚至为这个文字段落中的某几个文字设置不同的背景。这也需要用一些CSS。

【例2.48】 页面上段落背景设置和文字背景设置。

```
<html>
    <head>
    <title>页面的背景设置</title>
    <style type="text/css"><!--body{background:#FFFFDD; color:red}div
        {background:red; color:white}--></ style>
    </head>
    <body><p style=background:black url(../images/bg.jpg); color:black}">
    <div>"我把你们的故事收入我的音筒,放在生活之上,我的记忆之下"。</div>莫言</P>
    </body>
</html>
```

运行结果如图2.48所示,显然,段落和文字都可设置所需的背景,从而把页面设置得更加美观、漂亮。

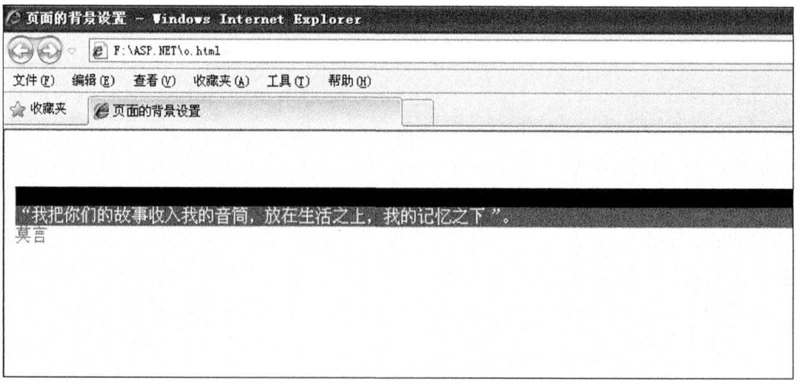

图2.48 段落和文字背景设置

2.8 在 HTML 中使用 JavaScript

2.8.1 JavaScript 简介

1. 什么是 JavaScript

JavaScript 最初起源于 LiveScript 语言,当互联网开始流行时,越来越多的网站开始使用 HTML 表单与用户交互,然而,表单交互成了制约提高速度的重大瓶颈,用户总是花费较长时间等待数据传送到服务器端检测,并传回是否正确的结果,仅仅表单检测,就产生了多次客户端与服务器端交互。于是 Netscape 公司推出了 LiveScript 语言,且 Sun 公司推出 Java 语言后,Netscape 公司和 Sun 公司于 1995 年一起重新设计了 LiveScript,并将其更名为 JavaScript。

JavaScript 是一种基于对象和事件驱动的客户端脚本语言,其最初的设计是为了检验 HTML 表单输入的正确性。

2. JavaScript 的功能

1) 脚本编程语言

与 HTML 代码结合在一起,通常由浏览器解释执行。

2) 基于对象的语言

JavaScript 的许多功能来自于脚本环境中对象的方法与脚本的相互作用。

3) 安全性

在 HTML 页面中 JavaScript 不能访问本地硬盘,也不能对网络文档进行修改和删除,只能通过浏览器实现信息浏览或动态交互。

4) 跨平台

在 HTML 页面中 JavaScript 的执行环境依赖于浏览器本身,只要安装了支持 JavaScript 的浏览器,JavaScript 程序就可以执行。

3. JavaScript 应用

1) 客户端应用

将客户端的 JavaScript 脚本程序嵌入或链接到 HTML 文件,当用户通过浏览器请求 HTML 页面时,JavaScript 的脚本程序与 HTML 一起被下载到客户端,由客户端的浏览器读取 HTML 文件,将包含的 JavaScript 解释执行。

2) 服务器端应用

JavaScript 可以用来开发服务器端的 Web 应用程序。当用户通过浏览器请求 URL 时,服务器执行 JavaScript 脚本程序,将生成的数据以 HTML 格式返回浏览器。

2.8.2 在 HTML 中使用 JavaScript

在 HTML 中通过<SCRIPT>…</SCRIPT>标记引入 JavaScript 代码。当浏览器读取到<SCRIPT>标记时,解释执行其中的脚本。

1. script 标记

script 标记成对出现,以＜script＞开始,以＜/script＞结束。JavaScript 代码使用

`<script>`和`</script>`集成到 HTML 文件中。在一个 HTML 文件中,可以有多对`<script>`和`</script>`来嵌入多段 JavaScript 代码,每个 JavaScript 代码中可以包含一条或多条 JavaScript 语句。

2. script 标记的属性

src:指定需要加载的脚本文件的地址 URL。

type:指定媒体类型。例如,`<script type="text/javascript">`是指放在`<script>`和`</script>`之间的是文本类型,JavaScript 告诉浏览器里面的文本是属于 JavaScript 脚本。

例如,在 HTML 中通过 script 标记引入 JavaScript 代码,在页面上显示"Hello World!"。其中的脚本标记及代码是:

```
<script type="text/javascript">
document.write("<h1>Hello World!</h1>") </script>
```

3. JavaScript 编程基础

1) 常量

数值型(整数、浮点数)、字符串和布尔型。

2) 变量

使用关键字"var"声明变量,如 var name;。

3) 运算符

(1) 算术运算符:+、-、*、/、%(取余数)、++、--。

(2) 关系运算符:<、<=、>、>=、==、!=。

(3) 逻辑运算符:&&、||、!。

(4) 字符串运算符:+(连接)。

(5) 赋值运算符:=。

(6) 条件运算符:condition?true_result:false_result。

4) JavaScript 对话框

(1) alert:警告对话框。

(2) confirm:确认对话框,返回一个 bool 值。

(3) prompt:输入对话框。

【例 2.49】 设计一个 JavaScript 对话框。

```
<html><head><title>确认对话框</title></head>
    <body>
        <script language=javascript>
        var learned;
        var show_text;
        learned=confirm("您学习过 Java 语言吗?");
        show_text=learned?"是":"否";
        document.write(show_text);
        </script>
    </body>
</html>
```

运行结果如图 2.49 所示。

5）JavaScript 流程控制语句

（1）分支结构：包括 if 语句和 switch 语句。

（2）循环结构：包括 for 语句、while 语句和 do…while 语句。

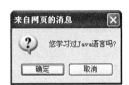

图 2.49　JavaScript 对话框

6）JavaScript 预定义函数

（1）eval()：计算字符串表达式的值。

（2）parseFloat()：将字符串转换为浮点数。

（3）parseInt()：将字符串转换为整数。

7）JavaScript 对象

可以使用三种对象，即内置对象、自定义对象和浏览器对象。在 JavaScript 中，可通过 new 运算符来创建对象，即变量名＝new 对象名()。将新创建的对象赋予一个变量后，就可以通过这个变量访问对象的属性和方法。

JavaScript 内置对象有以下几个。

（1）Date 对象：该对象主要提供获取和设置日期和时间的方法。例如，getFullYear()、getMonth()、getDate()、getDay()。

（2）String 对象：该对象提供了对字符串进行处理的属性和方法。例如 length()、toLowerCase()、toUpperCase()、substr()。

（3）Array 对象：在 JavaScript 中，使用内置对象 Array 创建数组对象。

格式为：

var arrayname=new Array(arraysize)

例如，执行以下代码，可以显示出系统当前的日期、时间和星期。

```
<html><head><title>显示星期几</title></head>
    <body>
        <script language=javascript>
        var week,today,week_i;
        week=new Array("星期日","星期一","星期二","星期三","星期四","星期五","星期六");
        today=new Date();
        week_i=today.getDay();
        document.write(today.toLocaleString()+week[week_i]);
        </script>
    </body>
</html>
```

4．动态网页编程技术

在 HTML 文档中使用脚本语言，通过文档对象模型和事件驱动技术，控制加载到浏览器中的页面及其元素。

1）文档对象模型

（1）文档对象模型为层次结构，所有下层对象都是其上层对象的子对象；

（2）子对象其实就是父对象的属性，其引用方式与对象属性的引用相同；

(3) window 对象是默认的最上层对象，因此引用其对象时可以不使用 window；

(4) 当引用较低层次的对象时，要根据对象的包含关系，使用成员引用操作符，一层层地引用对象。例如，引用文档中表单（form1）的文本输入框 name，使用 document.form1.name。

2）事件

(1) 事件驱动

① 用户操作事件（操作鼠标或按键的动作）或系统操作事件（如载入页面等）引起一连串程序动作的执行方式，称为事件驱动。

② 为了响应某个事件而进行的处理过程，称为事件处理。

③ 对事件进行处理的过程或函数，称为事件处理程序。

(2) 事件处理

在 JavaScript 中，使用事件有两种方法，即使用 HTML 标记或使用 JavaScript 语句。许多 HTML 标记允许加上以事件名为名的属性，如在按钮标记中加上 onclick 事件属性，并为该属性给出值。例如，设计一个表单，放入两个按钮，单击它们时将显示内容。

使用事件的另一种方法是使用 JavaScript 语句：

对象.事件=函数名

【例 2.50】 设计一个表单，放入两个按钮，单击它们时将显示内容。

```
<html><head><title>处理事件-HTML 标记方式</title></head>
<body>
    <form name="form1">
        <input type="button" value="您好！" onclick="alts();"></P>
        <input type="button" value="请当心！" name=alt >
    </form>
<script language=javascript>
function alts() {
    alert("请您注意脚下安全哦！");}
form1.alt.onclick=alts;
</script></body></html>
```

运行结果如图 2.50 所示。

图 2.50 表单上的事件处理

5．验证表单

当用户单击了表单中的"提交"按钮之后,用户在表单中填写或选择的内容将被传送到服务器端特定的程序(由 action 属性指定),由该程序进行具体的处理。

表单正式提交到服务器之前,需要使 onSubmit 的值为 true,因此可以通过为 onSubmit 事件指定的处理函数来进行表单数据的验证。

【例 2.51】 计时器的设计。

```
<script language="javascript">
function display(){
    var now=new Date();                           //获取当前时间的日期对象
    var hours=now.getHours();
    var minutes=now.getMinutes();
    var seconds=now.getSeconds();
    var mark="AM";
    if(hours>12){ mark="PM"; hours -=12;}
    if(hours==0) hours=12;
    if(hours<10) hours="0"+hours;                 //保持两个字符位置
    if(minutes<10) minutes="0"+minutes;           //保持两个字符位置
    if(seconds<10) seconds="0"+seconds;           //保持两个字符位置
    digit_clock.innerText=hours+":"+minutes+":"+seconds+" "+mark;
    setTimeout("display()",100);                  //设置 100ms 后自动执行 display()中的代码
}
</ script >
<html>
<head><title>数字时钟</title></head>
<body onload="display()">
<span id="digit_clock" style="font-size: 36pt; color: #800080;
font-weight: bold">clock position</SPAN>
</body>
</html>
```

运行结果如图 2.51 所示。

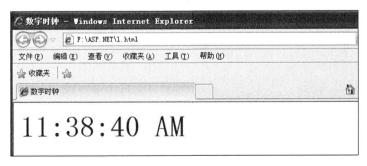

图 2.51 计时器

把 JavaScript 插入到 HTML 页面中要使用＜script＞标记,使用这个标记可以把 JavaScript 嵌入到 HTML 页面中,把脚本与标记混合在一起;也可以包含外部的 JavaScript

文件。需要注意以下几点。

（1）包含在＜script＞标记内部的 JavaScript 代码将被从上到下一次解释。

（2）在解释器对＜script＞标记内部的所有代码求值完毕以前，页面中的其余内容都不会被浏览器加载或显示。

实践与练习

一、选择题

1. 下面关于标记的说法不正确的是（　　）。
   A. 标记要填写在一对尖括号（＜＞）内
   B. 书写标记用英文字母的大、小写或混合使用都是允许的
   C. 标记内可以包含一些属性，属性名称出现在标记的后面，并且以分号进行分隔
   D. HTML 对属性名称的排列顺序没有特别的要求

2. 以下标记中,（　　）可用于在网页中插入图像。
   A. ＜IMG＞标记　　B. ＜BR＞标记　　C. ＜H3＞标记　　D. ＜SRC＞标记

3. 在超级链接中,如果指定（　　）框架名称,链接目标将在链接文本所在的框架页内出现,当前页面被刷新。
   A. Blank　　　　B. Self　　　　C. Parent　　　　D. Top

4. ＜Input Type＝Reset＞是一个（　　）。
   A. 文本框　　　　　　　　　　　B. 重新填写的按钮
   C. 下拉菜单　　　　　　　　　　D. 提交给服务器的按钮

5. 以下 CSS 代码定义了一个样式,这个样式的名称是（　　）。

   ```
   <style type=text/css>
   <!--
   a { font-size: 12pt; color: green; text-decoration: underline}
   -->
   </style>
   ```

   A. a　　　　　　B. style　　　　C. type　　　　D. css

6. 如果＜style type＝"text/css"＞和＜/style＞之间的文本不能正常显示出来,是因为浏览器版本比较低,不支持样式表语法。若要避免这种情况的发生应该（　　）。
   A. 必须更新浏览器　　　　　　　B. 只要加入＜!－－和－－＞代码
   C. 只要加入 CSS　　　　　　　　D. 以上都不对

二、填空题

1. ＿＿＿＿＿＿标记用于 HTML 文件的最前边,用来标记 HTML 文件的开始。而＿＿＿＿＿＿放在 HTML 文件的最后边,用来标记 HTML 文件的结束。

2. 表单标记＜Form＞的＿＿＿＿＿＿属性用于指定表单处理程序的 URL 地址,＿＿＿＿＿＿属性用于定义数据提交方式。

3. ＜Input Type＝＞标记的＿＿＿＿＿＿属性用于为输入区域命名,＿＿＿＿＿＿属性用来指定输入区域的默认值。

4. 匹配一个 HTML 标记和 CSS 样式表标记有三种方式：标记选择符、_____和_____。

5. 网页中设有超链接的文字，当鼠标划过时，变成淡蓝色，字体也由 9pt 变为 10pt，并出现下划线，这是使用了_____的原因。

三、简答题与程序设计题

1. 如何在网页中设置字体？有哪些字体可以使用？
2. 如何引入一张图片？如何给图片加上边框？
3. 如何使用超级链接？如何去掉超级链接的下划线？
4. 如何定义跨行的表格？如何将表格的字体和边框的距离加大？
5. 框架有几种基本形式？如何使用？
6. 加载 CSS 样式的方式有哪些？如何使用？
7. 编写如图 2.52 所示效果对应的 HTML 代码。

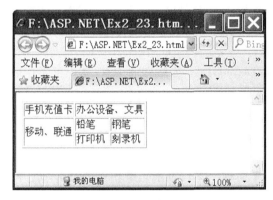

图 2.52 创建表格

8. 如何在页面中插入一幅图像和加入一个音频文件，请详细举例。

第 3 章　C♯语言基础

本章学习目标
- 掌握C♯的基本数据类型。
- 掌握C♯各种运算符、表达式的用法。
- 理解C♯控制台程序的基本结构。
- 能够使用IF、WHILE、FOR等语句编写程序。

ASP.NET支持所有的.NET语言,目前.NET语言主要有C♯(读作C Sharp)、VB.NET、JScript等。对熟悉C++的用户来说,C♯更易学习;熟悉VB的用户,VB.NET也是不错的选择。在本书中,程序都是由C♯语言实现,本章主要介绍C♯语言。

C♯是微软于2000年提出的一种源于C++、类似于Java的面向对象编程语言,适合于分布式环境中的组件开发。C♯是专门为.NET设计的,也是.NET编程的首选语言。它吸收了C++、Visual Basic、Delphi、Java等语言的优点,体现了当今最新的程序设计技术的功能和精华。

3.1　C♯语言的特点

Microsoft.NET(以下简称.NET)框架是微软提出的新一代Web软件开发模型,C♯语言是.NET框架中新一代的开发工具。其主要特点如下。

1. C♯语言是一种现代、面向对象的语言

C♯语言简化了C++语言在类、命名空间、方法重载和异常处理等方面的操作,它摒弃了C++的复杂性,更易使用,更少出错。它使用组件编程,和VB一样容易使用。C♯语法和C++、Java语法非常相似,如果读者用过C++和Java,学习C♯语言应是比较轻松的。用C♯语言编写的源程序,必须用C♯语言编译器将C♯源程序编译为微软中间语言(Microsoft Intermediate Language,MSIL)代码,形成扩展名为.exe或.dll的文件。中间语言代码不是CPU可执行的机器码,在程序运行时,必须由通用语言运行环境(Common Language Runtime,CLR)中的即时编译器(JUST IN Time,JIT)将中间语言代码翻译为CPU可执行的机器码,由CPU执行。CLR为C♯语言中间语言代码运行提供了一种运行时的环境,C♯语言的CLR和Java语言的虚拟机类似。虽然这种执行方法使运行速度变慢,但也带来其他一些无与伦比的优势。

1) 通用语言规范

.NET系统包括如下语言:C♯、C++、VB、J♯,它们都遵守通用语言规范。任何遵守通用语言规范的语言源程序,都可编译为相同的中间语言代码,由CLR负责执行。只要为其他操作系统编制相应的CLR,中间语言代码也可在其他系统中运行。

2) 自动内存管理

CLR内建垃圾收集器,当变量实例的生命周期结束时,垃圾收集器负责收回不被使用的实例占用的内存空间。不必像 C 和 C++ 语言那样,用语句在堆中建立的实例,必须用语句释放实例占用的内存空间。也就是说,CLR 具有自动内存管理功能。

3) 交叉语言处理

由于任何遵守通用语言规范的语言源程序,都可编译为相同的中间语言代码,不同语言设计的组件,可以互相通用,可以从其他语言定义的类派生出本语言的新类。由于中间语言代码由 CLR 负责执行,因此异常处理方法是一致的,这在调试一种语言调用另一种语言的子程序时,显得特别方便。

2. 较强的安全性

C#语言不支持指针,一切对内存的访问都必须通过对象的引用变量来实现,只允许访问内存中允许访问的部分,这就防止了病毒程序使用非法指针访问私有成员,也避免指针的误操作产生的错误。CLR 执行中间语言代码前,要对中间语言代码的安全性、完整性进行验证,防止病毒对中间语言代码的修改。

系统中的组件或动态链接库可能要升级,由于这些组件或动态链接库都要在注册表中注册,由此可能带来一系列问题,例如,安装新程序时自动安装新组件替换旧组件,有可能使某些必须使用旧组件才可以运行的程序,使用新组件后不能运行。在.NET 中这些组件或动态链接库不必在注册表中注册,每个程序都可以使用自带的组件或动态链接库,只要把这些组件或动态链接库放到运行程序所在文件夹的子文件夹 bin 中,运行程序就自动使用在 bin 文件夹中的组件或动态链接库。由于不需要在注册表中注册,软件的安装也变得容易了,一般将运行程序及库文件复制到指定文件夹中即可。

3. 完全面向对象

C#语言是完全面向对象的语言,它不像 C++ 语言,既支持面向过程程序设计,又支持面向对象程序设计。在 C# 中不存在全局函数、全局变量,所有的函数、变量和常量都必须定义在类中,避免了命名冲突。C#语言不支持多重继承。

总之,C#语言的特点可以归纳如下。

(1) 语言简洁、易于理解,支持快速开发。

(2) 可移植性好。

(3) 面向对象,在 C# 中一切都是对象,所有对象都是由 Object 派生而来。

(4) 类型安全。

(5) C#的设计借鉴了多种语言,但最主要借鉴了 Java 和 C++。

3.2 程序结构

3.2.1 命名空间

在 C# 中,把系统中包含的内容按功能分成多个部分,每部分放在一个命名空间中,以避免不同部分内同名标识符的"命名冲突"。命名空间体现了标识符的逻辑分区管理策略。

1. C#程序的基本框架

所有的 C# 程序都包括一个框架,其基本结构为:

```
using 命名空间;
```

```
[访问修饰符] class 类名
{
    …
    static void Main()
        {
            方法体
        }
}
```

C♯中必须且只能包含一个 Main 方法,置于某个类中。Main 方法是程序的入口点和出口点。系统从 Main 方法开始执行,到 Main 方法结束,也就意味着程序结束。

2. 命名空间的声明

命名空间的声明格式为:

```
namespace 命名空间名
{
    类型声明
}
```

使用时用"using 命名空间名;"导入。

注意:编译源程序时必须得到与之相匹配的动态链接库的支持。因此,一般在程序开头添加"命名空间"的引用,否则编译环境无法识别。

命名空间可以包含其他的命名空间,这种划分方法的优点类似于文件夹。但与文件夹不同的是,命名空间只是一种逻辑上的划分,而不是物理上的存储分类。

3. 命名空间的相关规则

(1) 用关键字 namespace 声明一个命名空间。声明时不允许使用任何访问修饰符,命名空间隐式地使用 public 修饰符。

(2) 全局命名空间应是源文件 using 语句后的第一条语句。在一个命名空间声明内部,还可以声明该命名空间的子命名空间。

(3) 在同一命名空间中,不允许出现同名命名空间成员或同名的类。

【例 3.1】 声明命名空间 N1,N2。其中 N1 为全局命名空间,N2 为 N1 的子命名空间。代码如下。

```
using System;
namespace N1.N2                    //同时定义命名空间 N1.N2
{   class A                        //类 A、B 在命名空间 N1.N2 中
        {   void f1(){ };  }
    class B
        {   void f2(){ };  }
}
```

也可以采用嵌套的方式声明以上命名空间:

```
using System;
namespace N1                       //声明 N1 为全局命名空间
```

```
{   namespace N2                    //(嵌套)声明 N1 的子命名空间 N2
    {   class A                     //在 N2 空间内定义的类不应重名
        {   void f1(){ }; }
        class B
        {   void f2(){ }; }
    }
}
```

4. 命名空间的使用

在程序中,需引用其他命名空间的类或函数,可以使用语句 using,使用形式如下。

```
using N1.N2;                        //告诉应用程序到哪里找到类 A
class WelcomeApp
{
    A a=new A();
    f1();
}
```

如果不使用 using 语句,应使用如下形式。

```
class WelcomeApp
{   N1.N2.A a=new N1.N2.A();        //表示类 A 在命名空间 N1.N2 中
    f1();
}
```

在一个命名空间中,可以声明一个或多个类型,包括类、接口、结构、枚举、委托等。即使未显式声明命名空间,也会创建默认命名空间,未命名的命名空间存在于每一个文件中。

5. 系统定义的命名空间

命名空间分为两类:用户自定义的命名空间和系统定义的命名空间。用户自定义的命名空间是在程序中自己定义的命名空间,而系统定义的命名空间是系统自动提供的,表 3.1 列出了系统定义的常用的命名空间。

表 3.1 系统定义常用的命名空间

命 名 空 间	说 明
System	定义通常使用的数据类型和数据转换的基本.NET 类
System.Collection	定义列表、队列、位数组和字符串表
System.Data	定义 ADO.NET 数据库结构
System.Drawing	提供对基本图形功能的访问
System.IO	允许读写数据列和文件
System.Net	提供对 Windows 网络功能的访问
System.Net.Sockets	提供对 Windows 套接字的访问
System.Runtime.Remoting	提供对 Windows 分布式计算平台的访问
System.Security	提供对 CLR 安全许可系统的访问

续表

命名空间	说明
System.Text	ASCII、Unicode、UTF-7 和 UTF-8 字符编码处理
System.Threading	多线程编程
System.Timers	在指定的时间间隔引发一个事件
System.Web	浏览器和 Web 服务器功能
System.Web.Mail	发送邮件信息
System.Windows.Forms	创建使用标准 Windows 图形接口和基于 Windows 的应用程序
System.XML	提供对处理 XML 文档的支持

3.2.2 类

与 C++ 一样，C# 是一种面向对象的编程语言，它通过类、结构和接口来支持对象的封装、继承和多态等特征，还利用委托和事件来支持对象的消息响应。C# 中的类是一种至关重要的结构，类是相似的对象的一个组。类的全部成员都享有类的属性和行为。对象是类的实体。所以在程序中，使用类和对象的好处是可以模拟现实世界中的很多对象，这对于开发大型软件是相当有利的。

1. 类的定义

C# 的每一个程序包括至少一个自定义类，类的定义格式如下。

```
[访问修饰符] Class <类名>
{
    <实例变量>
    <方法>
}
```

和其他大多数面向对象语言一样，类的定义包括关键字 Class，跟在其后的类名（标识符）以及花括号对，它们共同组成了类体，类成员就位于其中。

类成员一般分为以下三类。

（1）数据成员；

（2）函数成员；

（3）嵌套类型。

数据成员包括成员变量、常量和事件。

成员变量用于表示数据。这个成员变量可以是实例变量（对象），也可以是静态变量（非对象）。成员变量可以声明为只读变量，这与常量数据成员紧密相关。但二者存在区别，只读变量在创建时给它赋值，并在此对象的生存期内存在，而常量在编译时被指定一个值，并在程序编译的整个生存期存在。

事件是可以被控件识别的操作，如单击"确定"按钮，选择某个单选按钮等。每一种控件有自己可以识别的事件，如窗体的加载、单击等事件。事件有系统事件和用户事件。系统事件由系统激发，如时间每隔 24 小时，银行储户的存款日期增加一天。用户事件由用户激发，如用户单击按钮，在文本框中显示特定的文本，事件驱动控件执行某项功能。

在.NET 框架中,事件是将事件发送者(触发事件的对象)与事件接收者(处理事件的方法)相关联的一种代理类,即事件机制是通过代理类来实现的。当一个事件被触发时,由该事件的代理来通知(调用)处理该事件的相应方法。

C♯中事件机制的工作过程如下。

(1) 将实际应用中需通过事件机制解决的问题对象注册到相应的事件处理程序上,表示今后当该对象的状态发生变化时,该对象有权使用它注册的事件处理程序。

(2) 当事件发生时,触发事件的对象就会调用该对象所有已注册的事件处理程序。

结合上面的叙述,将类成员概述介绍如下。

```
[访问修饰符] Class <class_name>
{
    <class_members>;
}
```

其中:

<class_members>包括数据成员、函数成员和嵌套类型。

数据成员有成员变量、常量和事件等。

函数成员有方法、属性、构造函数、析构函数、索引和操作符等。

嵌套类型有类、结构和枚举等。

2. C♯中的修饰符

C♯中的修饰符主要是用来控制作用域,限制访问权限的。C♯中有三类修饰符,分别是访问修饰符、类修饰符和成员修饰符。

1) 访问修饰符

类的访问修饰符如表 3.2 所示。

表 3.2 类的访问修饰符

修饰符	说明
public	访问无限制
protected	只可被包含类或其派生的类型访问
internal	只能被此程序访问
protected internal	只能被此程序或其包含类所派生的类型访问
private	只能被其包含类访问,为默认的

2) 类修饰符

类修饰符如表 3.3 所示。

表 3.3 类修饰符

类的修饰符	说明
abstract	用于修饰抽象类,抽象类不允许实例化
sealed	sealed 用于修饰最终类(密封类),最终类不允许派生

3）成员修饰符

类成员修饰符如表 3.4 所示。

表 3.4 类成员修饰符

修饰符	说明	修饰符	说明
abstract	定义抽象函数	override	定义重载
const	定义常量	readonly	定义只读属性
event	定义事件	static	用来声明静态成员
extern	告诉编译器在外部实现	virtual	定义虚函数

使用访问修饰符 private（私有）和 public（公有）等控制类的访问级别，默认情况为"私有"，若要在其他项目或类中访问被定义的类，该类应声明为"公有"类。访问修饰符 private 和 public 也可用于声明类的成员。

C♯ 的 public、protected、private 成员修饰符，每次只能修饰一个成员，直接位于成员声明的开始处。

例如，定义一个描述个人情况的类 Person。

代码如下。

```
using System;
class Person
{   private string name="张三";
    private int age=12;
    public void Display()
    {  Console.WriteLine("姓名:{0},年龄:{1}",name,age); }
    public void SetName(string PersonName)
    {  name=PersonName; }
    public void SetAge(int PersonAge)
    {  age=PersonAge; }
}
```

Person 类仅是一个用户新定义的数据类型，由它可生成 Person 类的实例，C♯ 中称之为对象。

方法：

```
Person OnePerson=new Person();        //生成对象
```

或者：

```
Person OnePerson;                     //先建立变量
OnePerson=new Person();               //再生成对象
```

Person() 是 Person 类的构造函数，用于生成 Person 类的对象。

变量 OnePerson 是对 Person 类的对象的引用，不是 C 中的指针，不能像指针那样进行加减运算，也不能转换为其他类型地址，它是引用型变量，只能引用（代表）Person 对象。

C♯ 类的继承是面向对象程序设计的主要特征之一，它可以重用代码，节省程序设计的时间。继承就是在类之间建立一种相交关系,使得新定义的派生类的实例可以继承已有的基类的特征和能力,而且可以加入新的特性或者是修改已有的特性建立起类的新层次。

3. 类成员的种类

类成员的种类有:constant-declaration(常量声明)、field-declaration(字段声明)、method-declaration(方法声明)、property-declaration(属性声明)、event-declaration(事件声明)、indexer-declaration(索引器声明)、operator-declaration(运算符声明)、constructor-declaration(构造函数声明)、finalizer-declaration(终结器声明,即析构函数的定义)、static-constructor-declaration(静态构造函数声明)、type-declaration(类型声明)。

3.2.3 结构

结构是使用struct关键字定义的,与类相似,都表示可以包含数据成员和函数成员的数据结构。

1. 结构与类的区别

C♯中的结构与类的区别主要在于以下几点。

(1) 结构是值类型,而类是引用类型;
(2) 结构是密封的(Sealed),因此不能被继承;
(3) 结构不能继承类和其他的结构;
(4) 结构隐式地继承了System.ValueType类型;
(5) 结构的(无参数)默认构造函数不能被自定义的构造函数取代;
(6) 结构的自定义的构造函数,必须初始化结构中全部成员的值;
(7) 结构没有析构函数;
(8) 不允许初始化结构的字段,但是可以初始化结构的常量成员。

总之,结构和类一样,可以声明构造函数、数据成员、方法、属性等。结构和类的最根本的区别是结构是值类型,类是引用类型。而且,结构不能从另外一个结构或者类派生,本身也不能被继承。

2. 结构的声明

结构的完整声明格式为:

[[属性]][结构修饰符] [partial] struct 标识符 [<类型参数列表>] [:结构接口列表] [类型参数约束子句] {
  [结构成员声明 …]
}[;]

其中,结构的修饰符有:new、public、protected、internal和private。由于C♯的结构不支持继承,所以没有类的sealed和abstract修饰符,也没有static修饰符。结构的默认修饰符为public。

结构成员包括:

(1) 数据成员:表示结构的数据项。
(2) 方法成员:表示对数据项的操作。

例如,定义一个结构Student的格式为:

```
struct Student
{
    public int no;              //声明结构型的数据成员
    public string name;
    public char sex;
    public int score;
};
```

结构成员声明与类的成员声明基本相同,只是没有 finalizer-declaration(终结器声明,即析构函数定义)。结构和类一样,使用 public、protected、private 等作为成员修饰符,每次只能修饰一个成员,也是直接位于成员声明的开始处。

例如:

```
//定义结构
struct Point {
    public int x,y;
    public Point(int x,int y) {
        this.x=x;
        this.y=y;
    }
}
//使用结构
Point a=new Point(10,10);
Point b=a;
a.x=100;
System.Console.WriteLine(b.x);
```

结构可以作为顶层类型,也可以作为类的成员,但是不能作为局部类型来定义。在 C# 的结构类型定义体后的分号是可选项。

3. 结构的特征

C# 的结构主要有以下特征。

(1) 结构是一种值类型,并且不需要堆分配。结构的实例化可以不使用 new 运算符。

(2) 在结构声明中,除非字段被声明为 const 或 static,否则无法初始化。结构类型永远不是抽象的,并且始终是隐式密封的,因此在结构声明中不允许使用 abstract 和 sealed 修饰符。

(3) 结构不能使用默认的构造函数,只能使用带参数的构造函数,当定义带参数的构造函数时,一定要完成结构所有字段的初始化,如果没有完成所有字段的初始化,编译时会发生错误。

(4) 由于结构不支持类与结构的继承,所以结构成员的声明可访问性不能是 protected 或 protected internal。结构中的函数成员不能是 abstract 或 virtual,因而 override 修饰符只适用于重写从 System.ValueType 继承的方法。

(5) 结构在赋值时进行复制。将结构赋值给新变量时,将复制所有数据,并且对新副本所做的任何修改不会更改原始副本的数据。

【例 3.2】 创建一个结构,主要用于描述学生信息。结构包括数据成员和方法成员的定义及使用。

代码如下。

```csharp
using System;
using System.Windows.Forms;
namespace TestStru
{
    public partial class TestStru : Form
    {
        struct Student                                  //声明结构
        {
            //声明结构的数据成员
            public int no;
            public string name;
            public char sex;
            public int score;
            public string Answer()                      //声明结构的方法成员
            {
                string result="该学生的信息如下：";
                result +="\n学号：" +no;                //+no相当于+this.no,下同
                result +="\n姓名："+name;
                result +="\n性别："+sex;
                result +="\n成绩："+score;
                return result;                          //返回结果
            }
        };
        private void TestEnum_Load(object sender,EventArgs e)
        {
            Student s;                                  //使用结构
            s.no=101;
            s.name="黄海";
            s.sex='男';
            s.score=540;
            lblShow.Text=s.Answer();                    //显示该生信息
            lblShow.Text +="\n\n"+DateTime.Now;         //显示当前时间
        }
    }
}
```

3.3　C#的数据结构

3.3.1　变量和常量

1. C#中的数据类型

C#是一种强类型语言,即程序中用到的每个存储单元都必须指明其数据类型。这似乎是一个较强的约束,但却给开发很大的帮助,这是由于C#编译器能够检查程序,以便使

程序中的数据使用正确的数据类型,这使开发人员在运行程序之前就能发现错误。

C#将所有的数据类型分成两大类,即值类型和引用类型。

这两种类型的区别在于:值类型的数据长度固定,存放于栈内,值类型存储的是自身的数值。引用类型的数据长度可变,存放于堆内,存储的是对数值的引用。一个值类型变量保存对应的实际值。int 类型就是一个典型例子。如果将一个变量 x 声明为 int 并赋值为123,则说明数据类型是 int,标识符是 x,x 的值是 123。

一个引用变量包含一个对计算机存储器中对象的引用,它本身并不包含此对象。引用包括指向对象的位置。为了简要说明引用类型,在此举一个 string 类型。

一个 string 类型的变量本身并不包含一个字符串(string),但却声明它表示对计算机存储器中某个字符串的引用。

```
string myText;
```

声明 myText 为 string 类型。

在这里就是声明了一个引用变量,允许 myText 表示对一个字符串的引用。

例如,

```
myText="Hello World!";
```

此语句将字符串"Hello World!"的地址分配给 myText。

C#的值类型如表 3.5 所示。

表 3.5 C#的值类型

值 类 型	说 明
简单类型	有符号整型:sbyte、short、int 和 long
	无符号整型:byte、ushort、uint 和 ulong
	Unicode 字符型:char
	浮点型:float 和 double
	高精度小数型:decimal
	布尔型:bool
枚举类型	enum E {…} 形式的用户定义的类型
结构类型	struct S {…} 形式的用户定义的类型
可以为 null 的类型	其他所有具有 null 值的值类型的扩展

C#的引用类型如表 3.6 所示。

表 3.6 C#的引用类型

引用类型	说 明	引用类型	说 明
类类型	其他所有类型的最终基类:object	接口类型	interface I {…} 形式的用户定义的类型
	Unicode 字符串型:string	数组类型	一维和多维数组,例如 int[] 和 int[,]
	class C {…} 形式的用户定义的类型	委托类型	delegate int D(…) 形式的用户定义的类型

值类型和引用类型的主要区别如表 3.7 所示。

表 3.7 值类型和引用类型的区别

特　　性	值　类　型	引　用　类　型
变量中保存的内容	实际数据	指向实际数据的引用指针
内存空间配置	栈（Stack）	受管制的堆（Managed Heap）
内存需求	较少	较多
执行效率	较快	较慢
内存释放时间点	执行超过定义变量的作用域时	由垃圾回收机制负责回收
可以为 null	不可以	可以

1）整型

C♯有 8 种整型，可以用来表示全部的整型数字。表 3.8 列出了相关整型。

表 3.8 整型

类型	.NET 类型	所占字节数	存　储　的　值
sbyte	System.SByte	1	−128～127 之间的整数
byte	System.Byte	1	0～255 之间的整数
short	System.Int16	2	−32 768～32 767 之间的整数
ushort	System.UInt16	2	0～65 535 之间的整数
int	System.Int32	4	2 147 483 648～2 147 483 647 之间的整数
uint	System.UInt32	4	0～4 294 967 259 之间的整数
long	System.Int64	8	9 223 372 036 854 775 808～9 223 372 036 854 775 807 之间的整数
ulong	System.Unt64	8	0～18 446 744 073 709 551 615 之间的整数

每个类型都有有符号和无符号两种形式。有符号类型能够存储符号，因此能够存储正数和负数，而无符号类型只能存储正数。

例如：

```
int intNumber=123;
long LongNumber=-123;
ulong UlongNumber=-68;
```

2）浮点型

C♯有三种浮点类型来表示浮点数，表 3.9 列出了相关内容。

表 3.9 浮点型

类　　型	.NET 类型	所占字节数	存　储　的　值
float	System.Single	4	$1.5 \times 10^{-45} \sim 3.4 \times 10^{38}$
double	System.Double	8	$5.0 \times 10^{-324} \sim 1.7 \times 10^{308}$
decimal	System.Decimal	12	$1.0 \times 10^{-28} \sim 7.9 \times 10^{28}$

注意：当赋值给浮点型时，必须在结尾加一个 f 或 F 字符。

例如：

```
float FloatNumber=12.3f;
```

当使用小数类型时，需要在结尾加一个 m 或 M 字符。

例如：

```
Decimal DecimalNumber=1234.5643m;
```

这是 C# 编译器的原因，它认为具有小数点的数字都是 double 类型的，除非声明它不是，即在数字后面加一个 F 或 M 字符分别表示数字是 float 或 decimal 类型。

3）布尔型

C# 中布尔型的值有 true 和 false 两种，如表 3.10 所示。

表 3.10 浮点型

类型	.NET 类型	所占字节数	存储的值
bool	System.Boolean	1	true 或 false

例如：

```
bool xyz=true;
```

4）字符型

C# 中 char 数据类型存储的是单独的字符值，如表 3.11 所示。

表 3.11 浮点型

类型	.NET 类型	所占字节数	存储的值
char	System.Char	2	一个 Unicode 字符，存储 0～65 535 之间的整数

例如：

```
char Mychar='W';
```

也可以把 Unicode 字符赋给字符串，Unicode 字符需要用到如下的转义字符：\u××××。其中，××××是一个 4 位的十六进制数，例如：

```
Mychar='\u0033';
```

同样可以把转义字符赋给字符型（char），转义字符是有特殊意义的字符。表 3.12 列出了 C# 中允许的转义字符和它们的意义。

例如，给 OneChar 赋给一个垂直制表符，则用：

```
char OneChar='\t';
```

也可以赋一个十六进制数字给字符型，例如：

```
char MyHexchar='\xof';
```

表3.12 转义字符

转义字符	含义	Unicode码	转义字符	含义	Unicode码
\'	单引号	\u0027	\t	水平制表符	\u0009
\"	双引号	\u0022	\f	走纸换页符	\u000C
\\	反斜线	\u005C	\n	换行	\u000A
\0	空字符	\u0000	\r	回车	\u000D
\a	警铃	\u0007	\b	退格	\u0008
\v	垂直制表符	\u000B			

5) 预定义引用类型

C#中有两种预定义引用类型,如表3.13所示。

表3.13 预定义引用类型

类型	.NET类型	注释
object	System.Object	root类型:每一个.NET类型都是由此继承
string	System.String	Unicode字符串

Object类型是C#所有数据类型的基类型,具有一些通用的方法;

String类型可以方便地处理字符串操作,该类型的值需要放在双引号中。

2. 常量

在程序运行过程中,其值保持不变的量称为常量。常量类似于数学中的常数。常量可分为符号常量和直接常量两种形式。

常量是在程序运行期间其值不发生变化的量。常量包括符号常量和数值常量。

1) 符号常量

符号常量是用一个标识符表示的常量。在C#中,符号常量有以下两种定义方法。

(1) 使用const关键字声明(const常量)

const常量在编译时设置其值并且永远不能更改。编译时,编译器会把程序中的所有const常量全部替换为对应常数。

声明格式:

const 数据类型 常量名=值表达式;

例如:private const double PI=3.1415926;

(2) 使用readonly关键字声明(同上常量)

readonly常量在程序运行期间只能被"初始化一次",可以在声明语句中初始化,也可以在构造函数中初始化。初始化以后,用readonly声明的常量值就不能再更改。

声明格式:

readonly 数据类型 常量名=值表达式;

(3) 两种定义符号常量方法的区别

readonly 常量运行时初始化，const 常量编译时初始化。const 常量只能在声明中赋值，readonly 常量既可以在声明中赋值，也可以在构造函数中赋值。

通常常量名的第一个字母为大写。

2）直接常量

所谓直接常量，就是在程序中直接给出的数据值。在 C# 中，直接常量包括整型常量、浮点型常量、小数型常量、字符型常量、字符串常量和布尔型常量。

(1) 整型常量

整型常量分为有符号整型常量、无符号整型常量和长整型常量，有符号整型常量写法与数学中的常数相同，直接书写，无符号整型常量在书写时添加 u 或 U 标志，长整型常量在书写时添加 l 或 L 标记。例如 3、3U、3L。

(2) 浮点型常量

浮点型常量分为单精度浮点型常量和双精度浮点型常量。单精度浮点型常量在书写时添加 f 或 F 标记，双精度浮点型常量添加 d 或 D 标记。例如 7f、7d。

注意：以小数形式直接书写而未加标记时，系统将自动解释成双精度浮点型常量。例如，9.0 即为双精度浮点型常量。

(3) 小数型常量

在 C# 中，小数型常量的后面必须添加 m 或 M 标记，否则就会被解释成标准的浮点型数据。C# 中的小数和数学中的小数是有区别的。

例如：5.0M

```
decimal y=99999999999999999999.99999m;
```

(4) 字符型常量

字符型常量是一个标准的 Unicode 字符，使用两个单引号来标记。例如'5'、'd'、'青'、'#'都是标准的字符型常量。

C# 还允许使用一种特殊形式的字符型常量，即以反斜杠"\"开头，后面跟字符的字符序列，这种字符型常量被称为转义字符常量。该形式的常量可以表示控制字符或不可见字符，当然也可以表示可见字符。例如，'\n'表示换行符，而'\x41'则表示字符 A。C# 中常用的转义字符如表 3.12 所示。

(5) 字符串型常量

字符串常量表示若干个 Unicode 字符组成的字符序列，使用两个双引号来标记。例如，"5"、"abc"、"青海民族大学"都是字符串。

(6) 布尔型常量

布尔型常量只有两个：一个是 true，表示逻辑真；另一个是 false，表示逻辑假。

将字符串常量"hello"赋给字符串变量 str，使用语句：string str="hello";。

3. 变量

在程序运行的过程中，值可以改变的量称为变量。每个变量用一个变量名标识，变量命名应遵循标识符的命名规则，程序中通过变量名来引用变量的值。

变量代表了存储单元，且每个变量都有一个类型。变量的类型决定了该变量可以存储的值类型。C#是类型安全的语言,每个C#编译器会保证存储在变量中的值总是恰当的类型。

在C#中,使用变量的基本原则是,先定义,后使用。

1) 变量的命名规则

C#中给变量命名必须以字母或下划线开头,其后的字符可以是字母、下划线、数字和@。不能使用C#中的关键字作为变量名,如 using、namespace 等,因为这些关键字对于C#编译器而言有特定的含义。

C#区分字母的大小写,因而在命名变量时,一定要使用正确的大小写,因为在程序中使用它们时,即使只有一个字母的大小写出错,也会引起编译错误。

2) 变量的声明和初始化

要使用变量,就必须首先声明,即给变量指定名称和类型。只有声明了变量,才可以将它们用作存储单元,存取相应类型的数据。

变量的声明格式:

```
<type><name>;
```

其中,type是变量的类型,name是变量的名称。

以下是定义正确的变量:

```
int age;
double d;
bool isTeacher;
string sql;
char myC;
DateTime dt;
```

以下是定义不正确的变量:

```
char 2abc;
float class;
decimal Main;
int String;
string a-b;
```

在C#的一条语句内,允许声明多个变量,但彼此之间应该用逗号隔开,而且声明的变量是同一种类型,例如:

```
int a,b,c;
```

在声明变量后就可以对变量进行相应的赋值初始化,可以使用运算符"="为变量分配一个值,例如:

```
double d=2.4;
string s="hello CSharp";
int productNumber=1001;
```

或者先声明变量再赋值:

```
int productNumber;
productNumber=1001;
```

在 C#中,引用变量的值前都应该赋值。在没有给变量赋值之前就想引用变量的值是非常危险的,C#编译器会提示错误。

例如:

```
int productNumber;
System.Console.WriteLine(productNumber);    //引发相应的错误
```

在第二句中引用 productNumber 时,它还没有赋值,编译器就会提示相应的错误。

对于引用类型的变量同样是相同的,只是实例化对象的语法与简单的值类型赋值有一定的区别。例如:

```
TheObject myObject;
myobject=new TheObject;
```

第一行代码是为 TheObject 对象创建了一个引用,但是该引用并没有指向任何事物,所以任何对 TheObject 的操作都会失败。

第二行代码实际上是将该引用指向 TheObject 对象,利用 new 关键字创建一个新的对象,通过 myObject 对象的引用指向新创建的对象。

了解了变量及其赋值后,还应该注意变量的作用域问题。

变量的作用域是变量能够被访问的那块代码,也就是认为变量存在的区域。以下的块定义了一个 Age 变量:

```
{
    int Age=19;
}
```

其中,运用花括号表示开始和结尾。变量 Age 的作用域就局限于块内,如果在作用域外访问,就会发生编译错误。

3.3.2 运算符

变量和常量解决了数据的存储问题,运算符用于解决数据的处理方式,将变量、常量和运算符组合在一起,便形成了表达式。C#提供了大量的运算符,按照其处理操作数的不同大致可以分为三类,即一元运算符、二元运算符和三元运算符。C#的运算符主要有以下几种。

1. 算术运算符

C#的算术运算符如表 3.14 所示。

对部分运算符的说明如下。

1) 运算符"%"和"/"

对于取模运算符(%)来说,它是用于计算两个整数相除所得的余数。例如:

```
a=7% 4;
```

最终 a 的结果是3,因为7%4 的余数是3。

表 3.14 算术运算符

运算符	说 明	表 达 式
＋	执行加法运算(如果两个操作数是字符串,则该运算符用作字符串连接运算符,将一个字符串添加到另一个字符串的末尾)	操作数1 ＋ 操作数2
－	执行减法运算	操作数1 － 操作数2
＊	执行乘法运算	操作数1 ＊ 操作数2
／	执行除法运算	操作数1 ／ 操作数2
％	取模运算符,获得进行除法运算后的余数	操作数1 ％ 操作数2
＋＋	将变量的值加1	变量＋＋ 或 ＋＋变量
－－	将变量的值减1	变量－－ 或 －－变量
～	将一个数按位取反	～操作数

如果要求它们的商,则用以下语句:

b=7/4;

这样 b 就是它们的商了,应该是 1。

也许有的读者就不明白了,7/4 应该是 1.75,怎么会是 1 呢? 这里需要说明的是,当两个整数相除时,所得到的结果仍然是整数,没有小数部分。要想得到小数部分,可以写成 7.0/4 或者 7/4.0,也即把其中一个数变为非整数。

那么怎样由一个实数得到它的整数部分呢? 这就需要用强制类型转换。例如:

a=(int)(7.0/4);

因为 7.0/4 的值为 1.75,前面加上(int),就表示把结果强制转换成整型,这就得到了 1。
请思考一下 a＝(float)(7/4);
最终 a 的结果是多少?

2) 运算符"＋＋"和"－－"

对于运算符＋＋或－－来说,＋＋或－－在变量的前面还是后面对变量本身的影响是一样的,都是加1或者减1,但是当把它们作为其他表达式的一部分时,两者就有区别了。运算符＋＋或－－放在变量前面,那么在运算之前,变量先完成自增或自减运算;如果运算符放在变量的后面,那么自增自减运算是在变量参加表达式的运算后再运算。看下面的例子:

num1=4;
num2=8;
a=++num1;
b=num2++;
a=++num1;

这总地来看是一个赋值语句,把＋＋num1 的值赋给 a,因为自增运算符在变量的前面,所以 num1 先自增 1 变为 5,然后赋值给 a,最终 a 也为 5。b＝num2＋＋;这是把 num2＋＋的值赋给 b,因为自增运算符在变量的后面,所以先把 num2 赋值给 b,b 应该为 8,然后 num2

自增加 1 变为 9。

如果出现以下的情况怎么处理呢？

c=num1+++num2;

到底是 c＝(num1++)+num2;还是 c＝num1+(++num2);？这要根据编译器来决定，不同的编译器可能有不同的结果。所以在以后的编程当中，应该尽量避免出现这种比较复杂的情况。

3) 字符串连接运算符"＋"

字符串连接运算符"＋"的功能是把两个字符串合并成一个字符串，例如：

string String1="Welcome " +" Welcome ";

则字符串变量 string 中存储的是字符串"Welcome Welcome"。

2. 比较（关系）运算符

比较（关系）运算符如表 3.15 所示。

表 3.15 比较（关系）运算符

运算符	说　　明	表　达　式
＞	检查一个数是否大于另一个数	操作数 1 ＞ 操作数 2
＜	检查一个数是否小于另一个数	操作数 1 ＜ 操作数 2
＞＝	检查一个数是否大于或等于另一个数	操作数 1 ＞＝ 操作数 2
＜＝	检查一个数是否小于或等于另一个数	操作数 1 ＜＝ 操作数 2
＝＝	检查两个值是否相等	操作数 1＝＝ 操作数 2
!＝	检查两个值是否不相等	操作数 1 !＝ 操作数 2

比较（关系）运算符是对两个操作数进行比较，返回一个真值或假值。

注意：要区分用来比较两个值是否相等的运算符"＝＝"和用来赋值的赋值运算符"＝"。

3. 逻辑运算符

逻辑运算符又叫布尔逻辑运算符，如表 3.16 所示。

表 3.16 逻辑运算符

运算符	说　　明	表　达　式
&&	对两个表达式执行逻辑"与"运算	操作数 1 && 操作数 2
‖	对两个表达式执行逻辑"或"运算	操作数 1 ‖ 操作数 2
!	对一个表达式执行逻辑"非"运算	! 操作数
^	对两个表达式执行逻辑"异或"运算	操作数 1 ^ 操作数 2

其中，"&&"、"‖"和"^"是二元运算符，"!"是一元运算符。

逻辑运算的结果只有两种取值：true 或 false。

在 C#中，不能认为整数 0 是 false，其他值是 true。

例如：

```
bool isExist=false;
bool b=(i>0 && i<10);
```

又如，设置变量 i＝5、j＝4，则逻辑表达式 i！＝j && i＞＝j 的结果为 true。

4．赋值运算符和复合（快捷）赋值运算符

赋值运算符和复合赋值运算符如表 3.17 所示。

表 3.17　赋值运算符和复合（快捷）赋值运算符

运算符	说　　明	表　达　式
＝	是赋值运算符，将变量 2 的值赋予变量 1	变量 1＝变量 2
＋＝	将变量 1 和变量 2 值的和赋予变量 1	变量 1＋＝变量 2
－＝	将变量 1 的值减去变量 2 的值的结果赋予变量 1	变量 1－＝变量 2
＊＝	将变量 1 的值乘以变量 2 的值的结果赋予变量 1	变量 1＊＝变量 2
／＝	将变量 1 的值除以变量 2 的值的结果赋予变量 1	变量 1／＝变量 2
％＝	将变量 1 的值除以变量 2 的值的余数赋予变量 1	变量 1％＝变量 2

赋值语句的作用是把某个常量或变量或表达式的值赋值给另一个变量。符号为"＝"。这里并不是等于的意思，只是赋值，等于用"＝＝"表示。

注意：赋值语句左边的变量在程序的其他地方必须声明。

例如：

```
int X1=10;
double Y2=2.34;
```

赋值运算符的右边的值可以是一个表达式，例如：

```
Y2=2.34*3;
```

复合（快捷）赋值运算符的用法，例如：

```
int X1=10;
```

X1＋＝5；等价于 X1＝X1＋5；也就是 X1＝15；

5．位运算符

位运算是对位进行比较和操作，其中位是取 0 或 1 的二进制位。共有 6 种位运算符，如表 3.18 所示。

表 3.18　位运算符

运算符	说　　明	表　达　式
&	将操作数转换为二进制数，并按位进行与运算	操作数 1 & 操作数 2
|	将操作数转换为二进制数，并按位进行或运算	操作数 1 | 操作数 2
<<	将操作数转换为二进制数，然后左移 n 位	操作数<< n

续表

运算符	说 明	表 达 式
>>	将操作数转换为二进制数,然后右移 n 位	操作数>> n
^	将操作数转换为二进制数,并按位进行异或运算	操作数 1 ^ 操作数 2
~	将操作数转换为二进制数,各位取非	~操作数

6. 其他运算符

其他运算符有成员访问运算符、条件运算符、类型强制转换运算符等,如表 3.19 所示。

表 3.19 其他运算符

运算符	说 明	运算符	说 明
.	成员访问	checked	控制溢出检查上下文
[ ]	索引	unchecked	控制溢出检查上下文
( )	类型强制转换	*	指针取消引用
?:	三元的条件运算符,如同 if 语句	->	指针成员访问
new	创建对象的一个实例	[ ]	指针索引
as	安全转换为指定类型	&	取地址
is	检查所给类型是否为指定类型		

其中,条件运算符"?:"是 C♯唯一的三元运算符,其表达式为:

<表达式 1>?<表达式 2>:<表达式 3>

在运算中,首先对表达式 1 进行检验,如果为真,则返回表达式 2 的值;如果为假,则返回表达式 3 的值。

例如:

a=(b>0)?b:-b;

当 b>0 时,a=b;当 b 不大于 0 时,a=-b;这就是条件表达式。其实上面的意思就是把 b 的绝对值赋值给 a。

7. 各类运算符的优先级

各类运算符的优先级如表 3.20 所示。

表 3.20 运算符的优先级

优先级	说 明	运 算 符	结合性
1	括号	( )	从左到右
2	自加/自减运算符	++/--	从右到左
3	乘法运算符 除法运算符 取模运算符	* / %	从左到右

续表

优先级	说　明	运　算　符	结合性
4	加法运算符 减法运算符	＋ －	从左到右
5	小于 小于等于 大于 大于等于	＜ ＜＝ ＞ ＞＝	从左到右
6	等于 不等于	＝＝ ！＝	从左到右 从左到右
7	逻辑与	＆＆	从左到右
8	逻辑或	‖	从左到右
9	赋值运算符和快捷运算符	＝　＋＝　＊＝　／＝　％＝　－＝	从右到左

注意：在优先级一栏，序号越小，优先级越高。

3.4　流程控制

程序设计流程是指程序中语句的执行顺序。多数情况下，程序中的语句是按顺序执行的，但是，只有顺序结构的程序，所能解决的问题是有限的，于是程序中就出现了控制语句。

任何程序都可以且只能由三种基本流程结构构成，即顺序结构、分支结构和循环结构。各种结构的流程图如图 3.1 所示。

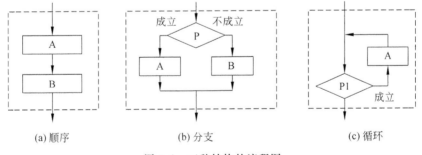

图 3.1　三种结构的流程图

顺序结构是三种结构中简单的一种，即语句按照书写的顺序依次执行；分支结构又称为选择结构，它将根据计算所得的表达式的值来判断应选择执行哪一个流程分支；循环结构则是在一定条件下反复执行一段语句的流程结构。

C♯的控制语句主要分为两种：分支语句和循环语句。

3.4.1　分支语句

分支语句就是条件判断语句，它能让程序在执行时根据特定条件是否成立而选择执行不同的语句块。C♯提供两种分支语句结构：if 语句和 switch 语句。

1. if 语句

if 语句在程序中测试布尔逻辑条件,如果条件为 true,就执行其后的语句。在此称为形式 1,它的最简单语法格式为:

```
if(expression)
statement;
```

一般将 if 语句和 else 语句合并使用,在此称为形式 2,其语法格式为:

```
if(expression)
    statement1;
else
    statement2;
```

如果 expression 条件为 true,执行 statement1,否则就执行 statement2。if 语句执行过程如图 3.2 所示。

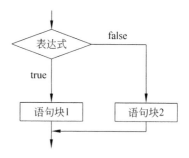

【例 3.3】 根据判断一个布尔型变量的值,执行不同的语句,输出相应的字符串。

图 3.2 if 语句形式 2

```
namespace Ex3_2{
    class Program
    {
        static void Main(string[] args)         //主函数,也是入口函数
        {
            bool flag=true;
            if (flag=true)
                Console.WriteLine("标志位为真");    //输出
            else
                Console.WriteLine("标志位为假");    //输出
            Console.ReadLine();
        }
    }
}
```

根据条件判定,该程序的运行结果为"标志位为真",如图 3.3 所示。

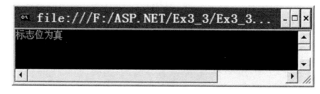

图 3.3 例 3.3 程序运行结果

【例 3.4】 使用 if 语句,求两数的和。
代码如下。

```
using System;
class Add
```

```
{
    public static void Main()
    {
        int a,b;
        string c;
        Console.Write("请输入一个数值: ");
        c=Console.ReadLine();
        a=int.Parse(c);
        b=20;
        if(a>10)         //如果输入的数大于10,进行以下计算
        Console.WriteLine("a+b={0}+{1}={2}",a,b ,a+b);
    }
    Console.ReadLine();
}
```

程序执行时输入"18",则运行结果如图3.4所示。

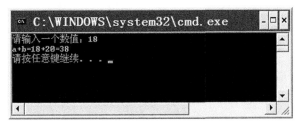

图3.4 例3.4程序运行结果

if 语句也可以通过使用三元运算符(?:)来实现。

三元运算符(?:)的语法格式:

<表达式1>?<表达式2>:<表达式3>

例如:

```
int MyNum=9;
string MyString=(MyNum>10)?"MyNum >10":"MyNum<10";
```

用if语句重新改写上面的三元运算,则有:

```
if(MyNum>=10)
    MyString="MyNum >=10";
else
    MyString="MyNum <10";
```

if 语句同样可以运用于嵌套,即在一个 if 语句中使用另一个 if 语句。

语法格式:

```
if (expression1)
{
    statement1
```

```
}
elseif (expression2)
{
    statement2
}
else
{
    statement3
}
```

嵌套的 if 语句执行流程如图 3.5 所示。

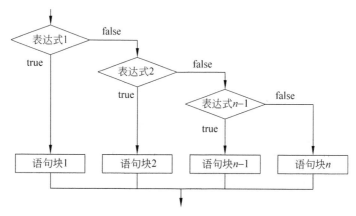

图 3.5　if 语句的嵌套

注意：if 或 else 语句之间可以加入更多的 if 与 else 子语句，以便进行更多的判断。但要注意的是，一个 if 语句并不一定需要 else 语句，而一个 else 语句则一定要有一个 if 语句与其配对。

【例 3.5】　比较两数的大小，并输出其中较大的数。

代码如下。

```
using System;
class Compare
{
public static void Main()
{
double a,b,x;
Console.Write("请输入一个数值：");
a=double.Parse(Console.ReadLine());
Console.Write("请再输入一个数值：");
b=double.Parse(Console.ReadLine());
if (a>b)
    x=a;
else
    x=b;
Console.WriteLine("the max is: {0} ",x);
```

}
Console.ReadLine();
}

程序运行结果如图 3.6 所示。

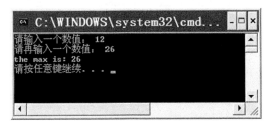

图 3.6 求两数中的较大数

【例 3.6】 根据输入的学生成绩,显示相应的等级:优、良、中、及格和不及格。
代码如下。

```
using System;
class StuGrade1
{
    public static void Main()
    {
        int score;
        string grade;
        Console.Write("请输入学生的成绩:");
        score=Int32.Parse(Console.ReadLine());
        if (score>=90)
        grade="优";
        else if (score>=80)
        grade="良";
        else if (score>=70)
        grade="中";
        else if (score>=60)
        grade="及格";
        else
        grade="不及格";
        Console.WriteLine("该学生的考试成绩等级为:{0}",grade);
        Console.ReadLine();
    }
}
```

程序运行结果如图 3.7 所示。

在这种梯形的 if 结构中,最后的 else 语句经常作为默认条件,就是说如果所有其他条件测试都失败,那么最后的 else 语句会被执行。这里最后的 else 语句不能少,否则不论输入的成绩为多少,输出都为"不及格"。另外,该程序在本处没有对输入数据的合法性做出判断,实际应用时应加上容错代码。

图 3.7 输入成绩显示相应的等级

【例 3.7】 某网上书店售书,根据一次性的购买金额有不同的折扣率。假设金额高于 1000,则打 75 折,800～1000 打 8 折,500～800 打 85 折,小于 500 是 9 折。要求根据用户输入的购书金额,计算折扣后的价格。

像这种对多个条件的判断,可以用多重 if 结构来解决。

代码如下。

```
using System;
using System.Collections.Generic;
using System.Linq;
using System.Text;

namespace MultiIfExample
{
    class MultiIfExample
    {
        static void Main(string[] args)
        {
            Console.Write("请输入你的购书金额：");
            //将用户输入的金额转换成 float 型数据
            float amount=float.Parse(Console.ReadLine());
            if (amount >=1000)
            { //处理金额大于 1000 的情形
                Console.WriteLine("折扣为：75% ");
                Console.WriteLine("你应付的书款为：{0}",amount * 0.75);
            }
            else if (amount >=800 && amount <1000)
            { //处理金额在 800 到 1000 的情形
                Console.WriteLine("折扣为：80% ");
                Console.WriteLine("你应付的书款为：{0}",amount * 0.8);
            }
            else if (amount >=500 && amount <800)
            { //处理金额在 500 到 800 的情形
                Console.WriteLine("折扣为：85% ");
                Console.WriteLine("你应付的书款为：{0}",amount * 0.85);
            }
            else
```

```
            { //处理金额小于500的情形
                Console.WriteLine("折扣为: 90% ");
                Console.WriteLine("你应付的书款为: {0}",amount * 0.9);
            }
            Console.ReadLine();
        }
    }
}
```

注意：添加到if子句中的else if语句的个数没有限制。

假设用户输入的购书金额为300元，这时程序的运行结果如图3.8所示。

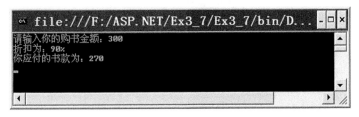

图3.8 例3.7程序运行结果

2. switch语句

在编写程序时，经常会遇到像例3.6、例3.7这样的情况，要处理多分支的选择问题。当分支情况很多时，虽然if-else-if语句可以实现，但多层的嵌套使程序变得冗长且不直观。针对这种情况，C♯提供了switch语句，用于处理多分支的选择问题。

switch语句的一般形式：

```
switch (表达式)
{
    case 常量表达式1: {语句组1} break;
    case 常量表达式2: {语句组2} break;
    …
    case 常量表达式n: {语句组n} break;
    default: {语句组n+1} break;
}
```

其中：

"表达式"也可以是变量，但必须是能计算出具体的"常量表达式"表示的量。

"常量表达式"是"表达式"的计算结果，可以是整型数值、字符或字符串。

switch语句的执行过程如下。

(1) 首先计算switch后面的表达式的值。

(2) 将上述计算出的表达式的值依次与每一个case语句的常量表达式的值比较，如果没有找到匹配的值，则进入default，执行语句组n+1；如果没有default，则执行switch语句后的第一条语句；如果找到匹配的值，则执行相应的case语句组语句，执行完该case语句组后，整个switch语句也就执行完毕。因此，最多只执行其中的一个case语句组，然后将执行switch语句后的第一条语句。

注意：

(1) switch 语句可以把多个 case 语句放在一起；

(2) case 中没有其他语句时，不需要写 break 语句，程序直接执行下一个 case；

(3) 每个 case 都不能相同；

(4) switch 语句后面的表达式的值只能是整型、字符型或字符串。这是与 C++ 里的 switch 语句的一个不同之处，在 C++ 里，是不允许用字符串作测试变量的；

(5) switch 的每个部分都必须有 break 语句，default 子句也要有 break 标记；

(6) 每一个 switch 语句最多只能有一个 default 标号分支；

(7) case 子句的顺序是无关紧要的，甚至可以把 default 子句放在最前面。

【例 3.8】 将例 3.6 用 switch 语句完成（本例没有包括 100 分的情况）。

代码如下。

```
using System;
class StuGrade2
{
public static void Main()
{
int temp,score;
Console.Write("请输入学生的成绩：");
temp=Convert.ToInt16(Console.ReadLine());       //将输入的数字字符串转换为 16 位整数
score=(temp-temp%10)/10;
switch(score)
{
case 9: Console.WriteLine("你的成绩是"优"");break;    //输入以 9 开头的成绩一定是 90 分以上
case 8: Console.WriteLine("你的成绩是"良"");break;
case 7: Console.WriteLine("你的成绩是"中"");break;
case 6: Console.WriteLine("你的成绩是"及格"");break;
default: Console.WriteLine("你的成绩是"不及格"");break;
}
Console.ReadLine();
}
}
```

程序运行结果如图 3.9 所示。

图 3.9　例 3.8 运行结果

switch 语句中多种情况使用同一种解决方案：有时候，可能对于多种情况，都执行相同的代码。例如,对于掷骰子的情况,可能在点数为奇数时执行某种操作,而在点数为偶数时执行另一种操作。在这种情况下,可以将多个 case 语句作为一组,以下举个例子进行说明。

【例 3.9】 设计掷骰子游戏,每次掷出骰子时,显示"骰子是奇数"或"骰子是偶数"的信息。代码如下。

```
using System;
class ThrowRoll
{
public static void Main()
{
int roll=0;
Random rnd=new Random();          //创建一个存储随机数的变量
roll=(int) rnd.Next(1,7);          //生成一个 1~6 之间的随机数
Console.WriteLine("开始掷骰子");
Console.WriteLine("这次掷的骰子是：{0}",roll);
switch (roll)
{
case 1:
case 3:
case 5:
Console.WriteLine ("骰子是奇数");break;
case 2:
case 4:
case 6:
Console.WriteLine ("骰子是偶数");break;
default:
Console.WriteLine ("骰子不在 1~6 之间");break;
}
Console.ReadLine();
}
}
```

程序运行结果如图 3.10 所示。

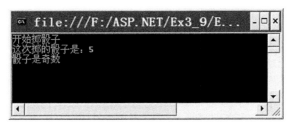

图 3.10 掷骰子游戏

有时候,需要执行同一个 switch 语句中的多个 case 语句。在 C# 中,可以使用 goto 命令来实现这种功能,即可以在 switch 语句中使用 goto 命令跳转到某个 case 语句或 default 语句。下面使用 goto 语句对例 3.9 做一修改。

```
switch (roll)
{
case 1: goto case 5;break;
case 2: goto case 6;break;
case 3: goto case 5;break;
case 4: goto case 6;break;
case 5:
Console.WriteLine ("骰子是奇数");break;
case 6:
Console.WriteLine ("骰子是偶数");break;
default:
Console.WriteLine ("骰子不在 1~6 之间");break:
}
```

虽然可以使用 goto 命令来演示这种情况,但采用例 3.9 中将多个 case 语句分组的方法显得更简单清晰,可是有时 goto 命令确实能给我们提供所需的方案。

以下的编码方式就是不正确的。

```
//assume country is of type string
const string england="uk";
const string britain="uk";
string country="China";
string lauguange="Chinese";
switch(country)
{
    case england:
    case britain:                    //这里将会产生一个编译错误
        language="English";
        break;
}
```

在编译上面代码的时候,会有错误提示消息:标签"case "uk":"已经出现在该 switch 语句中。

3.4.2 循环语句

在程序中除了使用语句改变流程外,有时还需要重复执行某个代码段多次。为了实现重复执行代码的功能,C♯提供了 while、do-while、for 和 foreach 4 种循环语句。

1. while 语句

while 语句可用来实现当条件为"真"时,不断重复执行某个代码块的功能。其语句格式为:

```
while (条件表达式)
{语句块}
```

while 语句的执行流程如图 3.11 所示。

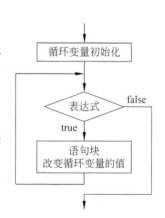

图 3.11　while 语句执行流程

执行过程如下。

(1) 计算 while 语句的条件表达式的值。

(2) 如表达式的值为真,则执行循环体"语句块",并改变控制循环变量的值。

(3) 返回 while 语句的开始处,重复执行步骤(1)和(2),直到表达式的值为假,跳出循环并执行下一条语句。

【例 3.10】 使用 while 语句,计算 $1+2+3+\cdots+100$ 的值。

代码如下:

```
using System;
class Sum1
{
public static void Main()
{
int sum=0,i=1;
while (i<=100)
{
sum+=i++;         //循环变量是 i,i++是用于改变循环变量的
}
Console.WriteLine("sum={0}",sum);
Console.ReadLine();
}
}
```

程序运行结果如图 3.12 所示。

2. do…while 语句

do…while 语句的特点是先执行循环,然后判断循环条件是否成立。

语句格式为:

```
do
    {语句块}
while (条件表达式);
```

while 语句的执行流程如图 3.13 所示。

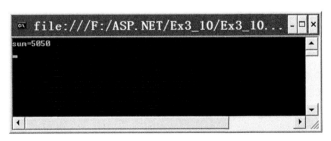

图 3.12 例 3.10 运行结果

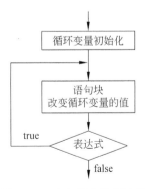

图 3.13 while 语句执行流程

执行过程如下。

（1）当程序执行到 do 语句后，就开始执行循环体语句块，并改变循环变量的值；

（2）执行完循环体语句后，再对 while 语句括号内的条件表达式进行判断。若表达式条件成立（为真），转向步骤（1）继续执行循环体语句；否则退出循环，执行下一条语句。

【例 3.11】 使用 do…while 语句，计算 $1+2+3+\cdots+100$ 的值。

代码如下。

```
using System;
class Sum2
{
    public static void Main()
    {
        int sum=0,i=1;
        do
        { sum+=i++; }              //循环变量是 i,i++是用于改变循环变量的
        while (i<=100);            //while 语句后面的分号不能丢掉
        Console.WriteLine("sum={0}",sum);
        Console.ReadLine();
    }
}
```

程序运行结果和图 3.12 一致。

while 和 do…while 语句的区别：do…while 语句不论条件表达式的值是什么，其循环体语句都至少要执行一次，因为直到程序执行到循环体后面的 while 语句时，才对条件表达式进行条件判断。而 while 语句只有当条件表达式的值成立时，才执行循环体语句，如果条件表达式一开始就不成立，则循环体语句一次都不必执行。总之，do…while 循环是先执行循环体，后判断条件表达式是否成立；而 while 语句是先判断条件表达式，再决定是否执行循环体。

3. for 语句

for 语句是构成循环的最灵活简便的方法。for 语句的一般格式为：

for (表达式 1;表达式 2;表达式 3)
　　{循环体语句组}

for 语句的执行流程如图 3.14 所示。

执行过程如下。

（1）先计算表达式 1 的值；

（2）求解表达式 2 的值，若表达式 2 条件成立，则执行 for 语句的循环体语句组，然后执行第（3）步；若条件不成立，则转到第（5）步；

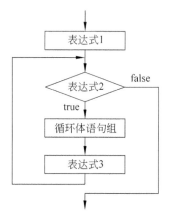

图 3.14　for 语句执行流程

（3）求解表达式 3；

（4）转回第（2）步执行；

(5) 循环结束,执行 for 语句下面的一条语句。

【例 3.12】 使用 for 语句,计算 $1+2+3+\cdots+100$ 的值。

代码如下。

```
using System;
class Sum3
{
public static void Main()
{
int i,sum=0;
for (i=1; i<=100; i++)
    { sum+=i;}
Console.WriteLine("sum={0}",sum);
Console.ReadLine();
}
}
```

执行结果依然是 sum=5050。

【例 3.13】 利用 for 循环嵌套语句,求 $1!+2!+\cdots+10!$ 的值。

代码如下。

```
using System;
class Sm4
{
public static void Main()
{
int i,k,m=1,sum=0;
for (i=1; i<=10; i++)          //外层用于计算每个数的阶乘累加
{
    for (k=1;k<=i; k++)        //内层 for 循环用于计算某个数的阶乘
        m=m * k;               //内层循环体,只有一条语句,可以不用花括号
        sum=sum+m;
        m=1;
}
Console.WriteLine("1!+2!+…+10!={0}",sum);
Console.ReadLine();
}
}
```

程序的运行结果如图 3.15 所示。

4. foreach 语句

在 C#中,新引进了一种循环语句结构 foreach 语句。在 C/C++ 中没有这个语句,Visual Basic 中有这个语句,用于对枚举集合或数组中的每一个元素执行循环体语句。在 C#语言中,使用 foreach 语句也可完成同样的功能。

foreach 语句格式如下:

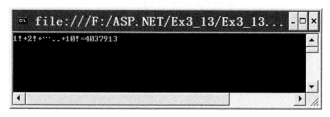

图 3.15 例 3.13 的运行结果

```
foreach (变量类型  迭代变量  in  集合表达式)
    {循环体语句块}
```

功能：对集合表达式所表示的数组或对象集合中的每一个元素执行一遍循环体语句。其中，"集合表达式"是指某个集合或数组。"迭代变量"（也称循环变量）是一个局部变量，它只在 foreach 语句范围内有效，用来依次循环存放 foreach 语句要遍历的数组或集合中的各个元素，所以这个"迭代变量"和"变量类型"都必须与数组或集合中的元素类型相同，并且不能给该迭代变量另赋一个新值，也不能把它当作 ref 或 out 参数，否则将发生编译错误。

在 foreach 语句中使用循环体语句遍历某个集合或数组以获得需要的信息，但并不修改它们的内容。对于 foreach 语句，控制循环次数的是集合或数组中元素的个数，而参与循环体运算的变量数值则是数组的每一个元素值。

foreach 语句的执行过程如下。

(1) 求解集合表达式的值，生成一种集合类型的实例。现将该实例称为 A，而如果 A 是一种引用类型，且其值为 null，则编译会出现空引用异常。

(2) 调用 A.GetEnumerator()方法可得到一个枚举实例的值，返回的枚举值存放在临时局部变量中，现将此变量称为 v。foreach 循环体中的语句无法访问该临时变量 v。如果 v 是一种引用类型，且其值为 null，则会出现 NullReferenceException 溢出异常。

(3) 通过求解调用 v.MoveNext()方法，将枚举推进到下一个元素。

(4) 如果调用 v.MoveNext()方法返回值为 true，则执行第(5)、(6)步。

(5) 通过求解访问 v.Current 属性的值来获得当前枚举数值，并将该值显式转换成 foreach 语句中规定的"变量类型"，将结果值保存到"迭代变量"中，以使 foreach 语句循环体中的语句能够访问它。

(6) 程序开始执行 foreach 语句循环体中的语句，如果执行到语句的终点（也可能是执行一条 continue 语句），就开始执行下一次 foreach 迭代。

(7) 如果调用 v.MoveNext()方法返回的值为 false，则跳出 foreach 循环，转而执行 foreach 结构后面的下一条语句。

以下是 foreach 语句的应用。

1) 对数组使用 foreach 语句

foreach 语句可用于为数组中的每一个元素执行一遍循环体中的语句，以下举例说明使用方法。

【例 3.14】 定义一个二维数组，输出该二维数组中的各元素的值。

代码如下。

```
using System;
class MyArray1
{
public static void Main()
{
int [,] arry={{1,3,5,7},{2,4,6,8}};     //定义一个32位整数类型的二维数组
foreach (int elements in arry)          //显示二维数组中各元素
Console.Write("{0},",elements);
Console.ReadLine();
}
}
```

程序输出结果如图3.16所示。

图3.16 例3.14的运行结果

该程序中的变量arry就代表foreach语句中的数组元素的集合表达式,elements就是迭代变量,并且该变量的数据类型必须与数组元素的数据类型一致为int型。根据上述foreach语句可知,执行过程是依次从数组arry中取出一个元素存放到迭代变量elements中显示输出。

【例3.15】 定义一个整数类型的数组,用foreach语句计算数组中的奇数和偶数之和。
代码如下。

```
using System;
class MyArray2
{
public static void Main()
{
int oddSum=0,evenSum=0;
int[ ] arry=new int[ ]{9,1,2,5,7,8,11,13,223,43,91};   //定义整数类型数组
foreach( int elemValue in arry)
{
if (elemValue % 2==0)
evenSum+=elemValue;                     //这里是存放数组元素的迭代变量elemValue参与运算
else
oddSum+=elemValue;
}
Console.WriteLine("数组中奇数的和为：{0},偶数的和为：{1}",oddSum,evenSum);
```

```
Console.ReadLine();
}
}
```

程序执行结果如图3.17所示。

图3.17 例3.15的运行结果

【例3.16】 使用foreach语句，输出三位作家发表的著作。
代码如下。

```
using System;
class BooksAuthors
{
public static void Main()
{
string choice;
string[] cBooks=new string[] {"Jane Eyre","The Professor ","Villette"};
                                                        //一个作者的书名
string[] eBooks=new string[] {"Wuthering Heights"};     //一个作者的书名
string[] aBooks=new string[] {"Agnes Grey","The Tenant of Wildfell Hall"};
                                                        //一个作者的书名
Console.WriteLine("Please select an author");
Console.WriteLine("Charli");
Console.WriteLine("Emily ");
Console.WriteLine("Anne");
choice=Console.ReadLine();                    //从键盘输入作家名,选择作家
switch(choice)
{
case "Charli":
Console.Write("Charli的著作有: ");
foreach(string c in cBooks)
Console.WriteLine("{0},",c);
break;
case "Emily":
Console.Write("Emily的著作有: ");
foreach(string e in eBooks)
Console.WriteLine("{0},",e);
break;
case "Anne":
Console.WriteLine("Anne的著作有: ");
```

```
foreach(string a in aBooks)
Console.WriteLine("{0},",a);
break;
default:
Console.WriteLine("你的选择无效!");
break;
}
Console.ReadLine();
}
}
```

程序执行结果如图 3.18 所示。

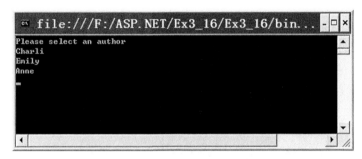

图 3.18 例 3.16 的运行结果

2) 对集合使用 foreach 语句

若要循环访问集合,在 foreach 语句中集合必须满足条件:集合类型必须是 interface、class 或 struct 类型,还必须包括返回类型的 GetEnumerator 的实例方法。

迭代变量类型包含一个 Current 属性(返回集合的当前元素)和 MoveNext()方法。

有以下三种使用集合的方法。

(1) 使用上述给出的集合应满足的条件创建一个集合,此集合只能用于 C#程序。

(2) 使用上述给出的集合应满足的条件创建一个一般的集合,并实现 IEnumerable 接口,则此集合可用于其他语言(如 Visual Basic)。

(3) 在集合中使用一个预定义的集合。

【例 3.17】 对 C#语言集合使用 foreach 语句,使用预定义的 Hashtable 集合类。

本例使用了预定义的 Hashtable 集合类,为了使用这个类及其成员,必须在程序中使用 System.Collections 命名空间。可以使用 Add 方法向 Hashtable 对象中添加项目。

代码如下。

```
using System;
using System.Collections;
public class MainClass
{
public static void Main(string [ ] args)
{
Hashtable ziphash=new Hashtable();        //定义 Hashtable 对象
```

```
ziphash.Add("810000","西宁");              //使用Add()方法添加项目
ziphash.Add("816000","格尔木");
ziphash.Add("811300","黄南");
ziphash.Add("815000 ","玉树");
ziphash.Add("814000 ","果洛");
Console.WriteLine("Zip Code\tCity");
foreach(string zip in ziphash.Keys)
{
Console.WriteLine(zip+"\t\t"+ziphash[zip]);
}
Console.ReadLine();
}
}
```

程序运行结果如图 3.19 所示。

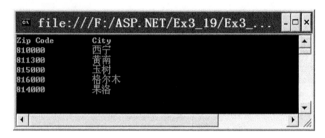

图 3.19　例 3.17 的运行结果

5. break 语句、continue 语句和 goto 语句

break 语句、continue 语句和 goto 语句也称作跳出、继续和转向语句。

1) break 语句

break 语句通常用在 switch 语句和各种循环语句中。break 语句的使用格式为：

```
break;
```

在 switch 语句中，break 语句的作用是使程序流程跳出 switch 语句结构。在各种循环语句中，break 语句的作用是使程序终止整个循环。

注意：如果是多重循环，break 不是使程序跳出所有循环，而只是使程序跳出 break 本身所在的循环。

【例 3.18】　任意给定一个整数 n，判断其是否为素数（若 n 不能被 2、3、…、n−1 中的任意一个数整除，则 n 为素数）。

代码如下。

```
using System;
class Prime
{
static void Main()
{
int i=1,n;
```

```
Console.WriteLine("判断一个数是不是素数")
Console.Write("请输入一个正数 n=");
n=Int32.Parse(Console.ReadLine());
while(++i<n)
if(n%i==0)
{
Console.WriteLine("不是素数");
break;           //用 break 终止循环
}
if(i==n)
Console.WriteLine("是素数");
Console.ReadLine();
}
}
```

程序运行结果如图 3.20 所示。

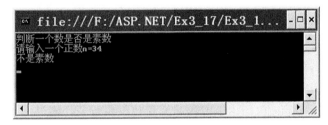

图 3.20 判断是否为素数

该程序在输入某个数 n 后,执行 while 语句,判断 n 是否能被 i 整除,如能被 i 整除,则程序输出"不是素数"的信息,并执行 break 语句退出循环,此时 i 小于 n;如果不能被 i 整除,则将 i 加 1 再进行判断。如果直至 i=n－1 时,n 都不能被 i 整除,此时再将 i 加 1,则 i 等于 n,这样就不满足 while 循环的条件,程序会退出 while 循环,转而执行其后面的 if 语句,判断出 i 与 n 相等,并输出"是素数"的信息。

2) continue 语句

continue 语句用于各种循环语句中,continue 语句的使用格式为:

```
continue;
```

continue 语句的作用是跳过循环体中剩余的语句而强行执行下一次循环。

【例 3.19】 输出 100 以内所有能被 7 整除的数。

代码如下。

```
using Systwm;
class Continue
{
public static void Main()
{
for (int i=1; i<=100; i++)
{
```

```
        if (i%7!=0)
        continue;          //i 不能被 7 整除时,执行 continue 语句
        Console.Write("{0}\t",i);
    }
    Console.WriteLine();
    Console.ReadLine();
    }
}
```

程序运行结果如图 3.21 所示。

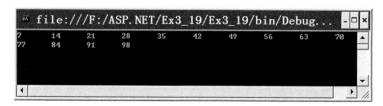

图 3.21 输出 100 以内所有能被 7 整除的数

continue 语句与 break 语句的区别：continue 语句用于结束本次循环,即跳过循环体中 continue 语句下面尚未执行的语句,再判断表达式的条件,以决定是否执行该循环体的下一次循环。而 break 语句则是终止当前整个循环,不再进行条件表达式的判断。在 while 和 do…while 语句中,continue 语句用于把程序流程转至执行条件测试部分,而在 for 循环中,则转至表达式 3 处,以改变循环变量的值。

3）goto 语句

goto 语句是一种无条件转移语句。goto 语句的格式为：

goto 标号；

其中,"标号"是程序中一个有效的标识符,该标识符后须加一个冒号":"一起出现在程序的某处。执行 goto 语句后,程序将跳转到该标号处并执行其后的语句。

【例 3.20】 使用 goto 语句。

代码如下。

```
using System;
class Goto
{
public static void Main()
{
    int i=0,j=0,k=0;
    for (i=0; i<10; i++)
{
for(j=0; j<10; j++)
{
    for(k=0; k<10; k++)
    {
```

```
                Console.WriteLine(" i,j,k : {0},{1},{2}",i,j,k);
                if(k==3) goto stop;        //直接跳转到 stop 语句标号
            }
        }
    }
stop: Console.WriteLine("stoped! i,j,k : {0},{1},{2}",i,j,k);
    Console.ReadLine();
    }
}
```

程序运行结果如图 3.22 所示。

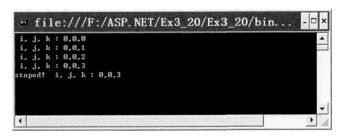

图 3.22　使用 goto 语句

注意：

（1）break 语句只是跳出直接包含它的那个语句块(switch,while,do,for,foreach)；

（2）continue 语句只是从循环的当前迭代中退出,然后重新开始新一轮的循环,而不是退出整个循环；

（3）建议少使用 goto 语句；

（4）return 语句用于退出函数。

3.5　集合类型

集合类型是数据集合的常见变体,例如哈希表、队列、堆栈、字典和列表。一般可以通过对集合遍历每个元素来访问一组对象(特别是可使用 foreach 循环访问)。一个集合包括多个元素,即有一个集合类对象和 N 个元素对象。集合与数组很相似,都能存储多个数据,但集合能够动态地扩大或收缩大小。

3.5.1　数组

1. 数组的声明

数组是一种数据结构,它包含若干相同类型的变量,数组元素可以是任何类型。在 C# 中,数组是从 Array 类中派生出来的引用类型。

数组使用类型声明,格式如下：

数组类型[ ]数组名；

例如,声明一个一维整型数组 count：

```
int[]count=new int[5];
```

该整型数组包含 5 个数组元素,索引从 0 到 4。

如果是声明二维或多维数组,数组索引间用","分隔,例如声明一个二维数组 table:

```
string[,]table=new string[2,3];
```

该数组包含 6 个数组元素,如下所示。

```
table[0,0]    table[0,1]    table[0,2]
table[1,0]    table[1,1]    table[1,2]
```

2. 数组初始化和引用

创建数组实例时,编译器默认将数值型数据元素初始化为 0,布尔型元素初始化为 false,引用型数据初始化为 null。也可以在声明数组时初始化数据元素的值,例如:

```
int[] count=new int[5]{5,7,3,6,9};
string[,] table=new string[2,3]{{"张三","网络工程专业","班长"},{"李四","计算机应用专业","学委"}};
Reader[] reader=new Reader[2]{new Reader(),new Reader()};
```

要访问数组元素,使用数组名加上方括号和索引访问某个数组元素,例如:

```
Count[0]=100;count[4]=200;
table[1,2]="班长";
reader[0].personName="张三";
```

3. 常用属性和方法

(1) Length:获得一个 32 位的整数,表示数组的长度。
例如:

```
Console.Write(count.Length);
```

(2) Rank:获得数组的维数。
例如:

```
Console.Write(table.Rank);
```

(3) Sort():排序数组。
例如:

```
int[] sou=new int[]{7,6,3,9,5};
Array.Sort(sou);
```

【例 3.21】 创建一个一维数据,并对数组元素进行升序排列。
代码如下。

```
using System;
namespace Ex3_21
{
    class Program
```

```
    {
        static void Main(string[] args)
        {
            int[] sou=new int[] {7,3,6,4,5};
            Array.Sort(sou);
            for (int i=0; i <=4; i++)
                Console.Write(sou[i]);
            Console.Read();
        }
    }
}
```

程序运行结果如图 3.23 所示。

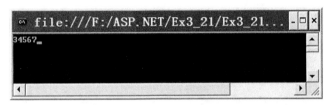

图 3.23　数组元素进行升序排列

4. ArrayList 类

数组是一种很有用的数据结构,但数组也有一定的局限性。如数组在定义的时候必须定义数组的数量,在数量不确定的情况下,可能会出现数组大小定义过多或定义不够的情况,如读者借书记录中,可能没有一个人借书,也可能有上千人借书。要解决这个问题,可使用 ArrayList 类。ArrayList 类在行为上像一个数组,在实例化时不需要知道数组的大小,当添加一个新元素时,其容量可以动态增长。

ArrayList 类在 System.Collections 命名空间中,声明时要加上该类所在的命名空间。

1) 声明 ArrayList 数组

```
System.Collections.ArrayList record=new System.Collections.ArrayList();
```

2) 添加数组元素

【例 3.22】　本例演示如何创建并初始化 ArrayList 及如何输出值。

```
using System;
using System.Collections;
namespace Ex3_22
{
    class Program
    {
        static void Main(string[] args)
        {
            ArrayList myAL=new ArrayList();
            myAL.Add("Hello");
            myAL.Add("World");
```

```
            myAL.Add("!");
            //显示 ArrayList 的 Count 属性
            Console.WriteLine("myAL有{0}个元素",myAL.Count);
            //调用方法,显示 ArrayList 的每个值
            foreach (Object obj in myAL)
                Console.WriteLine("{0}",obj);
            Console.Read();
        }
    }
}
```

程序运行结果如图3.24所示。

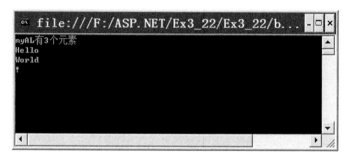

图3.24 添加数组元素

3.5.2 枚举

1. 枚举的定义

如果一个变量只有几种可能的值,那么就可以把它声明为枚举类型。

例如:

enum Color {Red,Green,Blue}

这个例子声明了一个名字为 Color 的枚举类型,它的成员有 Red、Green 和 Blue。

枚举的声明以关键字 enum 开始,其后定义名字、存取权限、类型和枚举的成员。存取权限包括 new、public、protected、internal 和 private。

枚举类型可以在类以外定义。

2. 枚举的类型

每个枚举类型都有一个相应的类型,可以理解为枚举成员的类型,一个枚举声明可以把枚举成员的类型声明为 byte、sbyte、short、ushort、int、uint、long 或者 ulong。

注意:char 不能被用来声明为枚举元素的类型。一个枚举的声明如果不显式地声明枚举元素的类型,则默认的类型是 int。

例如:

enum Color :long{Red,Green,Blue}

3. 枚举成员的值

每个枚举成员都有相应的取值,可以在定义时指定每个枚举成员所代表的值,这个值必

须是整型。

例如：

```
enum Color :long{Red=2,Green=4,Blue=6}
```

如果在定义枚举时没有给枚举成员指定值，则默认第一个元素的值为 0，其后每一个元素的值依次递增 1。例如：

```
enum Days{Sun,Mon,Tue};        //Sun:0,Mon:1,Tue:2
```

4. 枚举类的方法

System.Enum 类中提供了许多方法可以用来存取 enum 类型中的列举清单项目，常用的方法如下。

(1) GetNames：取回枚举值中代表特点常数的字符串名称。

(2) GetValues：取回枚举成员的值。

【例 3.23】 Enum 类型的用法。

```
using System;
using System.Collections;
namespace Ex3_23
{
    enum MyColor {蓝色=3,白色,红色};
    enum Days {上旬,中旬,下旬};
    class Program
    {
        static void Main(string[] args)
        {
            MyColor color;
            Days day;
            color=MyColor.红色;
            day=Days.上旬;
            Console.WriteLine("color:{0},day:{1}",color,day);
            //获取枚举类型中定义的成员名称
            string[] colorNames=Enum.GetNames(typeof(MyColor));
            string[] dayNames=Enum.GetNames(typeof(Days));
            //逐个显示成员名称
            for (int i=0;i<colorNames.Length;i++)
                Console.WriteLine(colorNames[i]);
            for (int i=0;i<dayNames.Length;i++)
                Console.WriteLine(dayNames[i]);
            //获取枚举类型中成员的值
            int[] colorValues=(int[])Enum.GetValues(typeof(MyColor));
            int[] dayValues=(int[])Enum.GetValues(typeof(Days));
            //逐个显示枚举成员的值
            for (int i=0;i<colorValues.Length;i++)
                Console.WriteLine(colorValues[i]);
```

```
            for (int i=0;i<dayValues.Length;i++)
                Console.WriteLine(dayValues[i]);
            Console.ReadLine();
        }
    }
}
```

程序运行结果如图 3.25 所示。

图 3.25　Enum 类型的用法

3.6　错误和异常处理

优秀的程序员能在最短的时间内定位错误的位置，从而提高编程效率，这就要需要掌握正确的程序调试和异常处理方法。

程序错误主要分为三类，包括语法错误、逻辑错误和异常。本节介绍这三种错误。

1. 语法错误

这类错误主要是指由于在代码中使用不正确的语法造成的错误，比如表达式书写有误、调用了未定义的方法等，VS2005 编辑器会在书写代码时使用红色波浪线标出错误代码，编译后在集成开发环境下面的错误列表窗口中列出所有错误，双击错误条目就可以定位到出现错误的位置。错误的代码下面用蓝色的波浪线标识出来，当把光标放在蓝色波浪线上，会弹出提示出现错误原因的提示框，如图 3.26 所示。

2. 逻辑错误

程序编译成功，说明没有语法错误，运行后如果得不到所期望的结果，这说明程序存在逻辑错误。例如运算符使用不正确、语句次序不对、循环语句的结束条件不正确等，也可能是算法有问题。编译器不能捕捉或显示这类错误，需要仔细地阅读分析程序，通过调试器来帮助分析错误位置，分析产生错误的原因。

3. 异常

在编写程序时，不仅要关心程序的正常操作，还应该考虑到程序运行时可能发生的各类不可预期的情况，比如用户输入错误、内存不够、磁盘出错、网络资源不可用、数据库无法使用等，所有这些错误被称作异常，不能因为这些异常使程序运行产生问题。C#语言采用异

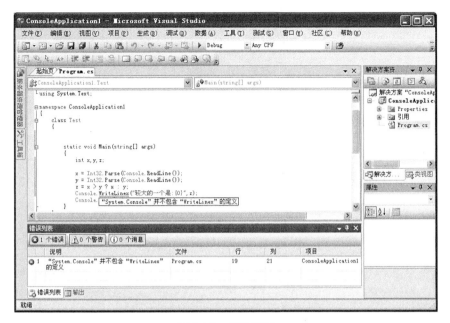

图 3.26　语法错误

常处理语句来解决这类异常问题。

4．异常处理

一种程序语言一般都要提供一种捕获和处理异常的机制，C♯的异常处理功能非常强大，所以异常都被定义为异常类，属于命名空间 System.Exception 或它的一个子类。现在通过被零除异常介绍 C♯语言处理异常的方法。

1）异常处理概述

【例 3.24】 如果一个数被零除，将产生异常，程序将停止执行。

代码如下。

```
using System;
class Test
{   static void Main(string[] args)
    {   int x,y,z;
        x=5;
        y=0;
        z=x/y;
        Console.WriteLine("z={0}.", z);
    }
}
```

程序运行后将在 z＝x/y 语句处停止运行，VS2005 运行界面如图 3.27 所示。图 3.27 指出该程序在运行过程中出现了一个被零除的错误，这种在运行阶段发生的错误通常称为异常。为保证程序安全运行，程序中需要对可能出现的异常进行相应的处理。C♯中当代码出现如零作除数、内存空间分配失败等错误时，系统就会自动创建异常对象，它们大多数是 C♯异常类的实例。System.Exception 是异常类的基类，一般不直接使用，因为它不能反映具体的异常信息。有关异常类型请参阅.NET SDK 文档。

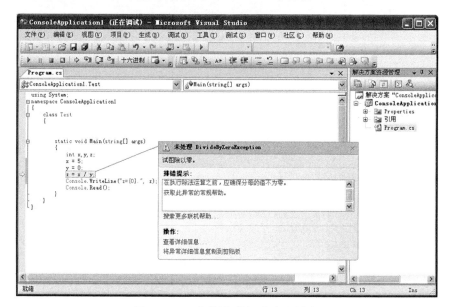

图 3.27　一个数被零除，将产生异常

2) try、catch 和 finally 块

C#通常使用 try 语句来捕获和处理程序执行过程中产生的异常。try 语句通常形式为：

```
try
{ }
catch(ExceptionType1 id1)
{ }
catch(ExceptionType2 id2)
{ }
…                //省略多个 catch 子句
catch(ExceptionTypeN idn)
{ }
finally
{ }
```

其中，try 子句不能省略，catch 子句可以出现多次，finally 子句可以省略。大括号内为相应的处理语句块。try 语句的执行机制是：当 try 子句中产生异常，程序会按顺序查找第一个能处理该异常的 catch 子句，并使用程序流程转到该 catch 子句。如果有 finally 子句，无论程序是否产生异常，finally 子句必会被执行。一般在 finally 子句中完成必须执行的操作，如关闭文件、释放对象占用的资源等，这些不能被垃圾收集器撤销。

【例 3.25】　try 语句的使用。

```
using System;
class Test
{   static void Main(string[] args)
```

```
    {  int x,y,z;
       x=5;y=0;
       try
       {  z=x/y;
          Console.WriteLine("z={0}.",z);
       }
       catch (DivideByZeroException e)
       {  Console.WriteLine("程序出现异常,零不能作除数。");
       }
       Console.ReadLine();
    }
}
```

程序运行结果如图 3.28 所示。

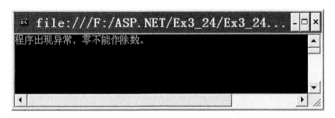

图 3.28　程序异常处理

结构化异常处理,一般要使用三部分代码。

(1) Try:是程序中可能出现错误的操作部分。

(2) Catch:是用来处理各种错误的部分(可以有多个)。必须正确排列捕获异常的 Catch 子句,范围小的 Exception 放在前面的 Catch 中。即如果 Exception 之间存在继承关系,就应把子类的 Exception 放在前面的 Catch 子句中。

(3) Finally 块的代码用来清理资源或执行要在 Try 块末尾执行的其他操作(可以省略)。无论是否产生异常,Finally 块都会执行。

显然,异常是在程序设计中无法避免的错误,设计的程序必须能够处理所有可能出现的错误。所以要全面考虑异常处理,将一切可能出现异常的代码都进行 try 的捕捉,然后建立自己的异常处理机制,按照不同的异常情况进行分类处理。

异常产生的时候,需要知道是什么原因造成的错误以及错误的相关信息。根据实际情况抛出具体类型的异常,然后建立捕捉机制,捕捉到异常时做具体的处理。在编写代码过程中,可以使用系统已定义的相关异常类以及自定义的异常类来实例化并抛出需要的异常。如一个不可能实现的接口,可以抛出 System.NotSupportedExceptiion 的异常来告诉接口的调用者。

在处理异常的时候,应该将可处理的具体异常分别在 catch 块中做出相应处理,否则程序将终止运行。针对每一种异常,以不同方式处理,避免对所有异常做出一样的处理。并且在异常产生时,给用户一个友好的提示(最终用户对系统异常的具体内容是不明白的,这就需要给出相关的信息提示和解决方案,或告诉联系管理员等),并在可能的情况下给用户提供选择(确定和取消),让用户来决定系统的运行方向。同时,程序中要将异常做日志记录。

不是所有异常都是必须记录的,例如一些可捕捉并且已经安排程序进行处理的异常就不需要记录它。

C#中常见的异常类如表3.21所示。

表3.21 C#中常见的异常类

异 常 类	说 明
Exception	所有异常对象的基类
SystemException	运行时产生的所有错误的基类
IndexOutOfRangeException	当一个数组的下标超出范围时运行时引发
NullReferenceException	当一个空对象被引用时运行时引发
InvalidOperationException	当对方法的调用对对象的当前状态无效时,由某些方法引发
ArgumentException	所有参数异常的基类
ArgumentNullException	在参数为空(不允许)的情况下,由方法引发
ArgumentOutOfRangeException	当参数不在一个给定范围之内时,由方法引发
InteropException	目标在或发生在CLR外面环境中的异常的基类
ComException	包含COM类的HRESULT信息的异常
SEHException	封装Win32结构异常处理信息的异常
SqlException	封装了SQL操作异常

实践与练习

一、选择题

1. .NET 编程架构是指( )。
   A. .NET Framework B. VS.NET
   C. XML Web Service D. 开发工具

2. ASP.NET 是用来开发( )应用的。
   A. Windows 应用 B. .NET 组件类
   C. Web 应用 D. 命令行应用程序

3. C#编译器将 C#程序编译成什么样的代码?( )
   A. 汇编语言代码 B. 机器语言代码
   C. 微软中间语言代码 D. 二进制代码

4. 关于微软中间语言,下面说法错误的是( )。
   A. 它是解释执行的 B. 在执行时,它被转化为机器代码
   C. 它是与处理器无关的指令集 D. 它允许真正的跨语言集成

5. 下列哪种语言不是面向对象的?( )
   A. C# B. VB C. VB.NET D. C++

6. 关于C#语言的基本语法,下列哪些说法是正确的?( )

A. C#语言使用 using 关键字来引用.NET预定义的名字空间

B. 用C#编写的程序中,Main函数是唯一允许的全局函数

C. C#语言中使用的名称严格区分大小写

D. C#中一条语句必须写在一行内

7. 在C#中,表示一个字符串的变量应使用以下哪条语句定义?（　　）

  A. CString str;　　　　　　　　　B. string str;

  C. Dim str as string　　　　　　　D. char * str;

8. 在类的定义中,类的（　　）描述了该类的对象的行为特征。

  A. 类名　　　B. 方法　　　C. 所属的名字空间　　　D. 私有域

9. 在下列函数结束后,立即从内存中清除的变量是（　　）。

```
void Test()
{
    int i=100;
    int[] arr=new int[10];
    string str="this is a test";
    object r=new System.DateTime(1999,9,9);
}
```

  A. 变量 i　　　　　　　　　　　　B. 变量 str 所引用的字符串对象

  C. 数组变量 arr　　　　　　　　　D. 变量 r 所引用的 DataTime 对象

10. C#程序中,可使用 try…catch 机制来处理程序出现的（　　）错误。

  A. 语法　　　B. 运行　　　C. 逻辑　　　D. 拼写

11. 在编写C#程序时,如果需要对一个数组中的所有元素进行处理,则使用（　　）循环体最好。

  A. while 循环　　B. foreach 循环　　C. do 循环　　D. for 循环

12. 下列语句的输出是（　　）。

```
Double mydouble=123456789;
Console.Writeline("{0:N}",mydouble);
```

  A. $123,456,789.00　　　　　　　B. 1.234568E+008

  C. 123,456,789.00　　　　　　　　D. 123456789.00

二、填空题

1. 在实例化类对象时,系统自动调用该类的_____进行初始化。

2. 当一个对象离开它的作用域或不再被使用时,系统将会自动调用类的_____。

3. C#要求程序中的每个元素都要属于一个_____。

4. 在C#程序中,程序的执行总是从_____方法开始。

5. 在C#中,进行注释有两种方法:使用"//"和使用"/ *　　*/"符号对,其中_____只能进行单行注释。

6. 要在控制台程序运行时输入信息,可使用 Console 类的_____方法。

7. 下列程序完成的功能是:从键盘上输入一个直角三角形的斜边长度和一个角的度数,计算出另两条直角边的长度并输出。请填空。

```
Using system;
Class Example1
{
    Public Static void main()
    {
        Double a,b,c,d,jd;
        c=Convert.ToSingle(Console.Readline());      //输入斜边长度
        d=Convert.ToSingle(Console.Readline());      //输入角的度数
        d=_____;
        a=c*Math.Sin(d);
        b=_____;
        Console.Writeline("a={0},b={1}",a,b);        //输出两直角边的值
    }
}
```

8. 请写出描述"－10＜＝x＜＝10"的C♯语言表达式_____。

9. 在switch语句中,在分支的最后应有一条_____语句。

10. 下列程序的作用是求出所有的水仙花数（所谓水仙花数是指这样的数：该数是三位数,其各位数字的立方和等于该数）。

```
Using system;
Class Example1
{
    Public Static void main()
    {
        Int a,I,b,c,t;
        For(i=100;i<=_____;i++)
        {
            t=I;
            a=t%10;t=t/10;b=t%10;c=t/10;
            if(_____)
            Console.Writeline("i={0}",i);
        }
    }
}
```

三、判断正误

1. 结构中不允许定义带参数的实例构造函数。　　　　　　　　　　　　（　）
2. C♯中执行下列语句后整型变量 x 和 y 的值分别是 x＝100,y＝101。（　）

```
int x=100;
int y=++x;
```

3. 可以出现数组定义语句 int[] pins＝new int[4]{1,2,3};。　　　　　（　）
4. 当参数为引用类型时,改变形参不会影响实参的值。　　　　　　　　（　）
5. ArrayList 的容量可根据需要自动扩充,它可以具有多个维度。　　　（　）

6. 在 try⋯finally 中可以加入 catch 用于处理语句块中出现的异常。　　　　（　　）

四、简答题与程序设计题

1. 值类型变量与引用类型变量有什么不同？两者间可以相互转换吗？
2. C、C++、Java、C# 分别面向什么编程？它们之间有什么关系？
3. 如何创建 Visual C# 的控制台应用程序？请写出详细步骤。
4. C# 的类型分成哪两大类？列举一些各类的典型具体类型。
5. C# 中怎样获取数组的大小和维数？
6. 为什么 C# 的类没有析构函数而只有终结器？
7. 阅读以下的 C# 代码，写出程序的运行结果。

```
Class Class1
{
    Public static void doArr(int[,] arr,out int k)
    {
        K=arr.Rank;
        for(int i=0;i<arr.GetLength(0);i++)
        {
            For(int j=0;j<arr.GetLength(1);j++)
            {
                arr[i,j]=i+j+arr[i,j];
            }
        }
    }
    Static void Main(string[] args)
    {
        int[,] arr1=new int[3,2]{{1,2},{3,4},{5,6}};
        int arrRank;
        Class1.doArr(arr1,out arrRank);
        Console.WriteLine("arr[2,1]的值：{0},arrRank 的值为：{1}",arr[2,1],arrRank);
        Console.ReadLine();
    }
}
```

8. 阅读以下的 C# 代码，写出程序运行结果。

```
namespace t4_3
{
    public delegate int[] aDel(int[] arr1);

    class delfun
    {
        public int[] ArrayRev(int[] arr1)
        {
            Array.Reverse(arr1);
            return arr1;
```

```
            }
        }
        class Class1
        {
            static void main(string[] args)
            {
                int[] array1=new int[5];
                delfun funobj=new delfun();
                aDel DelObj;
                for(int cnt=0;cnt<5;cnt++)
                {
                    array1[cnt]=cnt * 2;
                }
                DelObj=new aDel(funobj.ArrayRev);
                Array1=DelObj(array1);
                foreach(int y in array1)
                {
                    Console.WriteLine(y);
                }
                Console.ReadLine();
            }
        }
    }
```

9. 声明一个数组,将一年中的 12 个月份的英文存入其中。当用户输入某个月份的数字时,打印出该月份对应的英文。若输入 0 则退出,并提供输入信息不合法的提示。

10. 定义一个行数和列数相等的二维数组,并执行初始化,然后计算该数组主对角线上的元素值之和。

例如:

$$\begin{matrix} 1 & 2 & 3 & 4 \\ 5 & 6 & 7 & 8 \\ 9 & 10 & 11 & 12 \\ 13 & 14 & 15 & 16 \end{matrix}$$

结果为:1+6+11+16=34

11. 编写程序,输入一个月份(1~12),输出对应的天数。其中 2 月的天数是闰年 29 天,平年 28 天。

12. 编程输出如下图形:

```
        *
        * *
        * * *
        * * * *
        * * * * *
```

第 4 章 ASP.NET 常用对象

本章学习目标
- 熟练掌握 Response 对象的有关属性和方法。
- 熟练掌握 Request 对象的属性和集合。
- 熟练掌握 Server 对象的属性和方法。

在 Web 中处于中心的是 Web 服务器，它是用来处理客户端的 HTTP 请求。由于 HTTP 是一种无状态的协议，也就是它并不记得上一次谁请求过它，不会主动去询问客户端，只有当客户端主动请求之后，服务器才会响应。ASP.NET 利用提供的常用对象，可以实现页面之间的数据传递以及实现一些特定的功能，如缓冲输出、页面重定向等。

ASP.NET 页面中除了要大量使用各种服务器控件外，还需要使用各种 ASP.NET 对象。ASP.NET 对象提供了基本的请求、响应和会话等处理功能。基本对象编程也是 ASP.NET 应用程序开发的基础。本章将介绍 ASP.NET 常用对象的概念和应用等。

4.1 Response 对象

4.1.1 Response 对象简介

Response 对象的主要作用是向客户端输出数据。Response 对象类名是 HttpResponse，它是 Page 对象的成员，可以直接使用。Response 对象提供了许多属性和方法，表 4.1 列出了 Response 对象的常用属性。

表 4.1 Response 对象的常用属性

属 性	说 明
Buffer	获取或设置一个值，该值指示是否缓冲输出，并在完成处理整个响应之后将其发送
Cache	获取 Web 页的缓存策略，如过期时间、保密性、变化子句等
Charset	设定或获取 HTTP 的输出字符编码
Expires	获取或设置在浏览器上缓存的页过期之前的分钟数
Cookies	获取当前请求的 Cookie 集合
IsClientConnected	传回客户端是否仍然和 Server 连接
SuppressContent	设定是否将 HTTP 的内容发送至客户端浏览器，若为 True，网页将不会传至客户端

Response 对象可以输出信息到客户端，包括直接发送信息给浏览器、重定向浏览器到另一个 URL 或设置 Cookie 的值。表 4.2 列举了 Response 对象几个常用的方法。

表 4.2 Response 对象的常用方法

方法	说明
AddHeader	将一个 HTTP 头添加到输出流
AppendToLog	将自定义日志信息添加到 IIS 日志文件
Clear	将缓冲区的内容清除
End	将目前缓冲区中所有的内容发送至客户端后关闭
Flush	将缓存中的内容立即显示。该方法和 Clear 方法一样,在脚本前面没有将 Buffer 属性设置为 True 时会出错。和 End 方法不同的是,该方法调用后,该页面可继续执行
Redirect	使浏览器立即重定向到程序指定的 URL
Write	是 Response 对象中最常用的方法,将数据输出到客户端
WriteFile	将指定的文件内容发送到客户端浏览器

ASP.NET 中引用对象方法的语法是"对象名.方法名"。"方法"就是嵌入到对象定义中的程序代码,它定义对象怎样去处理信息。使用嵌入的方法,对象便知道如何去执行任务,而不用提供额外的指令。

在程序设计中,Response 对象中最常用的方法是 Write 和 Redirect。Write 方法用于向浏览器发送信息,Redirect 方法用于页面的重定向。

4.1.2 向浏览器发送信息

Response 对象中最常用的方法是 Write,它用于向浏览器发送信息。使用 Response.Write()方法可以将数据发送到浏览器,同时可以混合使用 HTML 标记将内容格式化。例如:

```
Response.Write("<h1>青海民族大学</h1>")
```

此语句可以使浏览器按照<h1>标记的格式显示字符串"青海民族大学"。

如果在浏览器中显示的内容包括双引号,那么需要将它改写为一个单引号,或者两个双引号。

例如,

```
Response.Write("<a Href='http://www.qhmu.edu.cn'>青海民族大学</a>")
```

或者:

```
Response.Write("<a Href=""http://www.qhmu.edu.cn"">青海民族大学</a>")
```

【例 4.1】 使用 Response.write,向客户端发送 1~500 的数字信息。

代码为:

```
for(int i=1;i<=500;i++)
{
    Response.Write("i="+i+"<BR>");
}
```

本例使用write方法,向屏幕输出500个值。

4.1.3 重定向

Response对象的Redirect方法可以将连接重新导向到其他地址,亦即重定向。使用该方法时只要传入一个字符串的URL即可,格式如下:

```
Response.Redirect(URL)                    //将网页转移到指定的URL
```

【例4.2】 将当前网页转移到page.htm。

```
Response.Redirect("http://localhost/page.htm")
```

【例4.3】 将当前网页转移到"百度"。

```
string httpString="http://www.baidu.com";
Response.Redirect(httpString);
```

4.1.4 输出文本文件

当有大量的数据要发送到浏览器时,如果使用Write方法,那么其中的参数串将会很长,影响程序的可读性。针对这种情况,Response对象提供了一个直接将文本文件内容输出到客户端的方法,即WriteFile方法。WriteFile方法将指定的文件内容发送到客户端浏览器。若所要输出的文件和执行的网页在同一个目录,则只要直接传入文件名称就可以了;若不在同一个目录,则要指定详细的目录名称。

【例4.4】 将网站根目录下的文本文件MyFile.txt直接输出到网页上。

```
Response. WriteFile("MyFile.txt")
```

4.1.5 设置缓冲区

使用缓冲区(Buffer),可以将程序的输出暂时存放在服务器的缓冲区中,等到程序执行结束或接收到Flush或End指令后,再将输出数据发送到客户端浏览器。Response对象的BufferOutput和Buffer属性用于设置是否进行缓冲。

Response对象提供ClearContent(Clear)、Flush和ClearHeaders三个方法用于缓冲的处理。ClearContent(Clear)方法将清除缓冲区的内容;Flush方法将缓冲区中所有的数据送到客户端;ClearHeaders将缓冲区中所有的页面标头清除。

1. 设置缓冲区

如果不设置缓冲区,所有的数据都会直接下载给浏览器,而数据一旦下载到浏览器,就无法中途取消。

缓冲区的优点是:暂时不输出数据,直到确定某一情况时,才将写入缓冲区的数据输出到浏览器,否则就将缓冲区的数据取消。

2. 设置Response. Buffer属性

格式:

```
Response.Buffer=True
```

注意：设置 Response.Buffer 属性时，必须保证在没有任何数据输出到浏览器以前进行。

3. 送出与清除缓冲区的数据

调用 Response.End 或 Response.Flush 强制将缓冲区的数据送出。

调用 Response.Clear 清除缓冲区的数据。

【**例 4.5**】 设置缓冲区，并将一部分数据送到缓冲区，另一部分数据写到缓冲区后又被取消。

代码如下。

```
<%Response.Buffer=True%>
<html>
    <body>
        <%
            Response.write "送到缓冲区的数据"
            Response.Flush
            Response.write "取消缓冲区的数据"
            Response.Clear
        %>
    </body>
</html>
```

运行后，下载到浏览器的数据是：

<html>、<body>、"送到缓冲区的数据"、</body>、</html>

写到缓冲区后又被取消的数据是"取消缓冲区的数据"。

4.1.6 检查浏览者联机状态

当网页在执行需要较长时间的复杂运算或循环时，浏览器会一直处于等待的状态。此时若使用者停止了浏览的动作，而 IIS 还继续执行运算，那么将浪费系统有限的资源。可以通过判断 Response 对象的 IsClientConnected 属性值来检查浏览者是否仍处于联机状态。若 IsClientConnected 属性值为 False，表示使用者已经离线，此时只要使用 Response 对象的 End 方法来结束网页的执行即可释放资源。这样 Server 就不会执行无用的工作，可以空出更多的资源让他人使用。

设置 Response.IsClientConnected 的属性：

Response.IsClientConnected=True，表示浏览器在联机中；

Response.IsClientConnected=False，表示使用者已经离线。

一般把该判断放在耗时的循环中，以决定是否提早脱离循环，或者放在某一段耗时的语句前面，例如：

```
While 条件式
    ...循环内的程序
    If Not Response.IsClientConnected Then
        Response.End
    End
Wend
```

4.1.7 在指定时间段显示网页

有时希望网页在指定的时间段中才显示,而超出此时段则不显示,这可使用 Response 对象的 End 方法来实现。Response.End() 方法的功能是结束程序的执行,若缓冲区有数据,则还会将数据输出到客户端。

【例 4.6】 输入一组数字,当满足某条件时终止数字的输出。

```
for (int i=1; i<=200; i++)
{
    Response.Write(" "+i+" ");
    if (i==10)
    {
        //Response.End();
    }
}
```

4.2 Request 对象

Request 对象的主要功能是使服务器获取从客户端浏览器提交或上传的信息。Request 对象派生自 HttpRequest 类,是 Page 对象的成员之一。使用该对象可以访问任何由 HTTP 请求所传递的信息,包括 HTML 表单用 POST 方法或 GET 方法传递的数据、浏览器种类、Cookie 中的数据和客户端用户认证等。

4.2.1 Request 对象的属性和方法

1. Request 对象的常用属性

Request 封装了客户端请求信息。Request 对象的常用属性如表 4.3 所示。

表 4.3 Request 对象的常用属性

属 性 名	说 明
ApplicationPath	应用程序路径属性,获取服务器上 ASP.NET 应用程序的虚拟应用程序根目录
Browser	浏览器属性,获取客户端浏览器支持的功能信息
ClientCertificate	客户证书属性,获取客户端安全证书,返回 HttpClientCertificate 对象
ContentEncoding	设置请求对象的编码
Cookies	客户端发送到服务器的 Cookie 集合
Headers	获取 HTTP 标头
HttpMethod	获取客户端使用的 HTTP 数据传输方法 Get,Post 或 Head
Path	获取当前请求的虚拟路径和网页名称。
QueryString	获取 HTTP 查询字符串变量集合

续表

属 性 名	说 明
UserHostAddress	获取远程客户端的 IP 主机地址
UserHostName	获取当前客户端的 DNS 名称
UrlReferrer	获取用户由哪个 url 跳转到当前页面

Request 对象主要用于获取客户端表单数据、服务器环境变量、客户端浏览器所能支持的功能及客户端浏览器的 Cookies 等，这些功能主要利用 Request 对象的集合来实现。Request 对象包含多个集合，它们在程序设计中比 Request 属性更为常用。这些对象的集合的值是只读的，表 4.4 列出了 Request 对象的常用集合。

表 4.4　Request 对象的常用集合

集 合 名 称	说 明
ClientCertificate	存储在发送到 HTTP 请求中客户端证书中的字段值
Cookies	HTTP 请求中被发送的 Cookie 的值
Form	HTTP 请求正文中表格元素的值
QueryString	HTTP 中查询字符串中变量的值
ServerVariables	预定的环境变量的值

【例 4.7】 获取 QueryString 的值。

程序中，经常可以使用 QueryString 来获得从上一个页面传递来的字符串参数。例如，在页面 1 中创建一个链接，指向页面 2，并用 QueryString 来查询两个变量。

代码如下：

```
<a href="Page2.aspx?ID=6&Name=Wang">查看</a>
```

在页面 2 中接收到从页面 1 中传过来的两个变量：

```
<Script Language="C#" Runat="Server">
void Page_Load(object sender,System.EventArgs e)
{
    Response.Write("变量 ID 的值: " +Request.QueryString["ID"] +"<br>");
    Response.Write("变量 Name 的值: " +Request.QueryString["Name"]);
}
</Script>
```

运行上面的代码后结果如下。

变量 ID 的值：6
变量 Name 的值：Wang

显然，通过使用 Request.QueryString 可以成功得到 QueryString 的值。

2. Request 对象的常用方法

Request 对象的常用方法如表 4.5 所示。

表 4.5　Request 对象的常用方法

方　　法	说　　明
BinaryRead	执行对当前输入流进行指定字节数的二进制读取
MapPath	为当前请求将请求的 URL 中的虚拟路径映射到服务器上的物理路径
SaveAs	将 HTTP 请求保存到磁盘

例如,获取文件的物理路径,代码是 Request.MapPath("FileName");。

可以通过这条语句来得到某个文件的实际物理位置,该方法常常用在需要使用实际路径的地方。

4.2.2　获取表单数据

服务器获取表单数据的方式取决于客户端表单提交的方式,读取表单数据的方式有以下三种。

1. 表单的提交方式为 Get

当表单的提交方式为 Get 时,则表单数据将以字符串形式附加在 URL 之后在 QueryString 集合中返回服务器。

例如:

```
http://localhost/Proc.aspx?Param1=value1& Param2=value2
```

其中,问号？之后就是表单中的项和数据值：表单项 Param1 值为 value1,表单项 Param2 值为 value2。

此时,在服务器端要使用 Request 对象的 QueryString 集合来获取表单数据。

例如:

```
Request.QueryString("Param1")        //获取表单项 Param1 的值
Request.QueryString("Param2")        //获取表单项 Param2 的值
```

2. 表单的提交方式为 Post

当表单的提交方式为 Post 时,则表单数据将放在浏览器请求的 HTTP 标头中返回服务器,其信息保存在 Request 对象的 Form 集合中。此时,在服务器端要使用 Request 对象的 Form 集合来获取表单数据。

例如:

```
Request.Form("Param1")        //获取表单项 Param1 的值
Request.Form("Param2")        //获取表单项 Param2 的值
```

3. 使用 Request 对象的 Params 集合

无论表单以何种方式提交,都可使用 Request 对象的 Params 集合来读取表单数据。

例如:

```
Request.Params("Param1")        //获取表单项 Param1 的值
Request.Params("Param2")        //获取表单项 Param2 的值
```

或者,可以省略 QueryString、Form 或 Param,直接使用以下形式。

用 Request(表单项)来读取表单数据,例如:

```
Request("Param1")                //获取表单项 Param1 的值
Request("Param2")                //获取表单项 Param2 的值
```

使用 Params 集合或简略形式读取表单数据的处理过程是:Request 对象首先在 QueryString 集合中搜索表单项变量的值,若找到即返回相应值,否则,在 Form 集合中搜索,若找到也返回相应值;若都找不到,则返回 Nothing。

4.2.3 获取客户端浏览器信息

使用不同的浏览器对同一网页进行浏览时,可能会得到不同的结果。采用 Request 对象的 Browser 属性可以获取客户端浏览器的属性值,从而实现针对不同的浏览器编写不同的 Web 文件。Browser 属性是一个集合对象,可以使用一个 HttpBrowserCapabilities 类型的对象变量来接收 Browser 属性的传回值。表 4.6 列出了 Browser 集合所描述的主要浏览器属性。

表 4.6 Browser 集合描述的主要浏览器属性

属 性	说 明
ActiveXControls	检查浏览器是否支持 ActiveXControls,返回 true 或 false
Beta	是否为测试版
Browser	浏览器的名字,例如"IE"
Cookies	检查浏览器是否支持 Cookies,但不检查用户是否启用 Cookies,返回 true 或 false
Frames	检查浏览器是否支持框架
MajorVersion	显示浏览器的主版本号,例如 IE 5.5 的主版本号为 5
Minorversion	显示浏览器的副版本号,例如 IE 5.5 的副版本号为 0.5
Type	浏览器的类型,例如 IE 5,Netscape 4 等
VBScript	检查浏览器是否支持 VBScript,返回 true 或 false
Version	浏览器的完整版本号

【例 4.8】 在 ASP.NET 网页中检测浏览器类型。

Browser 属性包含一个 HttpBrowserCapabilities 对象,在 HTTP 请求过程中,该对象会从浏览器或客户端设备中获取信息,便于应用程序知道浏览器或客户端设备提供的支持类型和级别。

代码如下。

```
private void Button1_Click(object sender,System.EventArgs e)
{
    System.Web.HttpBrowserCapabilities browser=Request.Browser;
    string s="Browser Capabilities\n"
        +"Type="                    +browser.Type +"\n"
        +"Name="                    +browser.Browser +"\n"
```

```
            +"Version="                    +browser.Version +"\n"
            +"Major Version="              +browser.MajorVersion +"\n"
            +"Minor Version="              +browser.MinorVersion +"\n"
            +"Platform="                   +browser.Platform +"\n"
            +"Is Beta="                    +browser.Beta +"\n"
            +"Is Crawler="                 +browser.Crawler +"\n"
            +"Is AOL="                     +browser.AOL +"\n"
            +"Is Win16="                   +browser.Win16 +"\n"
            +"Is Win32="                   +browser.Win32 +"\n"
            +"Supports Frames="            +browser.Frames +"\n"
            +"Supports Tables="            +browser.Tables +"\n"
            +"Supports Cookies="           +browser.Cookies +"\n"
            +"Supports VBScript="          +browser.VBScript +"\n"
            +"Supports JavaScript="        +browser.EcmaScriptVersion.ToString() +"\n"
            +"Supports Java Applets="      +browser.JavaApplets +"\n"
            +"Supports ActiveX Controls="  +browser.ActiveXControls +"\n";
        TextBox1.Text=s;
}
```

注意：HttpBrowserCapabilities 对象所公开的属性指示浏览器的内在功能，但不一定反映出当前的浏览器设置。例如，Cookies 属性指示浏览器是否内在地支持 Cookie，但不指示发出请求的浏览器是否已启用了 Cookie。

4.2.4 获取服务器端环境变量

Request 对象的 ServerVariables 集合保存了随 HTTP 请求传送的 HTTP 报头信息，由此可以获取有关服务器端的信息与 HTTP 报头。还可用来读取服务器端预定义的环境变量信息，这些变量都是只读变量。表 4.7 列出了一些主要的服务器环境变量。

表 4.7 服务器环境变量

环 境 变 量	说　　明
ALL_HTTP	客户端发送的所有 HTTP 报头
CONTENT_LENGTH	客户端发送内容的长度
CONTENT_TYPE	客户端发出内容的数据类型，如"text/html"
HTTP_HOST	客户端的主机名称
HTTP_USER_AGENT	客户端浏览器信息，如浏览器类型、版本、操作系统等
LOCAL_ADDR	服务器 IP 地址
PATH_INFO	当前打开网页的虚拟路径
PATH_TRANSLATED	当前打开网页的实际路径
QUERY_STRING	客户端以 Get 方式返回的表单数据
REMOTE_ADDR	发出请求的远程主机的 IP 地址
REMOTE_HOST	发出请求的主机名称

续表

环境变量	说明
REQUEST_METHOD	浏览器将数据发送到服务器的方式，如 POST，GET 等
SERVER_NAME	服务器主机名或 IP 地址
SERVER_PORT	服务器端连接的端口号
SERVER_PROTOCOL	服务器端的 HTTP 版本
SERVER_SOFTWARE	服务器端的软件名称及版本
URL,PATH_INFO	当前网页的虚拟路径

获取服务器端环境变量的语法格式：

`Request.ServerVariables("关键字")`

例如：

```
Request.ServerVariables("URL")           //返回当前网页的虚拟路径
Request.ServerVariables("HTTP_HOST")     //返回当前客户端的主机名称
```

4.2.5 获取当前浏览器网页的路径

Request 对象提供了 Path 属性和 MapPath 方法，供服务器了解目前被浏览网页的路径。Path 属性返回网页的虚拟路径，而 MapPath 方法接收一个字符串型的参数，该方法执行后传回目前网页在服务器上的实际路径。

【例 4.9】 Request 对象的 Path 属性和 MapPath 方法的应用。

代码如下。

```
Response.Write("服务器当前的宿主目录:"?&?Server.MapPath("\")&"<br>")
                                                    //是 IIS 中默认的目录
Response.Write("当前的物理路径: "?& Server.MapPath("./")?&?"<br>")
Response.Write("父目录物理路径: "& Server.MapPath("../")&"<br>")
Response.Write("当前文件的物理路径为: "&?Server.MapPath(Request.ServerVari-
              ables("PATH_INFO")))
```

运行结果：

```
服务器当前的宿主目录:E:\old
当前的物理路径: E:\wwwTest\server
父目录物理路径: E:\wwwTest
当前文件的物理路径为: E:\wwwTest\server\server1.asp
```

4.3 Server 对象

Server 对象是最基本的 ASP.NET 对象，它派生自 HttpServerUtility 类，是专门为处理服务器上的特定任务而设计的，它提供了许多非常有用的属性和方法帮助程序有序地执行。

4.3.1 Server 对象的常用属性和方法

1. Server 对象的两个常用属性

属性 MachineName,获取服务器的计算机名称,是只读属性。

属性 ScriptTimeout,获取或设置程序执行的最长时间,即程序必须在该段时间内执行完毕,否则将自动终止,这样可以防止某些可能进入死循环的程序导致服务器资源的大量消耗。时间以秒为单位,系统的默认值是 90s。

例如,通过 Server 对象的 MachineName 属性来获取服务器计算机的名称。

代码如下。

```
<Script Language="c#" Runat="Server">
void Page_Load(object sender,System.EventArgs e)
{
    String ThisMachine;
    ThisMachine=Server.MachineName;
    Response.Write(ThisMachine);
}
</Script>
```

使用属性 ScriptTimeout,设置客户端请求的超时期限。

例如:

```
Server.ScriptTimeout=60;
```

意思是将客户端请求超时期限设置为 60s,如果 60s 内没有任何操作,服务器将断开与客户端的连接。

2. Server 对象的常用方法

Server 对象的方法较多,表 4.8 列出了 Server 对象的常用方法。

表 4.8 Server 对象的常用方法

方法名	说明
CreatObject(type)	创建由 type 指定的对象或服务器组件的实例
Execute(path)	执行由 path 指定的 ASP.NET 程序,执行完毕后仍继续原程序的执行
GetLastError()	获取最近一次发生的异常
HtmlEncode(string)	将 string 指定的字符串进行编码
HtmlDecode(string)	消除对特殊字符串编码的影响
MapPath(path)	将参数 path 指定的虚拟路径转换成实际路径
Transfer(url)	结束当前页的程序,然后执行参数 url 指定的程序
UrlEncode(string)	对 string 进行 URL 编码
UrlDecode(string)	对路径字符串进行解码

4.3.2 HTML 编码和解码

Server 的 HtmlEncode 方法将对字符串进行编码，使它不被浏览器按 HTML 语法进行解释，按字符串原样在浏览器中显示。当不希望将传送的字符串中的与 HTML 标记相同的字符串解释为 HTML 标记时，可使用该方法。

HtmlDecode 方法的功能与 HtmlEncode 方法刚好相反，它可将 HTML 编码字符串按 HTML 语法进行解释。UrlEncode 方法对 URL 串中传送的特殊字符进行编码，UrlDecode 方法则进行解码返回。

在 HMTL 中，"<"、">"、"&"等符号具有特殊的含义，是 HTML 内置的用来格式化字符的一些标志。但有时候需要在 Web 界面上输出这些特殊的符号，那应该如何输出呢？这时就可使用 HtmlEncode 方法对需要在浏览器中显示的字符串进行编码，当然也可以用 HtmlDecode 方法对字符先编码后解码。

要在界面上输出"<B>您好</B>"，如果直接在源码中这样写，那么在界面上显示出来的是对"您好"加粗的效果了，"<B>"与"</B>"并没有显示出来，因为它们已经被浏览器解释为加粗的标记。

【例 4.10】 界面上显示"<B>您好</B>"。

对字符编码：

```
protected override void OnInit(EventArgs e)
{
    Response.Write(Server.HtmlEncode("<B >您好</B >"));
}
```

输出：

<B>您好</B>

实际上，编码就是对特殊字符进行了编码，例如：
"<B>"变成了"<B>"，
"</B>"变成了"</B>"，

对字符先编码后解码的效果：

```
protected override void OnInit(EventArgs e)
{
    Response.Write(Server.HtmlDecode((Server.HtmlEncode("<B >您好</B >"))));
}
```

输出：

您好

注意：HtmlDecode 和 HtmlEncode 是 HttpServerUtility 实例下的方法，使用前请引用命名空间 System.Web。

4.3.3 URL 编码和解码

与 HTML 类似，对 URL 串也可以进行编码和解码。例如，在浏览器中使用 GET 方法传送数据到服务器时,被传送的表单变量值将附在URL之后,并在浏览器的地址栏中显示出来,此时被传送串中的特殊字符,如空格、中文等都被进行了URL编码。URL编码保证了从浏览器中提交的文本能够正确传输。利用UrlEncode方法可以测试URL编码的结果。

ASP.NET是利用Server下的UrlEncode方法与UrlDncode方法来对Url进行编码和解码的。

格式如下:

```
Server.UrlEncode(string s)        //对串 s 进行 Url 编码
Server.UrlDncode(string s)        //对串 s 进行 Url 解码
```

注意:UrlEncode把空格编码为"＋",不会对A～Z、a～z、0～9、"－"、"_"、"."、"!"、"*"、"("、")"和"\"等这些字符编码,因为这些字符被认为是安全的字符,其他的字符就会被编码成以"％"开头的十六进制的字符。

【例4.11】 对汉字"您好"进行编码。

代码如下。

```
protected override void OnInit(EventArgs e)
{
    Response.Write(Server.UrlEncode("您好"));
}
```

输出:

%e6%82%a8%e5%a5%bd

现将上面编码后的字符解码。

代码如下。

```
protected override void OnInit(EventArgs e)
{
    Response.Write(Server.UrlDecode("%e6%82%a8%e5%a5%bd"));
}
```

输出:

您好

这就说明,有时在网上下载文件,在网站上看到的文件名是正常的,但在保存提示框中显示的文件名却是乱码,这就是没有对文件名进行编码的原因。

注意:不要对整个Url地址进行编码。

例如:

```
protected void Button1_Click(object sender,EventArgs e)
{
    Response.Redirect(Server.UrlEncode(""));
}
```

这样,浏览器就识别不到Url地址,因为Url地址已经被编码成别的字符串了。

2. 字符"#"不会被编码

字符"#"不会被编码,因为"#"在Url中代表的是锚点,有特殊意义,它会截断Url中字符"#"右边的字符,"#"字符右边的字符不会发送到服务器端,右边的字符主要用来让浏览器定义到网页中定义锚点的位置。所以,除锚点功能外,一般不要在Url中将"#"作为参数传递。

4.3.4 执行指定程序

Server的Execute方法和Transfer方法都可以让服务器执行指定的程序。Execute方法类似于高级语言中的过程调用,它将程序流程转移到指定的程序,当该程序执行结束后,流程将返回到原程序的中断点继续执行。而Transfer方法则是终止当前程序的执行,而转去执行指定的程序。

1. Execute方法

格式:

```
server.execute("文件名")
```

【例4.12】 Server的Execute方法的使用。

文件1.asp的内容是:

```
<%
response.write "《ASP.NET网站设计教程》"
%>
```

文本文件A.txt的内容是:

基础篇、核心篇、实战篇

a.asp文件的内容是:

```
<%
server.execute("1.asp")
response.write "<br>"
server.execute("A.txt")
%>
```

执行a.asp文件,其结果为:

《ASP.NET网站设计教程》
基础篇、核心篇、实战篇

2. Transfer方法

Server的Transfer方法有以下特点。

(1) Server.Transfer能够转跳到本地虚拟目录指定的页面。

(2) Server.Transfer可以将页面参数方便地传递到指定页面。

(3) Server.Transfer只能切换到同目录或者子目录的网页。

（4）当用 Server.Transfer 跳到别的页面后，浏览器显示的地址不会改变，有时反而会造成误会，当然也有些场合需要这样的效果。

（5）Server.Transfer 可以减少客户端对服务器的请求。

（6）Server.Transfer 可以隐藏新网页的地址及附带在地址后边的参数值。具有数据保密功能。

实践与练习

一、选择题

1．若要将数据由服务器传送至浏览器，可使用的方法是（　　）。
   A．Output　　　　B．Redirect　　　　C．Response　　　　D．Write

2．若要将浏览器端导向至其他网页，可使用的方法是（　　）。
   A．Redirect　　　B．Location　　　　C．Flush　　　　　D．AppendToLog

3．下列哪一个是 Cookie 的缺点？（　　）
   A．造成浏览器端有潜在的安全威胁
   B．Cookie 文件的内容不太容易看懂
   C．Cookie 可以记录对象、数组等复杂的数据类型
   D．Cookie 会自动消失

4．若要将字符串进行编码，不会使浏览器解释为 HTML 语法，可使用的方法是（　　）。
   A．HTMLEncode　　B．URLEncode　　　C．MapEncode　　　D．ASPEncode

5．若要找出父目录的实际路径，可使用下列哪种语法？（　　）
   A．Server.MapPath("/")　　　　　　　B．Server.MapPath("./")
   C．Server.MapPath("../")　　　　　　D．Server.MapPath("//")

6．能够在页面中关闭缓存的是（　　）。
   A．<%@Transaction=TRUE%>　　　　　B．Response.Buffer=True
   C．Response.Buffer=false　　　　　　D．Request.Querystring

7．下列不属于 Response 对象的方法的是（　　）。
   A．Expires　　　　B．Flush　　　　　C．Write　　　　　D．Redirect

8．对于下面的语句，执行的结果是（　　）。

<%
Response.Write("中国")
Response.End()
Response.Write("你好")
%>

   A．中国你好　　　B．中国　　　　　　C．你好　　　　　　D．出错

9．Request.Form 读取的数据是（　　）。
   A．以 Post 方式发送的数据　　　　　B．以 Get 方式发送的数据
   C．超级链接后面的数据　　　　　　　D．以上都不对

10．Server 对象的 Execute 方法和 Transfer 方法的区别是（　　）。

A. 前者执行完调用网页,继续执行当前页面,后者不是
B. 前者执行完调用网页,不再继续执行当前页面,后者不是
C. 前者转移到调用的网页,执行新的页面,后者不是
D. 前者转移到调用的网页,不再执行当前的页面,后者不是

11. 执行下列语句后的输出结果是(　　)。

```
Set Bc=Server.CreateObject("MSWC.BrowserType")
Response.Write Bc.Browser & "<br>"
```

A. 浏览器的版本号　　　　　　　　B. 浏览器的名称
C. 服务器的名称　　　　　　　　　D. 服务器的类型

二、填空题

1. Response.Write()的功能是向浏览器_____信息。
2. Request.Form 和 Request.QueryString 对应的是 Form 提交时的两种不同提交方法,分别是_____方法和_____方法。
3. Server.MapPath("/")或者_____获得的是网站的根目录。
4. 转移到新网页的语句是:

```
Response._____("新网页的URL");
```

5. 在不同网页中进行同步时,作为子表的网页应该利用 Request._____()方法获取从父表传来的同步参数。

三、简答与程序设计

1. Response 对象有什么功能？Response.Wrtie 和 document.write 有什么区别？
2. Request.Form 和 Request.QueryString 有什么异同点？
3. 如何获得客户端的 IP 地址？
4. Cookie 对象有哪些优缺点？
5. 编写程序获得某网站的根路径。
6. 如何编写程序向浏览器写入 Cookie 集合？如何从浏览器端读取 Cookie 集合？

第二篇 核 心 篇

第 5 章 ASP.NET 控件

本章学习目标
- 掌握 ASP.NET 控件的分类。
- 掌握各种 ASP.NET 常用控件使用方法。
- 掌握各种 ASP.NET 数据验证控件使用方法。
- 熟悉 ASP.NET 站点导航控件使用方法。
- 掌握如何使用各种 ASP.NET 控件实现较为复杂的网页设计方法。

通过本章的学习读者将掌握各种 ASP.NET 控件的基本属性、方法和可以响应的时间。本章还将学习各种 ASP.NET 的使用方法。

控件是对数据和方法的封装,也可以理解为是一个可重用的组件或对象。控件可以有自己的属性、方法和可以响应的事件。而 ASP.NET 控件是一种服务器端运行的组件,服务器可以根据客户端浏览器的类型将其生成适合在该浏览器运行的 HTML 标记,进而在客户端显示在 ASP.NET 中,控件分成 HTML 服务控件和 Web 服务控件两种。

5.1 HTML 控件

HTML 服务器控件属于 HTML 元素,包含多种属性可以在服务器代码中进行编程。默认情况下,服务器上无法使用 ASP.NET 网页中的 HTML 元素,而且这些元素将被视为不透明文本并传递给浏览器。但是,可以通过将 HTML 元素转换为 HTML 服务器控件,将其公开为可在服务器上编程的元素。

HTML 控件是在 ASP.NET 中对象化的 HTML 元素,从基类直接或间接派生的类,都直接映射到 HTML 元素上。HTML 控件由 HTML 标记衍生而来,在外形上与普通的 HTML 标记相同。默认情况下,HTML 控件属于客户端控件,服务器只将其视为文本,不处理其事件。

但是,为了适应 ASP.NET 应用的需要,可以将 HTML 控件转换成 HTML 服务器控件,几乎所有的 HTML 控件标记加上 runat="server" 属性后,都可以变成 HTML 服务器控件,成为 Page 类的成员对象,可以在后台代码中通过对其 id 属性的访问,从而在服务器端对它们进行编程和处理。

因此,HTML 控件的定义与应用方法和 HTML 标记类似,只是需要设置 id 和 runat 属性。HTML 控件的 id 属性用于代表 HTML 控件的名称。HTML 控件的 runat 属性用于代表 HTML 控件为服务器端控件,其值为"server",即 runat="server"。

5.1.1 表格

表格在网页设计中是用得最多的元素,大多数的网页都是使用表格来组织的。利用表格来组织网页内容,可以设计出布局合理、结构协调、美观匀称的网页。表格是由行和列构成的,所以,表格对象中还包含行和列对象。在设计网页的时候可以将文本、图像、多媒体、超链接等许多网页元素放置到表格中进行布局、定位,从而让设计出的网页能够达到排版精美。

1. 建立表格

建立表格的基本源代码为:

```
<table 属性="值">
</table>
```

该代码的功能是建立一个空的表格,用不同的属性值可以指定表格的外观。在使用该代码的时候不会在浏览器中看到表格,只有在添加了具体的行、列后才可以看到。

表格标记常用的属性如表 5.1 所示。

表 5.1 表格标记常用属性

属 性	功 能
border="size"	设置表格边框大小
width="size"	设置表格的宽度(像素或百分比)
height="size"	设置表格的高度(像素或百分比)
cellspacing="size"	设置单元格间距
cellpadding="size"	设置单元格的填充距
background="URL"	设置表格背景图像
bgcolor="colorvalue"	设置表格背景色
align="alignstyle"	设置对齐方式,alignstyle 可取值为 left(左对齐)、center(居中)和 right(右对齐)值之一
cols="size"	设置表格的列数

2. 表格对象

HTML 中,表格对象主要由<table>和</table>、<tr>和</tr>以及<td>和</td>标记符来定义。<table>用来定义一个表格的开始,</table>则定义表格的结束;<tr>定义一行的开始,</tr>则定义行结束;<td>定义单元格的开始,</td>定义单元格的结束。每个标记符都有一些控制属性。

1) <table>标记的属性

在浏览器显示表格时,表格的整体外观是由<table>标记的属性决定的。<table>标记的主要属性如表 5.2 所示。

表 5.2 <table>标记的属性

属 性 名 称	属 性 值	功 能
BORDER	size	设置表格边框大小
WIDTH	size	设置表格宽度
HEIGHT	size	设置表格高度
CELLSPACING	size	设置单元格间距
CELLPADDING	size	设置单元格的填充距

续表

属性名称	属性值	功　能
BACKGROUND	URL	设置表格的背景图像
BGCOLOR	color	设置表格的背景颜色

2) <tr>标记的属性

<tr>标记的属性如表 5.3 所示。

表 5.3　<tr>标记的属性

属性名称	属性值	功　能
ALIGN	left,right,center	设置行对齐方式
VALIGN	top,middle,bottom,baseline	设置行中单元格的垂直对齐方式
BGCOLOR	color	设置单元格的背景颜色
BORDERCOLOR	color	设置单元格的边框颜色

3) <td>标记的属性

为了能定制表格的单元格，<td>标记的一些属性可以完成表格中单元格的定制作用。<td>标记的常用属性如表 5.4 所示。

表 5.4　<td>标记的常用属性

属性名称	属性值	功　能
ROWSPAN	num	设置单元格所占的行数
COLSPAN	num	设置单元格所占的列数

3. 表格(table)控件

table 控件在工具箱的"标准"列表选项中，如图 5.1 所示。

HTML 控件不是服务器控件，对以上的 table 控件，如果选择表格右击可以选择将它转化为服务器控件，同样如果选择单元格后右击也可以选择将单元格转换成服务器控件，如图 5.2 所示。

图 5.1　table 控件

图 5.2　表格转化为服务器控件

1) 服务端表格控件的用法

table 控件在工具箱的"标准"列表选项中，初次拖动服务器控件到设计页面时出现"＃＃＃"是因为该表格还没有行和列。table 属性是在程序中引用表格所使用的名字，rows 属性是表格的行集合，它包含整个表格的所有行，如图 5.3 所示。

图 5.3　table 控件行集合编辑器

注意：行集合编辑器包含表格的行对象。

2) 向服务器表格控件添加行和列的步骤

（1）拖动一个服务器控件到设计页面。

（2）在表格属性框中找到 rows 属性，单击进入 TableRow 编辑器，每单击"添加"按钮一次就为表格添加一行，单击三次就添加三行，如图 5.4 所示。

图 5.4　TableRow 集合编辑器

（3）选择 Cells 属性，单击进入 TableCell 集合编辑器，如图 5.5 所示。

选择第一行，再单击"添加"按钮 4 次，为第一行添加 4 个单元格，用同样的方法也为其他行添加 4 个单元格，然后单击"确定"按钮，看到一个有 3 行 4 列的表格。通过改变 Text 属性来改变显示在单元格中的文字，如图 5.6 所示。

5.1.2　表单

在网页上经常会遇到填写注册信息的一类界面，如用户的注册信息表、调查表、投票、查询信息等，这些功能都必须通过利用表单对象来实现。

第5章 ASP.NET 控件

图 5.5　TableCell 集合编辑器

第1行第1单元格	第1行第2单元格	第1行第3单元格	第1行第四单元格
###	###	###	###
###	###	###	###

图 5.6　创建成功的表格

1．表单的创建

表单标记格式为＜FORM＞与＜/FORM＞。＜FORM＞与＜/FORM＞中包含很多控件来实现整个表单的交互功能，另外＜FORM＞与＜/FORM＞还有很多属性来协助完成交互功能，如表 5.5 所示。

表 5.5　表单属性

属性名称	属性值	功能
ACTION	URL	设置处理表单的程序
METHOD	post,get	设置发送表单的 HTTP 方法
ENCTYPE	contentType	设置发送表单的内容属性
TARGET	frametarget	设置显示表单内容的窗口
ONSUBMIT	script	设置被发送的事件

ASP.NET 在创建表单程序时，可以使用的对象分为 HTML 元素、HTML 服务器控件、Web 服务器控件（ASP.NET 服务器控件）。以文本框为例，它们的语法标记分别如下。

（1）HTML 元素：＜input type="text" id=" MyText "＞

（2）HTML 服务器控件：＜input type="text" id="MyText" runat="server"＞

（3）Web 服务器控件：＜asp:TextBox id="Mytext" runat="server"/＞

可以看出服务器控件都具有runat="server"标记,代表在服务器端执行。

ASP.NET引入了Web表单的概念。从代码上看,Web表单和HTML表单并没有多大的区别,它们都是用<form>与</form>标记来表示,但在具体的处理上两者有很大的不同,HTML表单只包含表单内部控件和相应的布局信息,而Web表单中则包含表单内部控件、相应的布局信息及数据提交后的数据处理代码。

2. 表单控件

在<FORM>与</FORM>之间可以根据需求插入各种表单控件,它们通常的格式是:

<input type="控件类型" id="表单控件的id值">

在Visual Studio.NET中,在工具箱的HTML选项卡中可以看到很多HTML控件,如图5.7所示。

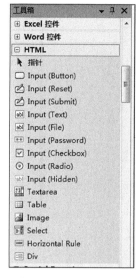

图5.7 HTML选项卡

其中,每个控件的具体作用如表5.6所示。

表5.6 控件的具体作用

控 件 名 称	表 示 方 法	作　　用
Input(Button)	INPUT type="button"	建立按钮
Input(Submit)	INPUT type="submit"	建立"提交"按钮
Input(Reset)	INPUT type="reset"	建立"重置"按钮
Input(CheckBox)	INPUT type="checkbox"	建立复选框
Input(Radio)	INPUT type="radio"	建立单选框
Input(Hidden)	INPUT type="hidden "	建立隐藏项
Input(Text)	INPUT type="text "	建立单行文本输入框
Input(Password)	INPUT type="password"	建立密码
Select	SELECT	建立多重选择框

3. 表单控件的用法

(1) Input(Button)控件的用法如下:

<input id="id值" type="button" name="域名称" value="值">

注意:value="值"中的值既是该按钮上显示的文字(标题),又是按下时传送到服务程序的值。

(2) Input(Submit)控件的用法如下:

<input id="id值" type="Submit" name="域名称" value="值">

注意：Input(Submit)控件与 Input(Button)控件一样是一个按钮，不过该控件是"提交"按钮，当单击此按钮后，表单将会把当前获得信息以 method 指定的方法完全地传送到 action 指定的程序当中。

(3) Input(Reset)控件的用法如下：

`<input id=" id值" type=" Reset" name="域名称" value="值">`

注意：Input(Reset)控件与 Input(Button)控件一样是一个按钮，不过该控件是"重置"按钮，单击该按钮后，表单中的值将会恢复到初始状态。

(4) Input(CheckBox)控件被选中时的用法如下：

`<input id=" id值" type=" CheckBox" name="域名称" value="值" Checked>`

注意：value 所设置的值是该复选框被选中时，传送到 action 指定的程序的值；Checked 表示有该项则这个值就是复选框的初始值。

(5) Input(Radio)控件的用法如下：

`<input id=" id值" type=" Radio" name="域名称" value="值" Checked >`

注意：该控件与 Input(CheckBox)控件各属性的意义基本相同，不同的是该控件所有选项要有共同的 name，即 name 相同 value 不同，此外该控件的 Checked 只能有一个。

(6) Input(Hidden)控件的用法如下：

`<input id=" id值" type=" Hidden" name="域名称" value="值">`

注意：该控件的内容会被隐藏起来，一般用来以隐藏的方式给服务器传送信息。

(7) Input(Text)控件的用法如下：

`<input id=" id值" type=" Text" name="域名称" value="默认值" maxlength="值" size="值">`

注意：value 值为该控件在预留的文字；maxlength 用来确定文本框中所能输入字符串的最大长度；size 用来确定文本框要显示的宽度。

(8) Input(Password)控件的用法如下：

`<input id=" id值" type=" Password" name="域名称" value="默认值" maxlength="值" size="值">`

注意：该控件是一个特殊的单行文本框，与 Input(Text)控件的属性基本相同，不同的是该控件在显示的时候以"*"来显示键盘输入。

(9) Select 控件的用法如下：

`<Select id=" id值" type=" Reset" name="域名称" size="值" multiple></Select>`

注意：size 用来设置选择框能够显示的行数；multiple 用来设置是否为多重选择框。此外选择项需要在<Select> 与</Select>之间输入。

4．表单控件的事件

各类表单控件的事件如表 5.7 所示。

表 5.7　各类表单控件的事件

名　　称	事　　件	说　　明
Input(Button)	OnClick	在单击按钮时发生
Input(Submit)		
Input(Reset)		
Input(CheckBox)	OnClick OnFocus	在单击复选框时发生 在复选框得到焦点时发生
Input(Radio)	OnClick	在单击单选框时发生
Input(Text)	OnClick OnFocus OnChange	在单击单行文本框时发生 在单行文本框得到焦点时发生 在单行文本框内容发生变化时发生

【例 5.1】　设计一个用户注册表用来说明表单各控件的使用方法。

设计步骤如下。

步骤 1　在 MYWEB 网站的 web1 文件夹中创建一个空白页，名为 biaodan.aspx。

步骤 2　按照如图 5.8 所示进行页面设计。

图 5.8　表单设计页面

步骤 3　根据需要进行如下控件的创建和设置。

Input(Text)控件，用来设置用户名和联系地址；Input(Password)控件，用来设置密码；Input(Radio)控件，用来设置性别；Input(CheckBox)控件，用来设置职业；Select 控件，用来设置年龄；Input(Submit)控件，用来设置"提交"按钮；Input(Reset)控件，用来设置"重置"按钮。

源视图代码如下。

```aspx
<%@Page Language="C#" AutoEventWireup="true" CodeFile="biaodan.aspx.cs"
Inherits="web1_biaodan" %>
<!DOCTYPE html PUBLIC "-//W3C//DTD XHTML 1.0 Transitional//EN"
"http://www.w3.org/TR/xhtml1/DTD/xhtml1-transitional.dtd">
<html xmlns="http://www.w3.org/1999/xhtml" >
<head runat="server">
    <title>表单</title>
</head>
<body>
    <form id="form1" runat="server">
    <div>
                     
                   用户注册表<br />
        <table style="width: 784px;height: 416px" border="1" >
           <tr>
               <td style="width: 2px;height: 12px">
                   用户名:</td>
               <td style="width: 46px;height: 12px">
                   <input id="Text1" type="text" /></td>
           </tr>
           <tr>
               <td style="width: 2px">
                   密　码:</td>
               <td style="width: 46px">
                   <input id="Password1" type="password" /></td>
           </tr>
           <tr>
               <td style="width: 2px">
                   性　别:</td>
               <td style="width: 46px">
      <input id="Radio1" checked="checked" name="xb" type="radio" />男  
               <input id="Radio2" name="xb" type="radio" />
                   女</td>
           </tr>
           <tr>
               <td style="width: 2px;height: 8px">
                   年　龄:</td>
               <td style="width: 46px;height: 8px">
                   <select id="Select1" name="xb" style="width: 104px">
                       <option selected="selected" value="10岁-20岁">
                           10岁-20岁</option>
                       <option value="30岁">30岁</option>
```

```html
                        <option value="40岁">40岁</option>
                        <option value="50岁以上">50岁以上</option>
                        <option></option>
                        <option></option>
                    </select>
                </td>
            </tr>
            <tr>
                <td style="width: 2px;height: 3px">
                    职　业</td>
                <td style="width: 46px;height: 3px">
                    <input id="Checkbox1" type="checkbox" />学生
                    <input id="Checkbox2" type="checkbox" />职员
                    <input id="Checkbox3" type="checkbox" />工人
                    <input id="Checkbox4" type="checkbox" />无业</td>
            </tr>
            <tr>
                <td style="width: 2px">
                    联系地址:</td>
                <td style="width: 46px">
                    <input id="Text2" style="width: 272px" type="text" /></td>
            </tr>
        </table>
    </div>
    <br />
           
    <input id="Submit1" type="submit" value="提交" />
           
    <input id="Reset1" type="reset" value="重置" />
    </form>
</body>
</html>
```

运行结果如图5.9所示。

5.1.3 图像

　　网页是一个超文本的集合,在网页中除了可以显示文字内容外,图像的显示也很重要,在网页中适当地添加图片、视频、声音、Flash动画等,可以使网页更美观。

　　图像有多种格式,可用于网页上的有如下几种。

　　(1) jpg(jepg)图像:是一种有损压缩格式,可将普通的bmp位图压缩到原来的1/10到几十分之一,支持24位真彩色,在中等质量(50%~70%原图质量)情况下,其图像失真不易被察觉,背景不可透明。

　　(2) gif图像:无损图像压缩格式,但只支持8位(256种颜色),gif图像可以以帧形式

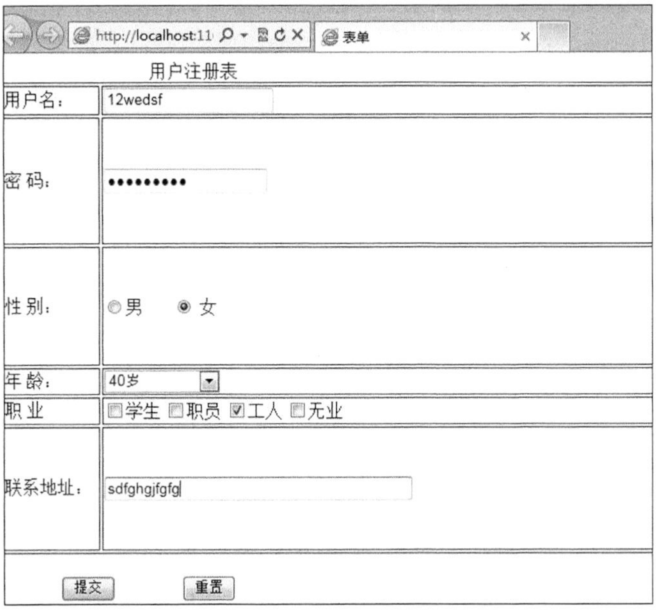

图 5.9 表单控件运行结果界面

形成动画并且支持背景色为透明的。

（3）swf 电影：矢量压缩动画，支持任意色和动画，可以用 HTML 标记设置成透明背景。

（4）bmp 图像：无损非压缩图像，支持任意色彩，图像还原好，但尺寸太大，不宜用于网页上。

（5）png 图像：无损压缩格式，受浏览器限制，不宜采用。

建议除非需要，尽量采用前三种格式的图像，而在网页中添加图主要有以下几种。

1. 添加网页背景图

网页背景图一般都会自动平铺，而且一个网页中只能插入一个背景图。在 ASP.NET 中插入背景图的方法是：在设计视图属性栏中选择 style，单击后面的省略号就会弹出一个"样式生成器"对话框，在里面选择"背景"→"背景图片"，单击"浏览"按钮选择图片就可以了，如图 5.10 所示。

2. 插入图像

在网页中插入图片可以在所要插入图片的位置单击所属单元格，在设计视图属性栏中选择 style，单击后面的省略号就会弹出一个"样式生成器"对话框，在里面选择"背景"→"背景图像"，或者在源视图代码中找到具体位置输入：

```
<table style="background-image:url('图片路径及文件名')">
    <tr>
        <td>123</td>
    </tr>
</table>
```

3. 插入 Flash 动画

在网页中插入 Flash 动画可以在源视图代码中输入如下代码。

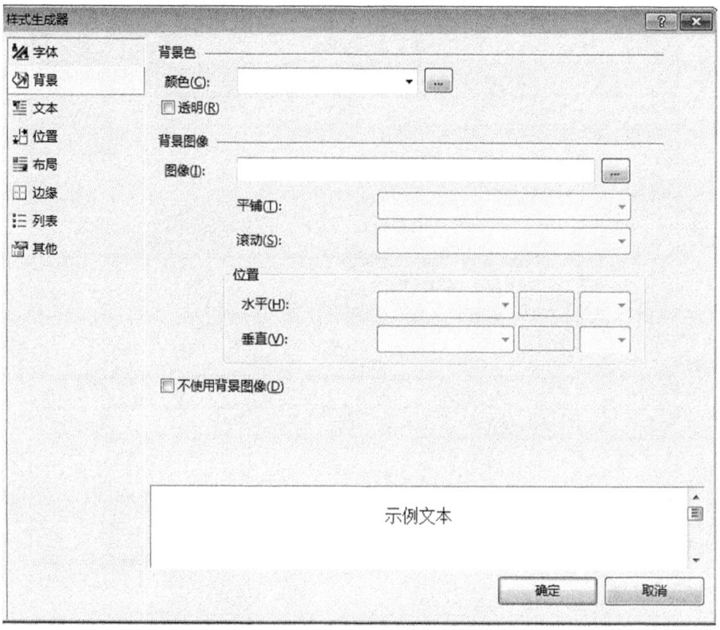

图 5.10 样式生成器

```
<object style="width: 482px;height: 154px">
    <embed src="flash 文件地址及文件名" quality="high" width="482" height=
           "166" align="middle"
        allowscriptaccess="sameDomain" type="application/x-shockwave-flash">
    </embed>
</object>
```

5.2 常用控件

5.2.1 Label 控件

Label 控件又被称作标签控件,主要用于显示文本信息。需要注意的是,如果想要显示静态文本可以直接通过使用 HTML 控件进行显示。而需要在服务器代码中对文本内容和其他特性进行更改的时候才使用 Label 控件。在 ASP.NET 网页中显示处于编程控制下的文本,才使用 Label 控件。

Label 标签控件的定义语法为:

```
<asp:Label id="label1" runat="server" >输出的文本</asp:Label>
```

或

```
<asp:Label id="label1" runat="server" Text="输出的文本" />
```

1. 属性

Label 控件的常用属性及说明如表 5.8 所示。

表 5.8　Label 控件常用属性及说明

属　　性	说　　明	属　　性	说　　明
ID	控件的 ID 名称	CssClass	控件呈现的样式
Text	控件显示的文本	BackColor	控件的背景颜色
Width	控件的宽度	Enabled	控件是否可用
Visible	控件是否可见		

下面详细介绍 Label 控件的一些重要属性。

1) ID 属性

ID 属性是唯一用来标识 Label 控件的，在编程过程中可以利用 ID 属性调用该控件的属性、方法和事件。可通过"属性"面板对 ID 属性进行设置，如图 5.11 所示。

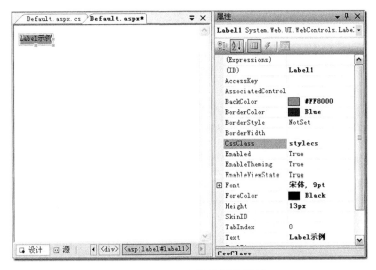

图 5.11　Label 控件属性设置

注意：Label 控件的属性设置也可以通过 HTML 代码实现，实现代码如下。

```
<asp:Label ID="Label1" runat="server" Text="Label控件实例"
    BackColor="#FF8000" BorderColor="Blue"
    CssClass="stylecs.css" Font-Names="楷体" Font-Size="9pt"
    ForeColor="Black" Height="31px" Width="47px">
</asp:Label>
```

2) Text 属性

Text 属性用来设置 Label 控件所显示的文本内容。

3) CssClass 属性

在设置 Label 控件的 CssClass 属性前，首先要在网站 HTML 设计页的"＜head＞＜/head＞"节中编写如下代码。

```
<link href="stylecs.css" rel="stylesheet" type="text/css"/>
```

然后在"属性"面板中设置控件 CssClass 属性为 stylecs(stylecs 为样式名)。

2. 方法

Label 控件常用方法及说明如表 5.9 所示。

表 5.9　Label 控件常用方法及说明

方　　法	说　　明
ApplyStyle	将指定样式的所有非空白元素复制到 Web 控件,改写控件的所有现有的样式元素
ApplyStyleSheetSkin	将页样式表中定义的样式属性应用到控件
CopyBaseAttributes	将 Style 对象未封装的属性从指定的 Web 服务器控件复制到从中调用此方法的 Web 服务器控件
DataBind	将数据源绑定到被调用的服务器控件及其所有子控件
Focus	为控件设置输入焦点
Dispose	使服务器控件得以在从内存中释放之前执行最后的清理操作
Equals	确定两个 Object 实例是否相等
FindControl	在当前的命名容器中搜索指定的控件 ID
GetHashCode	用作特定类型的散列函数
GetType	获取当前实例的 Type
HasControls	确定服务器控件是否包含任何子控件
MergeStyle	将指定样式的所有非空白元素复制到 Web 控件,但不改写该控件现有的任何样式元素
ReferenceEquals	确定指定的 Object 实例是否相等的实例
RenderBeginTag	将控件的 HTML 开始标记呈现到指定的编写器中
RenderControl	输出服务器控件内容,并存储有关此控件的跟踪信息(如果已启用跟踪)
RenderEndTag	将控件的 HTML 结束标记呈现到指定的编写器中
ResolveClientUrl	获取浏览器可以使用的 URL
ResolveUrl	将 URL 转换为在请求客户端可用的 URL
SetRenderMothodDelegate	分配事件处理程序委托,以将服务器控件及其内容呈现到父控件中
ToString	返回表示当前 Object 的 String

3. 事件

Label 控件的常用事件及说明如表 5.10 所示。

表 5.10　Label 控件常用事件及说明

事　　件	说　　明
DataBinding	当服务器控件绑定到数据源时引发的事件
Load	当服务器控件加载到 Page 对象时引发的事件

如果在 Label 控件的某个事件下实现功能,可以在"属性"面板中单击 按钮,找到相应事件,然后双击进入其后台页中编写代码。例如,如果用户想在页面执行时直接将 Label 控件加载到 Page 对象中,可直接在 Label 控件的 Load 事件下编写如下代码。

```
protected void Label1_Load(object sender,EventArgs e)
{
    Label1.Text="Label 控件事件代码编写";
}
```

4．示例

【例 5.2】 设计一个简单的显示控件外观网页来说明 Label 控件的相关属性。
设计步骤如下。

步骤 1　在 MYWEB 网站的 web1 文件夹中创建一个空白页,名为 Default.aspx。

步骤 2　按照如图 5.12 所示进行页面设计。

步骤 3　根据需要进行如下控件的创建和设置。

图 5.12　Default.aspx 设计页面

添加一个 Label 控件 Label1,其属性设置如表 5.11 所示。

表 5.11　Label 控件属性设置

名　称	属　性　值	名　称	属　性　值
ID	labTest	BorderWidth	9px(2 像素)
Text	Label 控件实例	Font-Name	楷体
BackColor	Yellow(黄色)	Font-Size	15pt(38 磅)
BorderColor	Red(红色)	ForeColor	Blue(蓝色)

Default.aspx 的源视图代码如下。

```
<%@Page Language="C#" AutoEventWireup="true" CodeFile="Default.aspx.cs"
Inherits="_Default" %>
<!DOCTYPE html PUBLIC "-//W3C//DTD XHTML 1.0 Transitional//EN"
"http://www.w3.org/TR/xhtml1/DTD/xhtml1-transitional.dtd">
<html xmlns="http://www.w3.org/1999/xhtml" >
<head runat="server">
    <title>Label 控件</title>
</head>
<body>
    <form id="form1" runat="server">
    <div>
    <asp:Label ID="labTest" runat="server" BackColor="Yellow" BorderColor=
"Red" BorderWidth="9px"
        Font-Names="楷体" Font-Size=15pt ForeColor="Blue" Height="16px"
        Text="Label 控件实例"
        Width="160px"></asp:Label></div>
```

```
        </form>
    </body>
</html>
</html>
```

运行结果如图 5.13 所示。

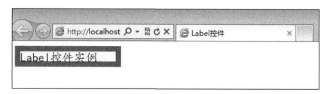

图 5.13 Default.aspx 运行结果

5.2.2 TextBox 控件

TextBox 控件又称文本框控件，主要为用户提供输入文本的功能。

TextBox 文本框控件的定义语法为：

```
<asp:TextBox id="textbox1" runat="server" Text="显示的文本"
TextMode="SingleLine|MultiLine|Password" Columns="最大宽度" Rows="行数高度"
MaxLength="最大字符数" Wrap="True|False" AutoPostBack="True|False"
OnTextChanged="处理程序" />
```

1. 属性

TextBox 控件的常用属性及说明如表 5.12 所示。

表 5.12 TextBox 控件常用属性及说明

属 性	说 明
AutoPostBack	获取或设置一个值，该值指示无论何时用户在 TextBox 控件中按 Enter 键或 Tab 键时，是否自动回发到服务器的操作
CausesValidation	获取或设置一个值，该值指示当 TextBox 控件设置为在回发发生时进行验证，是否执行验证
ID	控件 ID
Text	控件要显示的文本
TextMode	获取或设置 TextBox 控件的行为模式（单行、多行或密码）
Width	控件的宽度
Visible	控件是否可见
ReadOnly	获取或设置一个值，用于指示能否只读 TextBox 控件的内容
CssClass	控件呈现的样式
BackColor	控件的背景颜色
Enabled	控件是否可用

TextBox 控件大部分属性设置和 Label 控件类似。

TextMode 属性主要用于控制 TextBox 控件的文本显示方式,该属性的设置选项有以下三种。

(1) 单行(SingleLine):用户只能在一行中输入信息,还可以选择限制控件接收的字符数。

(2) 多行(MultiLine):文本很长时,允许用户输入多行文本并执行换行。

(3) 密码(Password):将用户输入的字符用黑点(•)屏蔽,以隐藏这些信息。

在验证用户登录密码时,可以将 TextBox 控件的 TextMode 属性设置为 Password,其运行效果如图 5.14 所示。

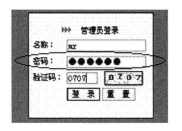

图 5.14 隐藏登录密码

注意:在填写备注资料时,文字可能会很多,此时可将 TextBox 控件的 TextMode 属性设置为 MultiLine,如图 5.15 所示。

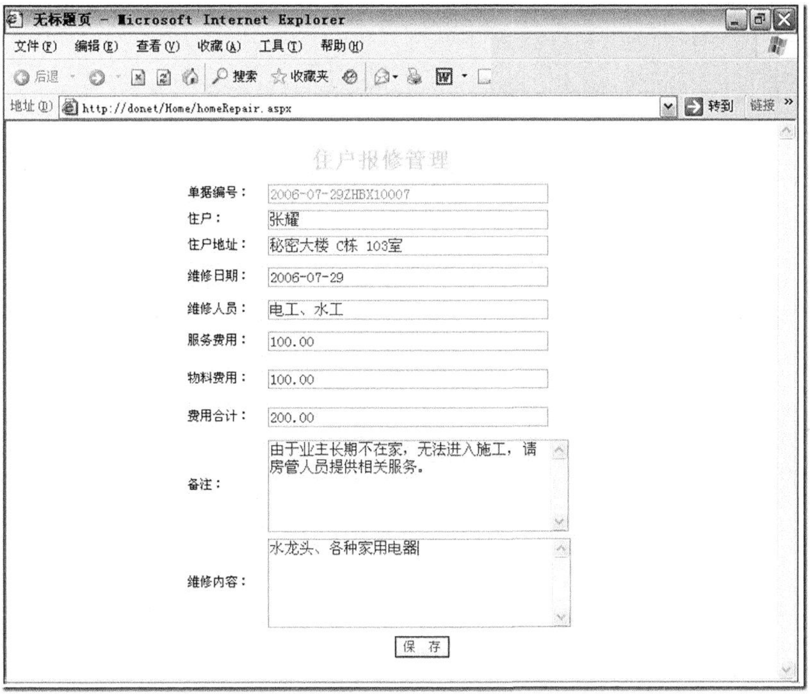

图 5.15 填写备注资料

2. 方法

TextBox 控件常用方法同 Label 控件类似,表 5.13 列出了它的一些常用方法。

表 5.13 TextBox 控件常用方法及说明

方法	说明
DataBind	将数据源绑定到被调用的服务器控件及其所有子控件上
Focus	为控件设置输入焦点

续表

方 法	说 明
Dispose	使服务器控件得以在从内存中释放之前执行最后的清理操作
Equals	确定两个对象实例是否相等

TextBox 控件的 Focus 方法主要用来获得其焦点。

例如,用户在一个含有 TextBox 控件页面的 Page_Load 事件中编写了如下代码。

```
protected void Page_Load(object sender,EventArgs e)
{
    TextBox1.Focus();
}
```

运行结果如图 5.16 所示。

3. 事件

TextBox 控件常用事件同 Label 控件类似,具体请参见 Label 控件常用事件。

4. 示例

【例 5.3】 设计一个网页来说明 TextBox 控件的具体使用方法。

设计步骤如下。

步骤 1　在 MYWEB 网站的 web1 文件夹中创建一个空白页,名为 Default1.aspx。

步骤 2　按照如图 5.17 所示进行页面设计。

图 5.16　获得 TextBox 控件焦点

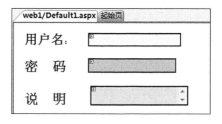
图 5.17　Default1.aspx 设计页面

步骤 3　根据需要进行如下控件的创建和设置。

创建三个 TextBox 控件(TextBox1、TextBox2、TextBox3),它们的属性设置如下。

(1) 输入用户名的 TextBox 控件:TextMode 属性设为 SingleLine,BackColor 属性为 #FFFFC0,BorderColor 属性为 Blue。

(2) 输入密码的 TextBox 控件:TextMode 属性设为 Password,BackColor 属性为 #FFC0FF,BorderColor 属性为 #404040。

(3) 输入说明信息的 TextBox 控件:TextMode 属性设为 MultiLine,BackColor 属性为 #80FF80,BorderColor 属性为 Black。

Default1.aspx 的源视图代码如下。

```
<%@Page Language="C#" AutoEventWireup="true" CodeFile="Default1.aspx.cs"
Inherits="web_Default1" %>
<!DOCTYPE html PUBLIC "-//W3C//DTD XHTML 1.0 Transitional//EN"
```

```
"http://www.w3.org/TR/xhtml1/DTD/xhtml1-transitional.dtd">
<html xmlns="http://www.w3.org/1999/xhtml" >
<head runat="server">
    <title>TextBox 控件示例</title>
</head>
<body>
    <form id="form1" runat="server">
    <div style="color: black">
        用户名:<asp:TextBox ID="TextBox1" runat="server" BackColor="#FFFFC0"
        BorderColor="#8080FF"></asp:TextBox><br />
        <br />
         密 码:<asp:TextBox ID="TextBox2" runat="server" BackColor=
        "#FFE0C0" BorderColor="#062A48"
            TextMode="Password"></asp:TextBox><br />
        <br />
         说 明:<asp:TextBox ID="TextBox3" runat="server" BackColor=
        "#80FF80" BorderColor="Black"
            TextMode="MultiLine"></asp:TextBox></div>
    </form>
</body>
</html>
```

运行结果如图 5.18 所示。

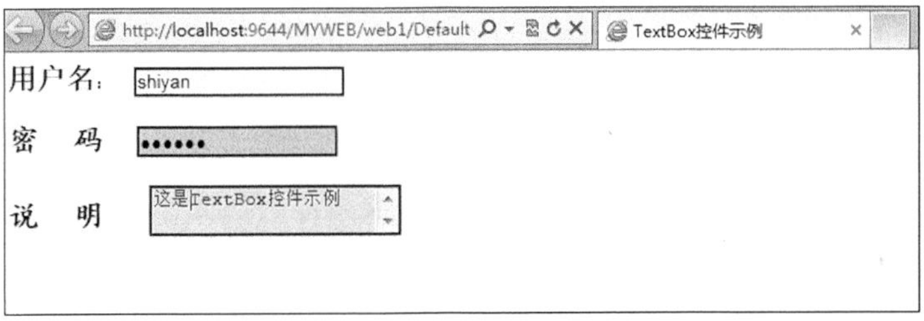

图 5.18 Default1.aspx 运行结果

5.2.3 Button 控件

Button 控件又称为命令按钮控件,其主要用于显示一个按钮,按钮可以是"提交"按钮或命令按钮。

Button 按钮控件定义语法为:

```
<asp:Button id="button1" runat="server" Text="按钮文本"
CommandName="命令名" CommandArgument="命令参数"
CausesValidation="True|False" OnClick="click 事件处理程序" />
```

1. 属性

Button 控件的常用属性及说明如表 5.14 所示。

表 5.14　Button 控件的常用属性

属　　性	说　　明
CausesValidation	规定当 Button 被单击时是否验证页面
CommandArgument	有关要执行的命令的附加信息
CommandName	与 Command 相关的命令
OnClientClick	当按钮被单击时被执行的函数的名称
PostBackUrl	当 Button 控件被单击时从当前页面传送数据的目标页面 URL
runat	规定该控件是服务器控件。必须设置为"server"
Text	按钮上的文本
UseSubmitBehavior	一个值，该值指示 Button 控件使用浏览器的提交机制，还是使用 ASP.NET 的 postback 机制
ValidationGroup	当 Button 控件回传服务器时，该 Button 所属的哪个控件组引发了验证

Button 控件可分为 Submit 类型的按钮和 Command 类型的按钮，默认的 Button 按钮为 Submit(提交)按钮。

Submit 类型按钮：用来把 Web 页面提交到服务器处理，没有从服务器返回的过程。

Command 类型按钮：有一个相应的 Command 名(通过 CommandName 属性设置该命令名字)，当有多个 Command 类型的按钮共享一个事件处理函数时，可以通过 Command 名字区分要处理哪个 Button 的事件。

2．方法

Button 控件的方法如表 5.15 所示。

表 5.15　Button 控件的方法

名　　称	说　　明
OnClick	引发 Click 事件
OnCommand	引发 Command 事件

3．事件

Button 控件的事件主要有 Click 事件和 Command 事件。其中，Click 事件主要是在当单击命令按钮并且包含它的表单被提交到服务器的时候引发。而在单击命令按钮时则会引发 Command 事件，示例代码如下。

```
protected void Button1_Click(object sender,EventArgs e)
{
    Label1.Text="普通按钮被触发";        //输出信息
}
```

4．示例

【例 5.4】 设计一个含有按钮的网页来说明 Button 控件的 Submit 按钮和 Command 按钮的使用方法。

设计步骤如下。

步骤1　在 MYWEB 网站的 web1 文件夹中创建一个空白页,名为 Default2.aspx。

步骤2　按照如图 5.19 所示进行页面设计。

图 5.19　Default2.aspx 设计界面

步骤3　根据需要进行如下控件的创建和设置。

三个 Button 控件(Button1、Button2、Button3,Button1 的 Text 属性设为"这是按钮 1", CommandName 属性设为 Command,CommandArgument 属性设为"这是按钮 1";Button2 的 Text 属性设为"这是按钮 2",CommandName 属性设为 Command,CommandArgument 属性设为"这是按钮 2";Button3 的 Text 属性设为"这是按钮 3"),一个 Label 控件 Label1。

该网页上设计如下事件过程。

```
public partial class web1_Default2 : System.Web.UI.Page
{
    protected void Page_Load(object sender,EventArgs e)
    {
    }
    protected void Button1_command(object sender,CommandEventArgs e)
    {
        Label1.Text="你此时单击的是" +e.CommandArgument.ToString();
    }
    protected void Button2_command(object sender,CommandEventArgs e)
    {
        Label1.Text="你此时单击的是" +e.CommandArgument.ToString();
    }
    protected void Button3_Click(object sender,EventArgs e)
    {
        Label1.Text="你此时单击的是按钮 3";
    }
}
```

Default2.aspx 的源视图代码如下。

```
<%@Page Language="C#" AutoEventWireup="true" CodeFile="Default2.aspx.cs"
Inherits="web1_Default2" %>
<!DOCTYPE html PUBLIC "-//W3C//DTD XHTML 1.0 Transitional//EN"
"http://www.w3.org/TR/xhtml1/DTD/xhtml1-transitional.dtd">
<html xmlns="http://www.w3.org/1999/xhtml" >
<head runat="server">
    <title>Button 控件</title>
```

```
</head>
<body>
    <form id="form1" runat="server"><div>
      <asp:Button ID="Button1" runat="server" BackColor="#C0C000"
        CommandArgument="我是按钮 1"
        CommandName="Command" Height="32px" Text="我是按钮 1" Width="120px" /> 
      <asp:Button ID="Button2" runat="server" BackColor="#00C000"
        CommandArgument="我是按钮 2"
        CommandName="Command" Height="32px" Text="我是按钮 2" Width="136px" /> 
      <asp:ButtonID="Button3" runat="server" BackColor="#C000C0" Height="32px"
        OnClick="Button3_Click" Text="我是按钮 3" Width="120px" /><br /><br />
      <asp:Label ID="Label1" runat="server" Height="32px" Width="336px">
      </asp:Label></div>
    </form>
</body>
</html>
```

运行结果如图 5.20 所示。

图 5.20　Default2.aspx 运行结果

通过该示例可以看到,Button1 与 Button2 是用了 Command 按钮,共享的是 Command 事件;而 Button3 则是用了 Submit 按钮。

5.2.4　LinkButton 控件

LinkButton 控件又称作超链接按钮控件。与 Button 控件相似,LinkButton 用于将 Web 窗体页回发给服务器或执行用户编写的事件代码,但它呈现为页面中的一个超链接样式按钮。

LinkButton 控件的定义语法为:

```
<ASP:Hyperlink Id="控件名字" Runat="Server" Text="超级链接文字"
PostBackUrl="目标超级链接"/>
```

1. 属性

LinkButton 控件的常用属性如表 5.16 所示。

表 5.16　LinkButton 控件的常用属性

属　　性	说　　明
CausesValidation	规定当 LinkButton 控件被单击时是否验证页面
CommandArgument	获取或设置与关联的 CommandName 属性一起传递到 Command 事件处理程序的可选参数

续表

属 性	说 明
CommandName	获取或设置与 LinkButton 控件关联的命令名,此值与 CommandArgument 属性一起传递到 Command 事件处理程序
OnClientClick	当 LinkButton 控件被单击时被执行的函数的名称
PostBackUrl	当 LinkButton 控件被单击时从当前页面进行回传的目标页面的 URL
runat	规定该控件是服务器控件。必须设置为"server"
Text	获取或设置显示在 LinkButton 上的文本
ValidationGroup	当其回传服务器时,该 LinkButton 控件引起的验证所针对的控件组

和 Button 控件一样,在不设置 CommandName 属性和 CommandArgument 属性值时,LinkButton 控件为提交超级链接按钮,当设置了 CommandName 属性和 CommandArgument 属性值时,LinkButton 控件为命令超级链接按钮。

通过设置 Text 属性或将文本放在 LinkButton 控件的开始和结束标记之间来指定要显示的文本。

2. 方法

LinkButton 控件和 Button 控件的方法类似,具体请参见 Button 控件。

3. 事件

LinkButton 控件的事件主要有 Click 事件和 Command 事件。这两个事件均在单击 LinkButton 控件时发生,示例代码如下所示。

```
<asp:LinkButton ID="LinkButton1" runat="server" CommandName="btnlink"
OnCommand="Button_Command"或 OnClick="click事件处理程序">
LinkButton</asp:LinkButton>
```

4. 示例

【例 5.5】 设计一个显示超链接样式的网页来说明 LinkButton 控件的使用方法。

设计步骤如下。

步骤 1 在 MYWEB 网站的 web1 文件夹中创建一个空白页,名为 Default3.aspx。

步骤 2 按照如图 5.21 所示进行页面设计。

步骤 3 根据需要进行如下控件的创建和设置。

图 5.21 Default3.aspx 设计页面

一个 LinkButton 控件 LinkButton1,其 Text 属性设置为"单击这里";一个 Label 控件 Label1,其 Text 属性设置为空。

该例中设计如下事件过程。

```
using System;
using System.Data;
using System.Configuration;
using System.Collections;
```

```
using System.Web;
using System.Web.Security;
using System.Web.UI;
using System.Web.UI.WebControls;
using System.Web.UI.WebControls.WebParts;
using System.Web.UI.HtmlControls;
public partial class web1_Default3 : System.Web.UI.Page
{
    protected void Page_Load(object sender,EventArgs e)
    {
    }
    protected void LinkButton1_Click(object sender,EventArgs e)
    {
        Label1.Text="谢谢你!请你留下宝贵的意见!";
    }
}
```

Default3.aspx 的源视图代码如下。

```
<%@Page Language="C#" AutoEventWireup="true" CodeFile="Default3.aspx.cs" Inherits="web1_Default3" %>
<!DOCTYPE html PUBLIC "-//W3C//DTD XHTML 1.0 Transitional//EN" "http://www.w3.org/TR/xhtml1/DTD/xhtml1-transitional.dtd">
<html xmlns="http://www.w3.org/1999/xhtml" >
<head runat="server">
    <title>LinkButton 控件示例</title>
</head>
<body>
    <form id="form1" runat="server">
    <div>
        <asp:LinkButton ID="LinkButton1" runat="server" OnClick="LinkButton1_Click">如果你对我们的设计不满意请你单击这里</asp:LinkButton><br />
        <br />
        <asp:Label ID="Label1" runat="server" Height="40px" Width="296px">
        </asp:Label> </div>
    </form>
</body>
</html>
```

运行结果如图 5.22 所示。

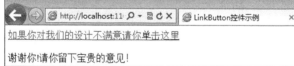

图 5.22 Default3.aspx 运行结果

5.2.5 ImageButton 控件

ImageButton 控件又称为图像按钮控件,功能与 Button 控件相同,只是 ImageButton 控件使用图片作为其外观,这对于提供丰富的按钮外观和美化界面非常有帮助。

当单击 ImageButton 控件时,将同时引发 Click 和 Command 事件。通过设置 ImageUrl 属性指定在控件中显示的图像存放路径,其他属性和 Button 控件相同。

ImageButton 图片按钮的定义语法为:

```
<asp:ImageButton id="imagebutton1" runat="server" ImageUrl="图像存放路径"
CommandName="命令名" CommandArgument="命令参数"
CausesValidation="True|False" OnClick="click事件处理程序" />
```

1. 属性

ImageButton 控件的常用属性如表 5.17 所示。

表 5.17　ImageButton 控件的常用属性

属　　性	说　　明
CausesValidation	规定在 ImageButton 控件被单击时,是否验证页面
CommandArgument	有关要执行的命令的附加信息
CommandName	与 Command 事件相关的命令
GenerateEmptyAlternateText	规定该控件是否创建空字符串作为替代文本
OnClientClick	当图像被单击时要执行的函数的名称
PostBackUrl	当 ImageButton 被单击时,从当前页面进行回传的目标页面的 URL
runat	规定该控件是一个服务器控件。必须被设置为"server"
ValidationGroup	当 ImageButton 回传服务器时,该 ImageButton 控件引起验证所针对的控件组

注意:Image 控件的属性也能够用在 ImageButton 控件上。

2. 方法

ImageButton 控件和 Button 控件的方法类似,具体请参见 Button 控件。

3. 事件

ImageButton 控件的事件主要有 Click 事件和 Command 事件。这两个事件均在单击 ImageButton 控件时发生。

4. 示例

【例 5.6】 通过设计一个网页,网页内的图像在单击时,将单击位置的 x 和 y 坐标显示出来,说明 ImageButton 控件的使用方法。

设计步骤如下。

步骤 1　在 MYWEB 网站的 web1 文件夹中创建一个空白页,名为 Default4.aspx。

步骤 2　按照如图 5.23 所示进行页面设计。

图 5.23 Default4.aspx 设计页面

步骤 3 根据需要进行如下控件的创建和设置。

一个 ImageButton 控件 ImageButton1(其中 ImageUrl 属性设置为"图像的位置");两个 Label 控件 Label1、Label2(其中 Text 属性均设置为空)。

该例中设计如下事件过程。

```
using System;
using System.Data;
using System.Configuration;
using System.Collections;
using System.Web;
using System.Web.Security;
using System.Web.UI;
using System.Web.UI.WebControls;
using System.Web.UI.WebControls.WebParts;
using System.Web.UI.HtmlControls;
public partial class web1_Default4 : System.Web.UI.Page
{
    protected void Page_Load(object sender,EventArgs e)
    {
    }
    protected void ImageButton1_Click(object sender,ImageClickEventArgs e)
    {
        Label1.Text="你单击了 ImageButton 控件,坐标为:(" +e.X.ToString() +","+
        e.Y.ToString() +")";
        Label2.Text="图片的宽度为: " +ImageButton1.Width.ToString() +",图片的高
        度为: " +ImageButton1.Height.ToString() +" 左半边被单击";
    }
}
```

Default4.aspx 的源视图代码如下。

```
<%@Page Language="C#" AutoEventWireup="true" CodeFile="Default4.aspx.cs"
Inherits="web1_Default4" %>
<!DOCTYPE html PUBLIC "-//W3C//DTD XHTML 1.0 Transitional//EN"
```

```
"http://www.w3.org/TR/xhtml1/DTD/xhtml1-transitional.dtd">
<html xmlns="http://www.w3.org/1999/xhtml" >
<head runat="server">
    <title>ImageButton 控件</title>
</head>
<body>
    <form id="form1" runat="server">
    <div>
        请你单击下图任意位置:<br />
        <asp:ImageButton ID="ImageButton1" runat="server" Height="112px"
        ImageUrl="~/tp/5.jpg"
            OnClick="ImageButton1_Click" Width="144px" /><br />
        <br />
        <asp:Label ID="Label1" runat="server" Height="24px" Width="240px">
        </asp:Label><br />
        <br />
        <asp:Label ID="Label2" runat="server" Height="24px" Width="240px">
        </asp:Label></div>
    </form>
</body>
</html>
```

运行结果如图 5.24 所示。

图 5.24　Default4.aspx 运行结果

5.2.6　HyperLink 控件

HyperLink 控件是超级链接控件，主要用来在网页中建立从一个网页到另一个网页的链接。该控件类似于 HTML 中的 <a href=" ">。

其用法如下标记：

```
<asp:HyperLink id="hyperlink1" ImageUrl="images/pict.jpg" Target="_new"
NavigateUrl="http://www.microsoft.com" Text="微软" runat="server"/>
```

1. 属性

HyperLink 控件常用的属性如表 5.18 所示。

表 5.18 HyperLink 控件常用的属性

属 性	说 明
Text	设置的超级链接的文字
ImageUrl	可以使用图形完成超级链接，ImageUrl 为控件显示图像文件的 URL
NavigateUrl	超级链接到另一个网页的 URL
Target	URL 的目标框架。_blank，在一个没有框架的新窗口中打开新网页；_self，在原窗口打开；_parent，在父窗口打开

ImageUrl 属性是用来得到 Image 控件中要显示图像的 URL 地址，一般在"属性"面板中设置属性的时候，在 ImageUrl 的后面有个按钮可以进行显示图像的选择。

NavigateUrl 属性是用来设置单击控件的时候所链接到的网页地址，也是在"属性"面板中进行需要链接网页地址的选择。

Target 属性是指出一个需要显示转向的网页的框架或者窗口。

2．示例

【例 5.7】 建立一个网页链接来说明 HyperLink 控件的使用方法。

设计步骤如下。

步骤 1 在 MYWEB 网站的 web1 文件夹中创建一个空白页，名为 Default6.aspx。

步骤 2 按照如图 5.25 所示进行页面设计。

步骤 3 根据需要进行如下控件的创建和设置。

HyperLink 控件 HyperLink1 其属性设置如图 5.26 所示。

图 5.25　Default6.aspx 设计页面

图 5.26　HyperLink 控件属性设置

Default6.aspx 的源视图代码如下。

```
<%@Page Language="C#" AutoEventWireup="true" CodeFile="Default6.aspx.cs"
Inherits="web1_Default6" %>
<!DOCTYPE html PUBLIC "-//W3C//DTD XHTML 1.0 Transitional//EN"
"http://www.w3.org/TR/xhtml1/DTD/xhtml1-transitional.dtd">
<html xmlns="http://www.w3.org/1999/xhtml" >
<head runat="server">
    <title>HyperLink 控件</title>
</head>
<body>
```

```
<form id="form1" runat="server">
<div>
    <span style="font-size: 10.5pt;font-family: 宋体;mso-ascii-font-family:
    'Times New Roman';
        mso-bidi-font-family: 'Times New Roman';mso-ansi-language: EN-US;
        mso-fareast-language: ZH-CN;
        mso-bidi-language: AR-SA;mso-no-proof: yes">去搜狐请点击下图:<br />
        <asp:HyperLink ID="HyperLink1" runat="server" Height="1px"
        ImageUrl="~/tp/1.jpg"
        NavigateUrl="http://www.sohu.com" Target="_blank" Width="1px">
        HyperLink</asp:HyperLink><br />
        <br />
    </span>
</div>
</form>
</body>
</html>
```

运行结果如图 5.27 所示。

图 5.27　Default6.aspx 运行结果

5.2.7　ListBox 控件

ListBox 控件又称为下拉列表框控件,ListBox 控件会一次列出多个选项让用户从中选取,ListBox 控件会在页面中形成一个数据的列表,可提供单选或多重选择列表。

ListBox 列表框控件的定义语法为:

```
<asp:ListBox id="标识名" runat="server" DataSource="数据绑定表达式"
    DataTextField="Text 属性的绑定字段" DataValueField="Value 属性的绑定字段"
    AutoPostBack="True|False" Rows="显示的行数" SelectionMode="Single|Multiple"
    OnSelectedIndexChanged="处理程序">
<asp:ListItem value="选项的值" selected="True|False">选项显示的内容
</asp:ListItem>
</asp:ListBox>
```

1. 属性

ListBox 控件的常用属性如表 5.19 所示。

表 5.19 ListBox 控件的常用属性

属 性	说 明
AutoPostBack	指示当用户更改列表中的选定内容时是否自动产生向服务器的回发
DataMember	指示在获取或设置数据绑定控件时绑定到的数据列表的具体名称
DataTextField	指示在获取或设置填充该控件时的数据源
DataValueField	指示在获取或设置为列表项时提供值的数据源字段
Items	指示在获取控件项时的集合
Rows	指示在获取或设置该控件时其中显示的行数
SelectedItem	指示在获取该控件时其中索引最小的选定项
SelectedMode	列表项的选择模式,决定控件是否允许多项选择,取值有单项选择 Single 和多项选择 Multiple

注意：Items 是一个集合属性,其中每一个元素项都是一个 ListItem 对象,而且 Items 属性是用来设置子选项,并且每个子选项都具有相关的索引值,初始值为 0。

2. 方法

为了高效地操作列表框,应了解它可以调用的一些方法。表 5.20 列出了最常用的方法。

表 5.20 ListBox 控件的常用方法

方 法	描 述
ClearSelected()	清除列表框中的所有选项
FindString()	查找列表框中第一个以指定字符串开头的字符串,例如 FindString("a") 就是查找列表框中第一个以 a 开头的字符串
FindStringExact()	与 FindString 类似,但必须匹配整个字符串
GetSelected()	返回一个表示是否选择一个选项的值
SetSelected()	设置或清除选项
ToString()	返回当前选中的选项
GetItemChecked()	返回一个表示选项是否被选中的值
GetItemCheckState()	返回一个表示选项的选中状态的值
SetItemChecked()	设置指定为选中状态的选项
SetItemCheckState()	设置选项的选中状态

3. 事件

正常情况下,在处理 ListBox 控件时,使用的事件都与用户选中的选项有关,如表 5.21 所示。

表 5.21　ListBox 控件的常用事件

事　件	描　述
ItemCheck	在列表框中一个选项的选中状态改变时引发该事件
SelectedIndexChanged	在列表控件的选定项在信息发往服务器之间变化时发生

4. 示例

【例 5.8】　设计一个网页来说明 ListBox 控件的具体使用方法。

设计步骤如下。

步骤 1　在 MYWEB 网站的 web1 文件夹中创建一个空白页,名为 Default7.aspx。

步骤 2　按照如图 5.28 所示进行页面设计。

步骤 3　根据需要进行如下控件的创建和设置。

有一个 ListBox 控件 ListBox1(其中 AutoPostBack 属性设为 True,Rows 属性设置为 4,SelectedMode 属性设为 Multiple,并且通过 ListItem 集合编辑器对话框设置 5 个项)和一个 Label1(Text 属性设置为空)。

该例中设计如下事件过程。

图 5.28　Default7.aspx 设计页面

```
using System;
using System.Data;
using System.Configuration;
using System.Collections;
using System.Web;
using System.Web.Security;
using System.Web.UI;
using System.Web.UI.WebControls;
using System.Web.UI.WebControls.WebParts;
using System.Web.UI.HtmlControls;
public partial class web1_Default7 : System.Web.UI.Page
{
    protected void ListBox1_SelectedIndexChanged(object sender,EventArgs e)
    {
        String mystr="";
        foreach (ListItem it in ListBox1.Items)
            if (it.Selected==true)
                mystr=mystr +it.Text +" ";
        Label1.Text="谢谢你的参与,你的选择是: " +mystr;
    }
}
```

Default7.aspx 的源视图代码如下。

```
<%@Page Language="C#" AutoEventWireup="true" CodeFile="Default7.aspx.cs"
Inherits="web1_Default7" %>
```

```
<!DOCTYPE html PUBLIC "-//W3C//DTD XHTML 1.0 Transitional//EN"
"http://www.w3.org/TR/xhtml1/DTD/xhtml1-transitional.dtd">
<html xmlns="http://www.w3.org/1999/xhtml" >
<head runat="server">
    <title>ListBox控件示例</title>
</head>
<body>
    <form id="form1" runat="server">
    <div>
    <span style="font-size: 9pt;font-family: 新宋体;mso-ascii-font-family:
    'Times New Roman';
        mso-hansi-font-family: 'Times New Roman';mso-bidi-font-family:
        'Times New Roman';
        mso-ansi-language: EN-US;mso-fareast-language: ZH-CN;mso-bidi-
        language: AR-SA;
        mso-no-proof: yes">请选择你喜欢的一门课程:<br />
        <asp:ListBox ID="ListBox1" runat="server" OnSelectedIndexChanged=
        "ListBox1_SelectedIndexChanged" AutoPostBack="True" SelectionMode=
        "Multiple" BackColor="#E0E0E0">
            <asp:ListItem>语文</asp:ListItem>
            <asp:ListItem>数学</asp:ListItem>
            <asp:ListItem>英语</asp:ListItem>
            <asp:ListItem>体育</asp:ListItem>
        </asp:ListBox><br />
        <br />
        <asp:Label ID="Label1" runat="server" Height="32px" Width="272px"
        BackColor="#FFC0FF" ForeColor="Black"></asp:Label></span></div>
    </form>
</body>
</html>
```

运行结果如图5.29所示。

图5.29　Default7.aspx运行结果

5.2.8　DropDownList控件

DropDownList控件又称为下拉列表控件,使用户可以从单项选择下拉列表框中进行选择。

DropDownList 控件的一般形式为：

```
<asp:DropDownList id="控件名称"
        Runat="server"
        AutoPostBack="true | false"
        OnSelectedIndexChanged="事件程序名称" >
    <asp:ListItem Value="value" Selected="true|false"/>
</asp:DropDownlist>
```

1. 属性

DropDownList 控件的常用属性主要如表 5.22 所示。

表 5.22　DropDownList 控件的常用属性

属　　性	说　　明
AutoPostBack	该值指示当用户更改列表中的选定内容时是否自动产生向服务器的回发
DataMember	当数据源包含多个不同的数据项列表时，获取或设置数据绑定控件绑定到的数据列表的名称
DataSource	获取或设置对象，数据绑定控件从该对象中检索其数据项列表
DataSourceID	获取或设置控件的 ID，数据绑定控件从该控件中检索其数据项列表
DataTextField	获取或设置为列表项提供文本内容的数据源字段
DataTextFormatString	获取或设置格式化字符串，该字符串用来控制如何显示绑定到列表控件中的数据
DataValueField	获取或设置为各列表项提供值的数据源字段
Items	获取列表控件项的集合
SelectedIndex	获取或设置 DropDownList 控件中的选定项的索引
SelectedItem	获取列表控件中索引最小的选定项
SelectedValue	获取列表控件中选定项的值，或选择列表控件中包含指定值的项
Text	获取或设置 ListControl 控件的 SelectedValue 属性

DropDownList 控件的 Items 是一个集合属性，其中的每个元素是一个 ListItem 对象。在设计时设置 Items 属性的方法是，当单击 DropDownList 控件中右上角的 ▷ 按钮，会出现如图 5.30(a)所示的"ListBox 任务"，单击"编辑项"打开如图 5.30(b)所示的"ListItem 集合编辑器"，通过编辑项进行各个选项的增减，并输入各选项的 Text 和 Value 的属性值。

也可以在运行程序的时候动态地向 DropDownList 控件中添加选项，例如：

```
DropDownList1.Items.Add("语文")
DropDownList1.Items.Add("数学")
DropDownList1.Items.Add("英语")
DropDownList1.Items.Add("体育")
```

2. 方法

DropDownList 控件的常用方法主要如表 5.23 所示。

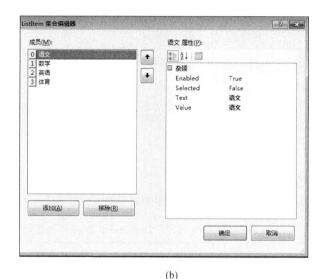

(a)   (b)

图 5.30 ListItem 集合编辑器

表 5.23 DropDownList 控件的常用方法

方法	描述
DataBind	将数据源绑定到被调用的服务器控件及其所有子控件
FindControl	在当前的命名容器中搜索指定的服务器控件
GetType	获取当前实例的 Type

3. 事件

DropDownList 控件的事件主要有 SelectedIndexChanged 和 TextChanged，其中 SelectedIndexChanged 事件主要是当列表控件的选定项在信息发往服务器之间变化时发生，而 TextChanged 则是当 Text 和 SelectedValue 属性更改时发生。

4. 示例

【例 5.9】 通过设计一个兴趣爱好的下拉列表来说明 DropDownList 控件的使用方法。

设计步骤如下。

步骤 1 在 MYWEB 网站的 web1 文件夹中创建一个空白页，名为 Default8.aspx。

步骤 2 按照如图 5.31 所示进行页面设计。

步骤 3 根据需要进行如下控件的创建和设置。

一个 HTML 标签；一个 DropDownList 控件 DropDownList1（其 AutoPostBack 属性设为 True，并通过"ListItem 集合编辑器"进行选项的设置）；一个 Label1（Text 为空）标签。

图 5.31 Default8.aspx 设计页面

该例中设计如下事件过程。

```
using System;
using System.Data;
using System.Configuration;
```

```csharp
using System.Collections;
using System.Web;
using System.Web.Security;
using System.Web.UI;
using System.Web.UI.WebControls;
using System.Web.UI.WebControls.WebParts;
using System.Web.UI.HtmlControls;
public partial class web1_Default8 : System.Web.UI.Page
{
    protected void Page_Load(object sender,EventArgs e)
    {
    }
    protected void DropDownList1_SelectedIndexChanged(object sender,EventArgs e)
    {
        Label1.Text="您最感兴趣的事情是:"+DropDownList1.SelectedItem.Text;
    }
}
```

Default8.aspx 的源视图代码如下。

```
<%@Page Language="C#" AutoEventWireup="true" CodeFile="Default8.aspx.cs"
Inherits="web1_Default8" %>
<!DOCTYPE html PUBLIC "-//W3C//DTD XHTML 1.0 Transitional//EN"
"http://www.w3.org/TR/xhtml1/DTD/xhtml1-transitional.dtd">
<html xmlns="http://www.w3.org/1999/xhtml" >
<head runat="server">
    <title>DropDownList 控件</title>
</head>
<body>
    <form id="form1" runat="server">
    <div>
        <span style="font-size: 10.5pt;font-family: 'Times New Roman';mso-
        fareast-font-family: 新宋体;
            mso-ansi-language: EN-US;mso-fareast-language: ZH-CN;mso-bidi-
            language: AR-SA;
            mso-no-proof: yes"><span style="mso-spacerun: yes"> </span>
            </span><span style="font-size: 10.5pt;
            font-family: 新宋体;mso-ansi-language: EN-US;mso-fareast-
            language: ZH-CN;mso-bidi-language: AR-SA;
            mso-no-proof: yes;mso-ascii-font-family: 'Times New Roman';
            mso-hansi-font-family: 'Times New Roman';
            mso-bidi-font-family: 'Times New Roman'">请问你的兴趣爱好是什么?<br />
            <asp:DropDownList ID="DropDownList1" runat="server" AutoPostBack=
            "True" BackColor="Gainsboro"
                OnSelectedIndexChanged="DropDownList1_SelectedIndexChanged">
```

```
            <asp:ListItem>看书</asp:ListItem>
            <asp:ListItem>听音乐</asp:ListItem>
            <asp:ListItem>旅游</asp:ListItem>
            <asp:ListItem>打球</asp:ListItem>
            <asp:ListItem>看电影</asp:ListItem>
            <asp:ListItem>其他</asp:ListItem>
        </asp:DropDownList><br />
        <br />
        <asp:Label ID="Label1" runat="server" BackColor="#FFFFC0"
        ForeColor="Black" Height="24px"
            Width="248px"></asp:Label></span></div>
    </form>
</body>
</html>
```

运行结果如图 5.32 所示。

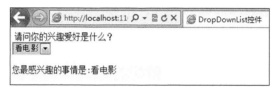

图 5.32　Default8.aspx 运行结果

5.2.9　RadioButton 控件和 RadioButtonList 控件

RadioButton 控件又称为单选按钮控件，用于从一个或多个选项中选择一项，属于多选一控件。

RadioButtonList 控件又称为单选按钮列表控件，用于提供一组 RadioButton 控件。使用 RadioButtonList 控件可以方便地快速生成 RadioButton。

RadioButton 控件的一般形式为：

```
<asp:radiobutton id="控件名称" runat="Server"
    autopostback="true | false"
    checked="true | false"
    groupname="群组名称" text="标示控件的文字"
    textalign="设定文字在控件的左边或右边"
    oncheckedchanged="事件程序名称" />
```

RadioButtonList 控件的一般形式为：

```
<asp:RadioButtonList
    id="控件名称"
      Runat="server"
      AutoPostBack="true | false"
    TextAlign="right | left"
```

```
            OnSelectedIndexChanged="事件程序名称" >
    <asp:listitem value="value" selected="true|false"
        text="标识">
    </asp:listitem>
</asp:RadioButtonList >
```

1. 属性

RadioButton 控件常用属性主要如表 5.24 所示。

表 5.24　RadioButton 控件常用属性

属　　性	说　　明
AutoPostBack	获取或设置一个值,该值指示在单击时 RadioButton 状态是否自动回发服务器
Checked	获取或设置一个值,该值指示是否已选中 RadioButton 控件
GroupName	获取或设置单选按钮所属的组名
TextAlign	设定项目所显示的文字是在按钮的左方或右方,预设是 Right
Text	获取或设置与 RadioButton 关联的文本标签

注意：RadioButton 控件中 GroupName 是一个非常重要的属性,如果一个网页中有多个 RadioButton 控件,那些 GroupName 属性相同的控件在逻辑上是隶属于一个组的,所以属于同一组的控件可将其 GroupName 属性设为同一值。

RadioButtonList 控件常用属性主要如表 5.25 所示。

表 5.25　RadioButtonList 控件常用属性

属　　性	说　　明
AutoPostBack	获取或设置一个值,该值指示当用户更改列表中的选定内容时是否自动产生向服务器的回发
Items	表示控件对象中所有项的集合
SelectedIndex	获取或设置列表中选定项的最低序号索引
SelectedItem	获取列表控件中索引最小的选定项
SelectedValue	获取列表控件中选定项的值,或选择列表控件中包含指定值的项
Text	获取或设置 RadioButtonList 控件的 SelectedValue 属性
RepeatColumns	获取或设置 RadioButtonList 控件中显示的列数
RepeatDirection	获取或设置组中单选按钮的显示方向

注意：在 RadioButtonList 控件中一般使用 Selected 属性来对子选项进行判断是否被选中。

2. 方法

RadioButtonList 控件的常用方法主要如表 5.26 所示。

3. 事件

RadioButton 控件的事件主要有 CheckedChanged,其主要是当 Checked 属性的值在向服务器进行发送期间更改时发生。

表 5.26 RadioButtonList 控件的常用方法

方　　法	描　　述
Add	通过 items.Add 方法可以向 RadioButtonList 控件添加选项
Remove	通过 items.Remove 方法，可从 RadioButtonList 控件中删除指定的选项
Insert	通过 items.Insert 方法，可将一个新的选项插入到 RadioButtonList 控件中
Clear	通过 items.Clear 方法可以清空 RadioButtonList 控件中的选项

RadioButtonList 控件的事件主要有 CheckedIndexChanged 和 TextButton，其中 CheckedIndexChanged 主要是当列表控件的选定项在信息发往服务器之间变化时发生，而 TextButton 则是在 Text 和 SelectedValue 属性更改时发生。

4. 示例

【例 5.10】 通过设计一个性别和最高学历选择的网页，来说明 RadioButton 控件和 RadioButtonList 控件的使用方法。

设计步骤如下。

步骤 1 在 MYWEB 网站的 web1 文件夹中创建一个空白页，名为 Default9.aspx。

步骤 2 按照如图 5.33 所示进行页面设计。

图 5.33 Default9.aspx 设计页面

步骤 3 根据需要进行如下控件的创建和设置。

HTML 标签；两个 RadioButton 控件（RadioButton1 和 RadioButton2，其 GroupName 设为 xb）；一个 RadioButtonList 控件 RadioButtonList1（通过"ListItem 集合编辑器"进行选项的设置）；一个 Button1 的命令按钮；一个 Label1（Text 为空）标签。

该例中设计如下事件过程。

```csharp
using System;
using System.Data;
using System.Configuration;
using System.Collections;
using System.Web;
using System.Web.Security;
using System.Web.UI;
using System.Web.UI.WebControls;
using System.Web.UI.WebControls.WebParts;
using System.Web.UI.HtmlControls;
public partial class web1_Default9 : System.Web.UI.Page
{
    protected void Page_Load(object sender,EventArgs e)
    {
    }
    protected void Button1_Click(object sender,EventArgs e)
    {
        String mystr="你的性别为:",mystr1="你的最高学历为:";
        if(RadioButton1.Checked==true)
            mystr=mystr+RadioButton1.Text;
        if(RadioButton2.Checked==true)
        mystr=mystr+RadioButton2.Text;
        foreach(ListItem it in RadioButtonList1.Items)
            if(it.Selected==true)
            mystr1=mystr1+it.Text+"";
        Label1.Text=mystr+"<br>" +mystr1;
    }
}
```

Default9.aspx 的源视图代码如下。

```
<%@Page Language="C#" AutoEventWireup="true" CodeFile="Default9.aspx.cs"
Inherits="web1_Default9" %>
<!DOCTYPE html PUBLIC "-//W3C//DTD XHTML 1.0 Transitional//EN"
"http://www.w3.org/TR/xhtml1/DTD/xhtml1-transitional.dtd">
<html xmlns="http://www.w3.org/1999/xhtml" >
<head runat="server">
    <title>RadioButton 控件和 RadioButtonList 控件</title>
</head>
<body>
    <form id="form1" runat="server">
    <div>
        请你进行选择:<br />
        <table style="width: 632px;height: 184px" border="1">
```

```
        <tr>
            <td style="width: 19px;height: 21px">
                性别:</td>
            <td style="width: 100px;height: 21px">
                <asp:RadioButton ID="RadioButton1" runat="server" GroupName="xp"
                    Text="女" Checked="True"/>
                   
                <asp:RadioButton ID="RadioButton2" runat="server" GroupName=
                "xp" Text="男" /></td>
        </tr>
        <tr>
            <td style="width: 19px;height: 218px">
                最高学历;</td>
            <td style="width: 100px;height: 218px">
                <asp:RadioButtonList ID="RadioButtonList1" runat="server">
                    <asp:ListItem>小学</asp:ListItem>
                    <asp:ListItem>初中</asp:ListItem>
                    <asp:ListItem>高中</asp:ListItem>
                    <asp:ListItem>专科</asp:ListItem>
                    <asp:ListItem>本科</asp:ListItem>
                    <asp:ListItem>硕士</asp:ListItem>
                    <asp:ListItem>博士</asp:ListItem>
                </asp:RadioButtonList></td>
        </tr>
    </table>
</div>
    <br />
    <asp:Button ID="Button1" runat="server" Height="24px" OnClick=
    "Button1_Click" Text="确定"
        Width="104px" /><br />
    <br />
    <asp:Label ID="Label1" runat="server" Height="32px" Width="376px">
    </asp:Label>
    </form>
</body>
</html>
```

运行结果如图 5.34 所示。

5.2.10 CheckBox 控件和 CheckBoxList 控件

CheckBox 控件又称为复选框控件,用于向用户提供选项,适用于选项不多且比较固定的情况。

CheckBox 控件的一般形式为:

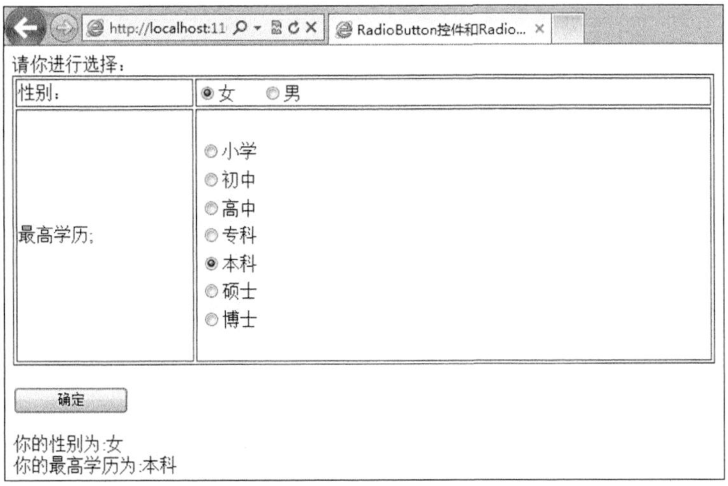

图 5.34　Default9.aspx 运行结果

```
<asp:CheckBox
    id="控件名称"
    Runat="Server"
    AutoPostBack="true | false"
    Checked="true | false"
    Text="标示控件的文字"
    TextAlign="设定文字在控件的左边或右边"
    OnCheckedChanged="事件程序名称"
/>
```

CheckBoxList 控件又称为复选框列表控件,表示实现多选按钮的列表,用于向用户提供选项列表,适用于选项较多或在运行时动态地决定有哪些选项时。

CheckBoxList 控件的一般形式为:

```
<asp:checkboxlist
    id="控件名称"
    runat="server" autopostback="true | false"
    textalign="right | left"
    onselectedindexchanged="事件程序名称" >
    <asp:listitem value="value" checked="true|false">
    </asp:listitem>
</asp:checkboxlist>
```

CheckBox 控件和 CheckBoxList 控件是在应用程序中经常用到的控件,可以用这两种类型的服务器控件将复选框添加到 Web 窗体上。这两种控件都为用户提供了一种输入布尔型数据的方法。这两个控件都有各自的优点,使用单个 CheckBox 控件比使用 CheckBoxList 控件能更好地控制页面上各个复选框的布局。

1. 属性

CheckBox 控件的常用属性主要如表 5.27 所示。

表 5.27 CheckBox 控件的常用属性

属 性	说 明
AutoPostBack	用于设置在用户单击 CheckBox 控件时 CheckBox 状态是否自动回发到服务器
Checked	获取或设置一个值,该值指示是否已选中某个 CheckBox 控件,即判断或者指定某个复选框控件的选择状态
Text	获取或设置与 CheckBox 关联的文本标签
TextAlign	用于设置与 CheckBox 控件相关联的文本标签的对齐方式
OnCheckedChanged	在复选框的所选项目发生变化时,调用的事件处理子程序名

CheckBoxList 控件的常用属性主要如表 5.28 所示。

表 5.28 CheckBoxList 控件的常用属性

属 性	说 明
AutoPostBack	获取或设置一个值,该值指示当用户更改列表中的选定内容时是否自动产生向服务器的回发
Items	表示控件对象中所有项的集合
SelectedIndex	获取或设置列表中选定项的最低序号索引
SelectedItem	获取列表控件中索引最小的选定项
SelectedValue	获取列表控件中选定项的值,或选择列表控件中包含指定值的项
Text	获取或设置 CheckBoxList 控件的 SelectedValue 属性
RepeatColumns	获取或设置 CheckBoxList 控件中显示的列数
RepeatDirection	获取或设置一个值,该值指示控件是垂直显示还是水平显示

注意:CheckBox 控件和 CheckBoxList 控件相类似,两者的区别就是前者只有一个复选框而后者可以包含多个复选框。

CheckBoxList 控件可以通过 Items 属性来设置子选项,每个子选项都具有索引值,且索引值初始值为 0。

2. 方法

CheckBoxList 控件常用到的方法主要有以下几个。

(1) 在组件中增加一个检查框,语法如下:

```
CheckBoxList.Items.Add(newListItem(<text>,<value>))
```

(2) 访问组件中的检查框,语法如下:

```
CheckBoxList.Items[<index>]
```

(3) 删除组件中的检查框,语法如下:

```
CheckBoxList.Items.Remove(<index>)
```

3. 事件

CheckBox 控件常用事件主要有 CheckedChanged,其主要是当 Checked 属性的值在向服务器进行发送期间更改时发生。

CheckBoxList 控件常用事件如表 5.29 所示。

表 5.29 CheckBoxList 控件常用事件

名称	说明
DataBinding	当服务器控件绑定到数据源时发生
DataBound	在服务器控件绑定到数据源后发生
SelectedIndexChanged	当列表控件的选定项在信息发往服务器之间变化时发生
TextChanged	当 Text 和 SelectedValue 属性更改时发生

4．示例

【例 5.11】 设计一个选择作者和其相应的诗词网页来说明 CheckBox 控件和 CheckBoxList 控件的使用方法。

设计步骤如下。

步骤 1 在 MYWEB 网站的 web1 文件夹中创建一个空白页，名为 Default10.aspx。

步骤 2 按照如图 5.35 所示进行页面设计。

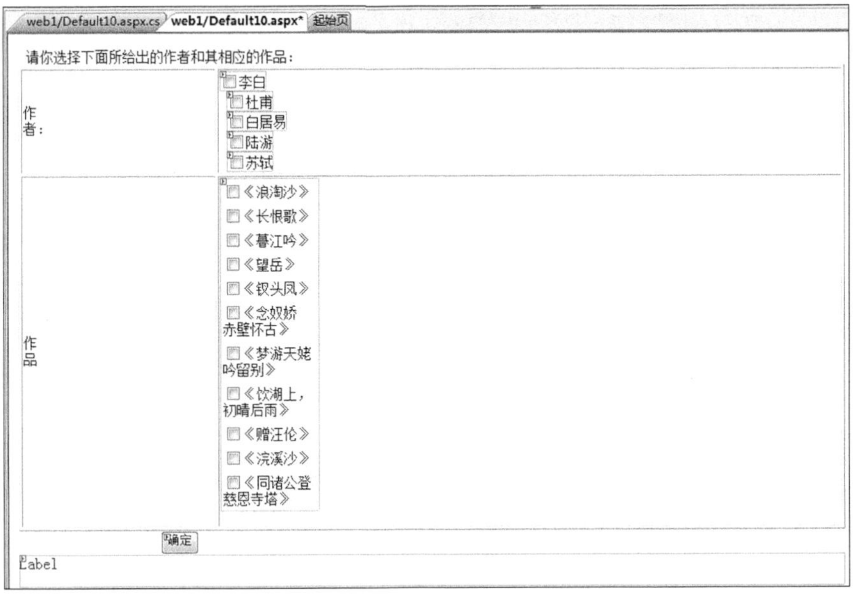

图 5.35 Default10.aspx 设计页面

步骤 3 根据需要进行如下控件的创建和设置。

HTML 标签：5 个 CheckBox 控件(CheckBox1～CheckBox5)；一个 CheckBoxList 控件 CheckBoxList1(通过"ListItem 集合编辑器"进行选项的设置)；一个 Button1 的命令按钮；一个 Label1(Text 为空)标签。

该例中设计如下事件过程。

```
using System;
using System.Data;
```

```csharp
using System.Configuration;
using System.Collections;
using System.Web;
using System.Web.Security;
using System.Web.UI;
using System.Web.UI.WebControls;
using System.Web.UI.WebControls.WebParts;
using System.Web.UI.HtmlControls;
public partial class web1_Default10 : System.Web.UI.Page
{
    protected void Page_Load(object sender,EventArgs e)
    {
    }
    protected void Button1_Click(object sender,EventArgs e)
    {
        string mystr="",mystr1="";
        if(CheckBox1.Checked==true)
            mystr=CheckBox1.Text;
        if(CheckBox2.Checked==true)
            mystr=mystr+ ""+CheckBox2.Text;
        if(CheckBox3.Checked==true)
            mystr=mystr +"" +CheckBox3.Text;
        if(CheckBox4.Checked==true)
            mystr=mystr +"" +CheckBox4.Text;
        foreach (ListItem it in CheckBoxList1.Items)
            if(it.Selected==true)
                mystr1=mystr1 +it.Text +"";
        Label1.Text="你选择的诗人是: " +mystr +"<br>" +"其对应的作品为: " +mystr1;
    }
}
```

Default10.aspx 的源视图代码如下。

```
<%@Page Language="C#" AutoEventWireup="true" CodeFile="Default10.aspx.cs"
Inherits="web1_Default10" %>
<!DOCTYPE html PUBLIC "-//W3C//DTD XHTML 1.0 Transitional//EN"
"http://www.w3.org/TR/xhtml1/DTD/xhtml1-transitional.dtd">
<html xmlns="http://www.w3.org/1999/xhtml" >
<head runat="server">
    <title>CheckBox 控件和 CheckBoxList 控件</title>
</head>
<body>
    <form id="form1" runat="server">
    <div>
        <span lang="EN-US" style="font-size: 10.5pt;font-family: 'Times New
        Roman';mso-fareast-font-family: 宋体;
```

```
            mso-ansi-language: EN-US;mso-fareast-language: ZH-CN;mso-bidi-
            language: AR-SA;
            mso-no-proof: yes"><span style="mso-spacerun: yes"> </span>
            </span><span style="font-size: 10.5pt;
            font-family: 宋体;mso-ansi-language: EN-US;mso-fareast-language:
            ZH-CN;mso-bidi-language: AR-SA;
            mso-no-proof: yes;mso-ascii-font-family: 'Times New Roman';
            mso-bidi-font-family: 'Times New Roman'">
            请你选择下面所给出的作者和其相应的作品:<br />
            <table style="width: 840px;height: 352px"border="1">
                <tr>
                    <td style="width: 25px;height: 1px">
                        作者:</td>
                    <td style="width: 102px;height: 1px">
                        <asp:CheckBox ID="CheckBox1" runat="server" Text=
                          "李白" /> <asp:CheckBox ID="CheckBox2"
                          runat="server" Text="杜甫" /> <asp:CheckBox ID=
                          "CheckBox3" runat="server" Text="白居易" /> <asp:
                        CheckBox
                          ID="CheckBox4" runat="server" Text="陆游" /> 
                        <asp:CheckBox ID="CheckBox5" runat="server"
                          Text="苏轼" /></td>
                </tr>
                <tr>
                    <td style="width: 25px;height: 216px">
                        作品</td>
                    <td style="width: 102px;height: 216px">
                        <asp:CheckBoxList ID="CheckBoxList1" runat="server">
                            <asp:ListItem>《浪淘沙》</asp:ListItem>
                            <asp:ListItem>《长恨歌》</asp:ListItem>
                            <asp:ListItem>《暮江吟》</asp:ListItem>
                            <asp:ListItem>《望岳》</asp:ListItem>
                            <asp:ListItem>《钗头凤》</asp:ListItem>
                            <asp:ListItem>《念奴娇 赤壁怀古》</asp:ListItem>
                            <asp:ListItem>《梦游天姥吟留别》</asp:ListItem>
                            <asp:ListItem>《饮湖上,初晴后雨》</asp:ListItem>
                            <asp:ListItem>《赠汪伦》</asp:ListItem>
                            <asp:ListItem>《浣溪沙》</asp:ListItem>
                            <asp:ListItem>《同诸公登慈恩寺塔》</asp:ListItem>
                        </asp:CheckBoxList></td>
                </tr>
            </table>
        </span>
    </div>
```

```
                   
          <asp:Button ID="Button1" runat="server" OnClick="Button1_Click" Text=
          "确定" /><br />
          <br />
             
          <asp:Label ID="Label1" runat="server" Height="32px" Text="Label" Width=
          "352px"></asp:Label>
          </form>
     </body>
</html>
```

运行结果如图 5.36 所示：

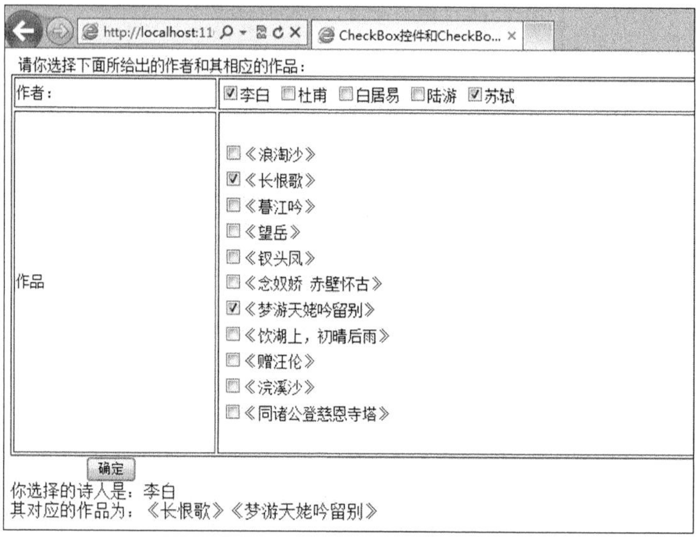

图 5.36 Default10.aspx 运行结果

5.2.11 Image 控件

Image 控件又称图像控件，主要用来显示用户的图片或图像信息。Image 类直接继承于 WebControl 类，可以在 Web 页上显示图像。

Image 控件的一般形式为：

```
<ASP:Image
     Id="Image 控件的名字"
        Runat="Server"
        ImageUrl="图片所在地址"
        AlternateText="图形还没加载时所替代的文字"
        ImageAlign="NotSet|AbsBottom|AbsMiddle|BaseLine|Bottom|Left|Middle|
           Right|TextTop|Top"/>
```

1. 属性

Image 控件的常用属性及说明如表 5.30 所示。

表 5.30 Image 控件常用属性及说明

属　　性	说　　明
ID	控件 ID
ImageAlign	获取或设置 Image 控件相对于网页上其他元素的对齐方式
ImageUrl	获取或设置在 Image 控件中显示的图像的位置
Width	控件的宽度
Visible	控件是否可见
CssClass	控件呈现的样式
BackColor	控件的背景颜色
Enabled	控件是否可用

Image 控件的大部分属性和 Label 控件类似，ImageUrl 属性用来获取 Image 控件中要显示图像的地址。

2. 方法

Image 控件常用方法同 Label 控件类似，具体请参见 Label 控件常用方法。这里主要介绍一下该控件的 ResolveUrl 方法，ResolveUrl 方法主要用来将 URL 转换为在请求客户端可用的 URL。

例如，要使用 ResolveUrl 方法设置一个 Image 控件的链接图像路径，可以编写如下代码。

```
Image1.ImageUrl=ResolveUrl(~/image/Image1.gif);
```

3. 事件

Image 控件用于在 ASP.NET 网页上显示图像，此控件不支持任何事件。

4. 示例

【例 5.12】 设计一个网页通过设置 Image 控件的 ImageUrl 属性在该控件上显示链接图片说明 Image 控件的使用方法。

设计步骤如下。

步骤 1　在 MYWEB 网站的 web1 文件夹中创建一个空白页，名为 Default11.aspx。

步骤 2　在 Default11.aspx 页面上添加一个 Image 控件。其中，ImageUrl 属性用来指明链接地址，ImageAlign 设置为居中。

Default11.aspx 的源视图代码如下。

```
<%@Page Language="C#" AutoEventWireup="true" CodeFile="Default11.aspx.cs"
Inherits="web1_Default11" %>
<!DOCTYPE html PUBLIC "-//W3C//DTD XHTML 1.0 Transitional//EN"
"http://www.w3.org/TR/xhtml1/DTD/xhtml1-transitional.dtd">
<html xmlns="http://www.w3.org/1999/xhtml" >
```

```
<head runat="server">
    <title>Image 控件</title>
</head>
<body>
    <form id="form1" runat="server">
    <div>
        <asp:Image ID="Image1" runat="server" Height="88px" ImageAlign=
        "Middle" ImageUrl="~/tp/2.jpg"
            Width="160px" /></div>
    </form>
</body>
</html>
```

运行结果如图 5.37 所示。

图 5.37 Default11.aspx 运行结果

5.2.12 ImageMap 控件

ImageMap 控件可以创建一个能与用户交互的图像,该图像包含许多用户可以单击的区域,这些区域被称为作用点。每一个作用点都可以是一个单独的超链接或回发事件。

ImageMap 控件由两个部分组成:图像与作用点控件的集合。其中,图像可以是任何标准 Web 图形格式的图形,如 .gif、.jpg 或 .png 图形文件。每个作用点控件都是一个不同的元素。对于每个作用点控件,需要定义其形状(圆形、矩形或多边形)以及用于指定作用点的位置和大小的坐标。

ImageMap 控件的一般形式为:

```
<asp: ImageMap ID="ImageMap1" runat="server"
ImageUrl="图片.jpg" HotSpotMode="Navigate" >
<asp:CircleHoSpot />
<asp:PolygonHotSpot/>
<asp:RectangleHotSpot/>
</asp:ImageMap
```

1. 属性

ImageMap 控件的常用属性主要如表 5.31 所示。

表 5.31 ImageMap 控件的常用属性

属 性	说 明
ImageAlign	获取或设置为 ImageMap 控件中图像相对于网页上其他元素的对齐方式
ImageUrl	获取或设置为 ImageMap 控件显示的图像的路径
HotSpotMode	获取或设置单击 HotSpot 对象时 ImageMap 控件的 HotSpot 对象的默认行为
HotSpots	获取 HotSpot 对象的集合，这些对象表示 ImageMap 控件中定义的作用点区域

注意：HotSpotMode 属性的取值主要如表 5.32 所示。

表 5.32 HotSpotMode 属性的取值

属 性	说 明
NotSet	HotSpot 使用由 ImageMap 控件的 HotSpotMode 属性设置的行为。如果 ImageMap 控件未定义行为，HotSpot 对象将导航至某个 URL
Inactive	HotSpot 不具有任何行为
Navigate	HotSpot 定位到 URL
PostBack	HotSpot 生成到服务器的回发

此外还需要注意 HotSpots 属性是一个抽象类的集合，其由 HotSpot 对象组成，主要是用来指定一个或多个作用点的区域。

HotSpot 对象是一个抽象类，它之下有 CircleHotSpot 类（圆形热区）、RectangleHotSpot（方形热区）和 PolygonHotSpot（多边形热区）三个子类。在实际应用中，都可以使用上面三种类型来指定图片的热点区域。如果需要使用到自定义的热点区域类型时，该类型必须继承 HotSpot 抽象类。

一般在 ImageMap 控件的"属性"面板中单击 HotSpots 属性后面的按钮，就会弹出如图 5.38 所示的"HotSpot 集合编辑器"对话框，可根据需要添加 HotSpot 对象。但是需要

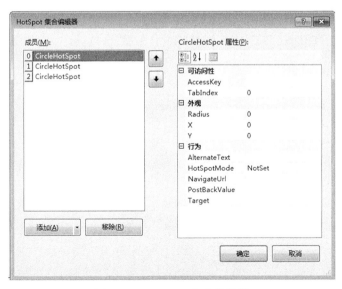

图 5.38 HotSpot 集合编辑器

注意此时只能添加 CircleHotSpot 对象,需要其他对象时可在源中进行相应的更改或者在"添加"按钮的下拉菜单中进行其他对象的选择。

2. 事件

ImageMap 控件常用事件只有 Click,主要是在单击 HotSpot 对象的时候发生,引发事件时会通过委托调用事件处理程序。

3. 示例

【例 5.13】 通过设计一个显示图像中不同热区的网页来说明 ImageMap 控件的使用方法。

设计步骤如下。

步骤 1 在 MYWEB 网站的 web1 文件夹中创建一个空白页,名为 Default12.aspx。

步骤 2 按照如图 5.39 所示进行页面设计。

步骤 3 根据需要进行如下控件的创建和设置。

图 5.39 Default12.aspx 设计界面

一个 ImageMap 控件 ImageMap1(在"属性"面板中单击 HotSpots 选项的"选择"按钮,弹出 HotSpot Collection Editor(热区集合编辑器)对话框,单击 Add 按钮右边的下拉箭头,选择 RectangleHotSpot 添加一个矩形热区;添加一个圆形热区,输入圆心坐标 x、y 及半径值,设置 HotSpotMode 为 PostBack,PostBackValue 为 Cir;再添加一个矩形热区,该热区的 HotSpotMode 为 Navigate,代表单击热区时执行的是导航(跳转)操作,跳转的地址为 NavigateUrl 属性对应的页面);一个 Label 控件 Label1。

该例中设计如下事件过程。

```
using System;
using System.Data;
using System.Configuration;
using System.Collections;
using System.Web;
using System.Web.Security;
using System.Web.UI;
using System.Web.UI.WebControls;
using System.Web.UI.WebControls.WebParts;
using System.Web.UI.HtmlControls;
public partial class web1_Default12 : System.Web.UI.Page
{
    protected void Page_Load(object sender,EventArgs e)
    {
    }
    protected void ImageMap1_Click(object sender,ImageMapEventArgs e)
    {
        switch (e.PostBackValue)
        {
        case"Rec":
```

```
            Response.Write("你现在所单击的矩形热区");
            break;
        case"Cir":
            Response.Write("你现在所单击的圆形热区");
            break;
        }
    }
}
```

Default12.aspx 的源视图代码如下。

```
<%@Page Language="C#" AutoEventWireup="true" CodeFile="Default12.aspx.cs"
Inherits="web1_Default12" %>
<!DOCTYPE html PUBLIC "-//W3C//DTD XHTML 1.0 Transitional//EN"
"http://www.w3.org/TR/xhtml1/DTD/xhtml1-transitional.dtd">
<html xmlns="http://www.w3.org/1999/xhtml" >
<head runat="server">
    <title>ImageMap 控件</title>
</head>
<body>
    <form id="form1" runat="server">
    <div>
        <asp:ImageMap ID="ImageMap1" runat="server" Height="300px" ImageUrl=
            "~/tp/6.jpg"
            OnClick="ImageMap1_Click" Width="200px">
            <asp:RectangleHotSpot AlternateText="这是一个矩形热区" Bottom="150"
                HotSpotMode="PostBack"
                PostBackValue="Rec" Right="100" />
            <asp:RectangleHotSpot AlternateText="去网易" Bottom="150"
                HotSpotMode="Navigate" Left="100"
                NavigateUrl="http://www.163.com" Right="200" />
            <asp:CircleHotSpot AlternateText="这是圆形热区" HotSpotMode=
                "PostBack" PostBackValue="Cir"
                Radius="75" X="100" Y="225" />
        </asp:ImageMap></div>
    </form>
</body>
</html>
```

运行结果如图 5.40 所示。

5.2.13 Panel 容器控件

Panel 容器控件在 Web 窗体页内提供了一种容器,在它内部可以放入其他控件,它对于以编程方式生成控件以及显示和隐藏控件组尤其有用。Panel 是一种基本控件,通常用来实现页面控件分组,外观一致设置。

Panel 容器控件的一般形式为:

图 5.40 Default12.aspx 运行结果

```
<asp:Panel id="控件名称"
    BackImageUrl="url" Runat="server">
</asp:Panel>
```

1. 属性

Panel 容器控件的常用属性如表 5.33 所示。

表 5.33 Panel 容器控件的常用属性

属　　性	说　　明
BackImageUrl	获取或设置要显示的背景图像的 URL
DefaultButton	获取或设置 Panel 容器控件中默认按钮的 ID
Direction	获取或设置 Panel 容器控件的内容显示方向
GroupingText	获取或设置 Panel 容器控件中控件组的标题
ScrollBars	获取或设置 Panel 容器控件中滚动栏的位置和可见性
GroupingText	获取或设置 Panel 容器控件中控件组的标题
HorizontalAlign	获取或设置内容的水平对齐方式
ScrollBars	获取或设置 Panel 容器控件中滚动栏的位置和可见性

2. 方法

Panel 容器控件除了作为为容器来放入其他别的控件以外还有一些其他的方法,具体说明如下。

1) 动态添加控件

2) 对控件和标记进行分组

对于一组控件和相关的标记,可以通过把其放置在 Panel 控件中,然后用操作此 Panel 控件的方式将它们作为一个单元进行管理。例如,可以通过设置面板的 Visible 属性来隐藏或显示该面板中的一组控件。

3) 有默认按钮的窗体

可将 TextBox 控件和 Button 控件放置在 Panel 控件中，然后通过将 Panel 控件的 DefaultButton 属性设置为面板中某个按钮的 ID 来定义一个默认的按钮。如果用户在面板内的文本框中进行输入时按 Enter 键，这与用户单击特定的默认按钮具有相同的效果。这有助于用户更有效地使用项目窗体。

4) 向其他控件添加滚动条

有些控件（如 TreeView 控件）没有内置的滚动条。通过在 Panel 控件中放置滚动条控件，可以添加滚动行为。若要向 Panel 控件添加滚动条，请设置 Height 和 Width 属性，将 Panel 控件限制为特定的大小，然后再设置 ScrollBars 属性。

5) 页上的自定义区域

可使用 Panel 控件在页上创建具有自定义外观和行为的区域，如下所示。

(1) 创建一个带标题的分组框：可设置 GroupingText 属性来显示标题。呈现页时，Panel 控件的周围将显示一个包含标题的框，其标题是指定的文本。

(2) 说明：不能在 Panel 控件中同时指定滚动条和分组文本。如果设置了分组文本，其优先级高于滚动条。

(3) 在页上创建具有自定义颜色或其他外观的区域：Panel 控件支持外观属性（例如 BackColor 和 BorderWidth），可以设置外观属性为页上的某个区域创建独特的外观。

(4) 说明：设置 GroupingText 属性将自动在 Panel 控件周围呈现一个边框。

3．添加 Panel 控件的具体方法

(1) 首先在"设计"视图中，从工具箱的"标准"选项卡中将 Panel 控件拖到页面上。

(2) 若要创建静态文本，单击控件，然后输入文本即可。若要添加控件，将所要添加的控件从"工具箱"拖到 Panel 控件中。

注意：如果需要运行时在 Panel 控件中添加静态文本，则需要创建 Literal 控件并设置它的 Text 属性。然后，可以通过编程方式将 Literal 对象添加到面板中，方法与添加其他控件相同。

(3) 可以选择拖动面板的边框以调整控件的大小。

注意：该控件会自动调整自身的大小以显示其所有的子控件。

(4) 根据需要设置 Panel 控件的属性，以指定窗格与其子控件的交互方式。

4．示例

【例 5.14】 通过创建一个学生信息表及附加表网页来说明 Panel 容器控件的使用方法。

设计步骤如下。

步骤 1　在 MYWEB 网站的 web1 文件夹中创建一个空白页，名为 Default13.aspx。

步骤 2　按照如图 5.41 所示进行页面设计。

步骤 3　根据需要进行如下控件的创建和设置。

两个 Panel 控件(Panel1,Panel2。其中 Panel1 用来添加学生的基本信息；而 Panel2 用来添加学生的附加信息，默认为不显示)。当用户需要添加学生附加信息的时候，可以通过单击 ViewPanel2 按钮触发 OnClick 事件来显示 Panel2。

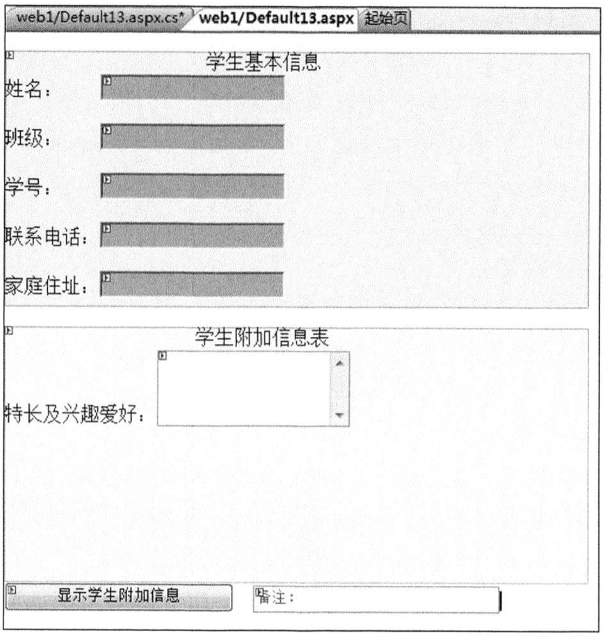

图 5.41 Default13.aspx 设计页面

该例中设计如下事件过程。

```
using System;
using System.Data;
using System.Configuration;
using System.Collections;
using System.Web;
using System.Web.Security;
using System.Web.UI;
using System.Web.UI.WebControls;
using System.Web.UI.WebControls.WebParts;
using System.Web.UI.HtmlControls;
public partial class web1_Default13 : System.Web.UI.Page
{
    protected void Page_Load(object sender,EventArgs e)
    {
    }
    protected void TextBox1_TextChanged(object sender,EventArgs e)
    {
    }
    protected void ViewPanel2_Click(object sender,EventArgs e)
    {
        Panel2.Visible=true;
    }
}
```

Default13.aspx 的源视图代码如下。

```
<%@Page Language="C#" AutoEventWireup="true" CodeFile="Default13.aspx.cs"
Inherits="web1_Default13" %>
<!DOCTYPE html PUBLIC "-//W3C//DTD XHTML 1.0 Transitional//EN"
"http://www.w3.org/TR/xhtml1/DTD/xhtml1-transitional.dtd">
<html xmlns="http://www.w3.org/1999/xhtml" >
<head runat="server">
    <title>Panel 容器控件</title>
</head>
<body>
    <form id="form1" runat="server">
    <div>
        <asp:Panel ID="Panel1" runat="server" BackColor="WhiteSmoke" Height=
        "208px" Style="color: black"Width="488px">
                   学
        生基本信息<br />
        姓名：  <asp:TextBox ID="TextBox1" runat="server" BackColor=
        "#C0C0FF" ForeColor="Black"
            OnTextChanged="TextBox1_TextChanged"></asp:TextBox><br />
        <br />
        班级：  <asp:TextBox ID="TextBox2" runat="server" BackColor=
        "#C0C0FF" ForeColor="Black"></asp:TextBox><br />
        <br />
        学号：  <asp:TextBox ID="TextBox3" runat="server" BackColor=
        "#C0C0FF" ForeColor="Black"></asp:TextBox><br />
        <br />
        联系电话:<asp:TextBox ID="TextBox4" runat="server" BackColor="#C0C0FF"
        ForeColor="Black"></asp:TextBox><br />
        <br />
        家庭住址:<asp:TextBox ID="TextBox5" runat="server" BackColor="#C0C0FF"
        BorderColor="Transparent"
            ForeColor="Black"></asp:TextBox></asp:Panel>
         </div>
        <br />
        <asp:Panel ID="Panel2" runat="server" BackColor="#FFFFC0" Height=
        "208px" Width="488px" Visible="False">
                  学生附加
        信息表<br />
        特长及兴趣爱好:<asp:TextBox ID="TextBox6" runat="server" Height="56px"
        TextMode="MultiLine"></asp:TextBox></asp:Panel>
        <asp:Button ID="ViewPanel2" runat="server" Height="24px" OnClick=
        "ViewPanel2_Click"
            Text="显示学生附加信息" Width="192px" /> 
        <asp:TextBox ID="TextBox7" runat="server" ForeColor="Red" Height=
        "16px" Width="200px">备注:</asp:TextBox><br />
```

```
            </form>
    </body>
</html>
```

运行结果如图 5.42 和图 5.43 所示。

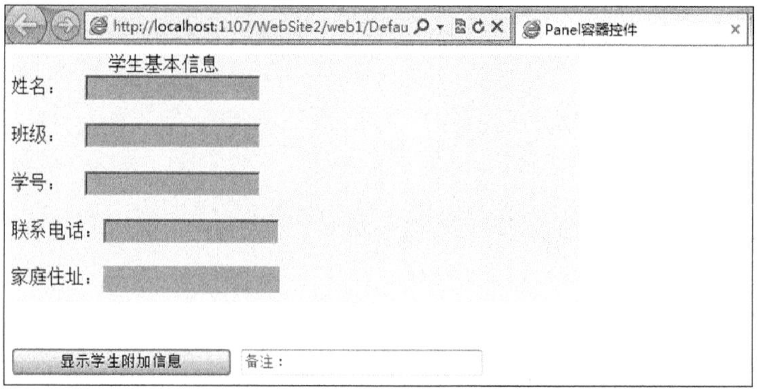

图 5.42 Default13.aspx 运行结果 1

当按下  显示学生附加信息 后显示：

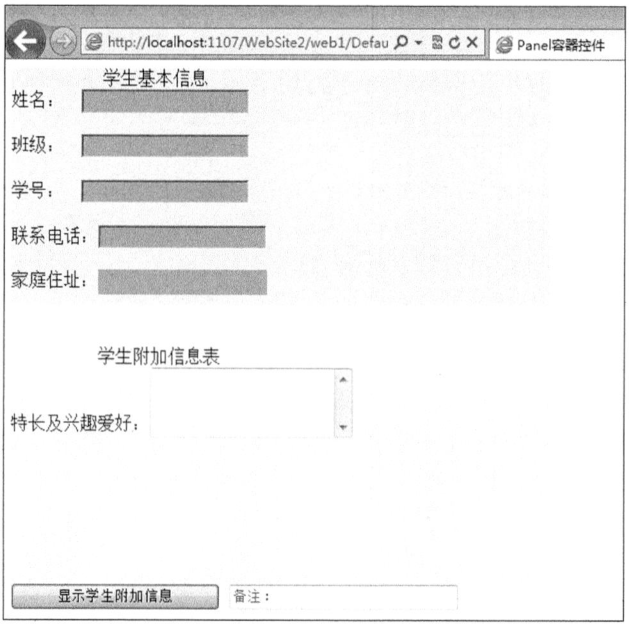

图 5.43 Default13.aspx 运行结果 2

5.2.14 FileUpload 文件上传控件

FileUpload 是文件上传控件，实现文件从客户机发送到服务器的功能。该控件显示一个文本框和一个"浏览"按钮，文本框用于输入希望上传到服务器的文件的名称，"浏览"按钮用于显示一个客户机的打开对话框。

注意：FileUpload 文件上传控件不会自动上传文件，必须设置相关的事件处理程序，并在程序中实现文件上传。

FileUpload 控件的一般形式为：

```
<asp:FileUpload id="FileUpload1"
    Runat="Server"
    FileName="URL" >
    </asp:FileUpload>
```

1. 属性

FileUpload 文件上传控件常用的属性如表 5.34 所示。

表 5.34　FileUpload 文件上传控件常用的属性

属　　性	说　　明
Enable	用于禁用 FileUpload 控件
FileBytes	以字节数组形式获取上传文件内容
FileContent	以流(Stream)形式获取上传文件内容
FileName	用于获得上传文件名字(包括扩展名)
HasFile	有上传文件时返回 True
PostedFile	用于获取包装成 HttpPostFile 对象的上传文件

注意：FileUpload 文件上传控件的 PostedFile 属性是 HttpPostFile 类对象。而 HttpPostFile 类对象用来提供对客户端已上载的单独文件的访问。HttpPostFile 类对象常用的属性如表 5.35 所示。

表 5.35　HttpPostFile 类对象常用的属性

属　　性	说　　明	属　　性	说　　明
ContentLength	用于获得上传文件的字节大小	FileName	用于获得上传文件的名字
ContentType	用于获得上传文件的类型	InputStream	把上传文件当成流来获取

2. 方法

FileUpload 文件上传控件常用的方法主要有 SaveAs()和 Focus。其中，SaveAs()主要用于把上传文件保存到文件系统中(绝对路径)，而 Focus 是设置 FileUpLoad 控件的焦点。

HttpPostFile 类对象常用的方法主要是 SaveAs，用来保存上传文件的内容。

3. 示例

【例 5.15】　通过创建一个文件上传网页来说明 FileUpload 文件上传控件的使用方法。在操作过程中首先在页面中拖入一个 FileUpload 控件和一个 Button 按钮。

设计步骤如下。

步骤 1　在 MYWEB 网站的 web1 文件夹中创建一个空白页，名为 Default14.aspx。

步骤 2　按照如图 5.44 所示进行页面设计。

步骤 3　根据需要进行如下控件的创建和设置。

一个 FileUpload 文件上传控件 FileUpload1(其组成是一个文本框和一个"浏览"命令

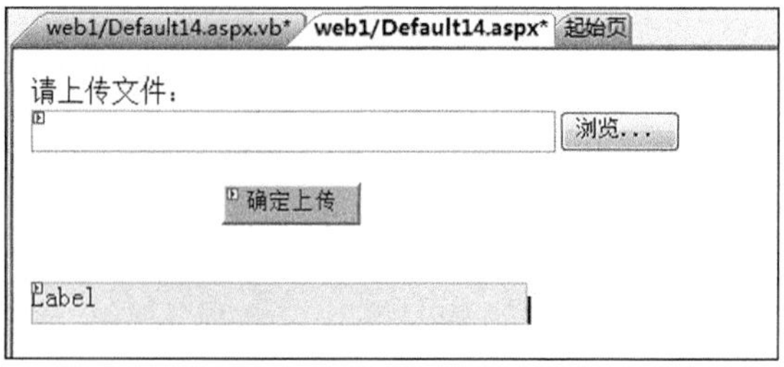

图 5.44 Default14.aspx 设计界面

按钮 ）；一个 Button 按钮 Button1；一个 Label1。

该例中设计如下事件过程。

```
using System;
using System.Data;
using System.Configuration;
using System.Collections;
using System.Web;
using System.Web.Security;
using System.Web.UI;
using System.Web.UI.WebControls;
using System.Web.UI.WebControls.WebParts;
using System.Web.UI.HtmlControls;
public partial class web1_Default14 : System.Web.UI.Page
{
    protected void Page_Load(object sender,EventArgs e)
    {
    }
    protected void Button1_Click(object sender,EventArgs e)
    {
        if (FileUpload1.HasFile)
        {
            try
            {
                FileUpload1.PostedFile.SaveAs("F:\\MYWEB\\" +FileUpload1.
                FileName);
                Label1.Text="文件上传成功";
            }
            catch
            {
                Label1.Text="文件上传失败";
            }
        }
    }
}
```

Default14.aspx 的源视图代码如下。

```
<%@Page Language="C#" AutoEventWireup="true" CodeFile="Default14.aspx.cs"
Inherits="web1_Default14" %>
:<!DOCTYPE html PUBLIC "-//W3C//DTD XHTML 1.0 Transitional//EN"
"http://www.w3.org/TR/xhtml1/DTD/xhtml1-transitional.dtd">
<html xmlns="http://www.w3.org/1999/xhtml" >
<head runat="server">
    <title>FileUpload 文件上传控件</title>
</head>
<body>
    <form id="form1" runat="server">
    <div>
        请上传文件:<br />
        <asp:FileUpload ID="FileUpload1" runat="server" Height="24px" Width=
        "416px" />
            <br />
        <br />
             
        <asp:Button ID="Button1" runat="server" BackColor="#C0C0FF" Height=
        "32px" OnClick="Button1_Click"
            Text="确定上传" Width="168px" /><br />
        <br />
        <br />
        <asp:Label ID="Label1" runat="server" Height="24px" Width="416px">
        </asp:Label></div>
    </form>
</body>
</html>
```

运行结果如图 5.45 所示。

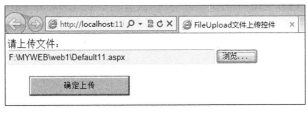

图 5.45　Default14.aspx 运行结果

5.3 数据验证控件

在 Web 网站中,经常需要用户输入一些信息,例如用户注册时要求他们输入用户名和密码。为了避免用户输入无效的数据,必须对用户输入数据的有效性进行检测,确保用户输入的数据是有效的。该验证控件的作用如下。

(1) 数据验证控件用于对用户输入的数据进行验证。

(2) 不同种类的数据验证控件完成不同的数据验证工作。

Visual Studio 提供了一整套数据验证控件,可以像其他服务器控件一样,向页面添加验证控件。

ASP.NET 提供的数据验证控件如图 5.46 所示。

验证控件自身并不提供接收用户输入的可视化界面元素,因而,它们需要与其他控件相配合完成验证数据的工作,可以使用验证控件的 ControlToValidate 属性将验证控件与被验证控件关联起来。

数据验证执行的环境如下。

(1) 服务器端验证:验证控件可以在服务器端代码中执行输入检查。网页运行时,用户在各种输入控件中输入信息,当浏览器将信息发送到服务器时会引发一个数据验证的处理过程。在此过程中服务器将一一调用控件来检查用户的输入。验证控件会提取用户输入的内容并根据软件工程师设定的标准进行测试。如果任意输入控件检测到一个验证错误,则该页面将自行设置为无效状态,并会将该页面发回客户端,显示错误消息。这个验证过程被称为服务器端验证。

图 5.46 数据验证控件

(2) 客户端验证:在浏览器端使用 JavaScript。这样可以缩短页面的响应时间,因为错误将被立即检测到并且将在用户离开包含错误的控件后立即显示错误信息,无须花费网络传输时间。由于这种数据验证的过程在客户端进行,不需要 Web 服务器的配合,因此被称为客户端验证。

即使验证控件已在客户端执行验证,ASP.NET 仍会在服务器上执行验证。这有助于防止用户通过禁用或更改客户端脚本检查来逃避验证。

(1) 多条件验证。可以将多个验证控件与页面上的某个输入控件相互关联。此时,用户输入的数据必须通过所有验证控件的检测才能被视为有效。

(2) 显示数据验证的信息。验证控件通常在呈现的页面中不可见,但是,如果控件检测到错误,它将在页面上显示指定的错误信息文本。验证控件的 Display 属性用于确定显示信息的方式。此属性有以下几个取值。

① Static:指定为此值时,验证程序控件显示错误信息时不会影响现有网页的布局。但要求在页面设计时必须留出专门的空间用于显示错误信息。因此,同一输入控件的多个验证程序必须在页面上占据不同的位置。

② Dynamic:指定此值时,页面上没有预先为出错信息预留空间,而是动态地在页面上增加 HTML 代码以显示错误信息,这就有可能破坏页面的已有布局。因此,用于显示程序

错误信息的 HTML 元素必须足够大,可以容得下要显示的最长的错误信息。使用该方式的优点是多个验证程序可以在页面上共享同一个物理位置。

③ None:所有错误信息只显示在 ValidationSummary 控件中。专用于接收网页中验证控件的信息并以合适的方式显示在网页上。它有以下三种方式显示验证信息。

- BulletList:以项目符号列表方式显示验证信息。
- List:以一个列表方式显示验证信息。
- SingleParagraph:用一个独立的文本段来显示验证信息。

这三种方式可以通过给 ValidationSummary 控件的 DisplayMode 属性赋值来选定。另外,通过分别设置 ValidationSummary 控件的 ShowSummary 和 ShowMessageBox 属性,可以选择是在网页上还是在客户端弹出的消息框中显示信息。

ASP.NET 数据验证控件设计得易于使用,许多情况下不需要人工书写代码,但是它仍然提供了让软件工程师书写代码来控制数据验证过程的方法。

(1) 每个验证控件都会公开自己的 IsValid 属性,该属性指明数据是否通过了本控件的验证。

(2) Page 类公开一个了 IsValid 属性,当其为 True 时,表示数据已通过了页面上所有验证控件的验证。

(3) 可以通过为 CustomValidator 控件编写代码来进行特定的数据验证。

(4) 由于验证是在回发时引发的,因此,通过将引发回发的控件的 CausesValidation 属性设置为 false,可以停止 ASP.NET 所提供的数据验证功能,而完全采用手写代码的方法进行数据验证。

数据验证控件如表 5.36 所示。

表 5.36 数据验证控件

控件名称	说明
RequiredFieldValidator	验证用户是否已输入数据
CompareValidator	将用户输入的数据与另一个数据进行比较
CustomValidator	自定义的验证方式
RangeValidator	验证用户输入的数据是否在指定范围内
RegularExpressionValidator	以特定规则验证用户输入的数据
ValidationSummary	显示未通过验证的控件的信息

数据验证控件共有的主要属性如表 5.37 所示。

5.3.1 非空数据验证

非空数据验证是 RequiredFieldValidator 控件,主要用于检测必填项。

基本步骤如下。

(1) 放置用户输入控件到页面上。

(2) 放置一个 RequiredField 控件到页面上。

(3) 设置数据验证控件的 ControlToValidate 属性引用用户输入控件。

表 5.37 数据验证控件共有的主要属性

属 性	说 明
ControlToValidate	指定需要验证的控件名
Disply	指定验证控件的显示方式。可取下列值之一。 None：验证控件内容不在控件位置上显示，而在 ValidationSummary 控件中显示错误信息。 Static：无论验证结果如何，验证控件的内容总要占据页面空间。 Dynamic：如果验证失败，验证控件显示错误信息。而当验证无错误时，验证控件内容不占据页面空间
EnableClientScript	指示是否启用客户端验证。通过将 EnableClientScript 值设置为 false，可在支持此功能的浏览器上禁用客户端验证
Enabled	指示是否启用验证控件。默认为 True(启用)
ErrorMessage	当验证失败时，在 ValidationSummary 控件中显示错误信息
ForeColor	指定当验证失败时用于内联显示的颜色
IsValid	返回 ControlToValidate 属性所指定的控件是否通过验证，通过为 True，不通过为 False。该属性只能在编程中使用
Text	若设置该属性，则验证失败时会在验证控件中显示 Text 属性定义的消息，若未设置此属性，则在控件中显示 ErrorMessage 属性中指定的文本

RequiredFieldValidator 控件的语法：

```
<Asp: RequiredFieldValidator
Runat="Server" Id="…" ControlToValidate="…" InitalValue="…"
Text="…" ErrorMessage="…" >
</Asp: RequiredFieldValidator >
```

【例 5.16】 RequiredFieldValidator 验证控件示例。网页启动后显示如图 5.47 所示的数据输入界面，若在"用户名"和"密码"文本框中不输入字符，则给出相应的验证出错提示，如图 5.48 所示。

图 5.47 RequiredFieldValidator 示例输入界面

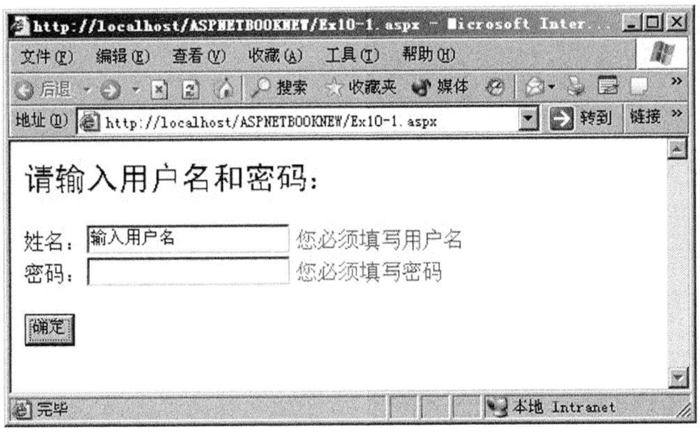

图 5.48 RequiredFieldValidator 验证结果

源程序如下：

```
<Html><Body><Font Size=5 Face="黑体">请输入用户名和密码:</Font>
<Form Runat="Server">
    姓名:<Asp:TextBox Runat="Server" Id="UserName" Text="输入用户名" />
    <Asp:RequiredFieldValidator Runat="Server" ControlToValidate="UserName"
    ErrorMessage="您必须填写用户名" InitialValue="输入用户名" /><Br>
    密码:<Asp:TextBox Runat="Server" Id="Pass" />
    <Asp:RequiredFieldValidator Runat="Server" ControlToValidate="Pass"
    ErrorMessage="您必须填写密码" /><Br><Br>
    <Asp:Button Runat="Server" Text="确定" /><Br><Br>
</Form></Body></Html>
```

在这里特别要注意该控件的 Initialvalue 属性。仅当输入控件失去焦点，而且用户在此输入控件中输入值等于 Initialvalue 属性值时该控件才认为其数据不能通过验证。默认情况下 Initialvalue 属性的值为空串，因此，示例中当用户什么都不输入而直接单击"确定"按钮时将显示出错信息。当数据验证通过后，网页将使用一个 JavaScript 消息框通知用户"数据有效，数据提交成功"。使用这种方法可以避免破坏网页的现有布局。

5.3.2 数据范围验证

数据范围验证使用的是 RangeValidator 控件，如果希望仅允许用户输入特定范围内的数据，可以同时使用该控件。

RangeValidator 控件的语法：

```
<Asp:RangeValidator
Runat="Server" Id="…" ControlToValidate="…"
MaximumValue="指定范围的最大值" MinimumValue="指定范围的最小值"
Type="{Currency ,Date ,Double ,Integer ,String }"
Text="…" ErrorMessage="…" >
</Asp:RangeValidator>
```

RangeValidator 控件特有的属性有以下两个。

（1）MinimumValue 属性和 MaximumValue 属性：分别指定有效范围的最小值和最大值。

（2）Type 属性：用于指定要比较的值的数据类型，如图 5.49 所示。

图 5.49　限定输入特定范围的数据

图 5.50　比对两个控件中的数据

5.3.3　数据比较验证

数据比较验证使用的是 CompareValidator 控件，在网页中有时需要比对用户在两个控件中输入法的数据，例如，在网站中注册用户确定账户密码时，需要在两个文本框中各输入一次密码，系统需要对用户两次输入的数据进行比对。示例如图 5.50 所示。

CompareValidator 控件的语法：

```
<Asp:CompareValidator
Runat="Server" Id="…" ControlToValidate="…"
ControlToCompare="…" Type="{Currency,Date,Double,Integer,String}"
Oprator="{Equal,NotEqual,GreaterThan,GreaterThanEqual,LessThan,
LessThanEqual,DataTypeCheck}" Text="…" ErrorMessage="…" >
</Asp:CompareValidator>
```

CompareValidator 控件特有的属性有以下 4 个。

（1）ValueToCompare 属性：获取或设置用来比较的常量。

（2）ControlToCompare 属性：获取或设置与 ControlToValidate 属性所指定的控件进行比较的控件的标识。

注意：通常不同时设置 ControlToCompare 属性和 ValueToCompare 属性。

（3）Type 属性：获取或设置用来比较的数据的类型，默认为 String。在进行比较之前，用户输入的数据将先被转换为指定的类型。

（4）Operator 属性：获取或设置比较运算符，默认值为 Equal。比较操作的种类如表 5.38 所示。

表 5.38　比较操作的种类

操　　作	说　　明
Equal	所验证的输入控件的值与其他控件的值或常数值之间的相等比较
NotEqual	所验证的输入控件的值与其他控件的值或常数值之间的不相等比较
GreaterThan	所验证的输入控件的值与其他控件的值或常数值之间的大于比较
GreaterThanEqual	所验证的输入控件的值与其他控件的值或常数值之间的大于或等于比较
LessThan	所验证的输入控件的值与其他控件的值或常数值之间的小于比较
LessThanEqual	所验证的输入控件的值与其他控件的值或常数值之间的小于或等于比较
DataTypeCheck	输入到所验证的输入控件的值与 BaseCompareValidator.Type 属性指定的数据类型之间的数据类型比较。如果无法将该值转换为指定的数据类型，则验证失败。使用此运算符时，将忽略 ControlToCompare 和 ValueToCompare 属性

5.3.4　数据类型验证

在网页中经常希望用户只输入特定类型的数据，这时就要使用 CompareValidator 控件来完成这个任务。

CompareValidator 控件的 Operator 属性可以取一个特殊的值"DataTypeCheck"，用于判断用户在特定的输入控件中输入的数据是否指定的数据类型。此数据类型由 Type 属性来设定，共有 5 种可取值："String"、"Integer"、"Double"、"DateTime"、"Currency"。使用这个属性就可以限定用户输入数据的类型。例如，只允许输入数字而不允许输入其他字符，结果如图 5.51 所示。

图 5.51　限定用户输入数据的类型

5.3.5　数据格式验证

如果希望对用户输入的数据进行一些复杂的数据验证工作，可以通过使用控件 RegularExpressionValidator 来实现。例如，要求用户按照"(区号)电话号码"的格式输入电话号码。如果使用常用的字符串操作来完成这个数据验证工作是很麻烦的，必须完成以下工作。

（1）除了括号，其余字符要求全数字；
（2）要区分全角半角两种情况；
（3）开头、结尾及中间不能出现空格；
（4）区号是可选的，如果无区号括号必须去掉；
（5）电话号码不少于 6 位。

而该控件使用的表达式可以方便地完成上述复杂的数据验证工作。

例如，网页中需要检验用户输入的是否为有效电子邮件地址，可使用以下的正则表达式来完成这个工作。

\w+([-+.']\w+)*@\w+([-.]\w+)*\.\w+9[-.]\w+)*

只须将此表达式赋予 RegularExpressionValidator 控件的 ValidationExpression 属性即可,如图 5.52 所示。

图 5.52 使用正则表达式进行复杂的数据验证

RegularExpressionValidator 控件的语法:

```
<Asp: RegularExpressionValidator
Runat="Server" Id="…" ControlToValidate="…"
ValidationExpression="…" Text="…" ErrorMessage="…" >
</Asp: RegularExpressionValidator>
```

例如:

(1) [a-zA-Z0-9]{3,6}表示必须输入 3~6 个数字或者大小写英文字母。
(2) {3,6}表示可接受 3~6 个除空格以外的任意字符。
(3) [^0-9]{3,6}表示必须输入 3~6 个除 0~9 之外的字符。
(4) [0-9]+表示除必须输入一个非空字符外,还要至少输入一个 0~9 数字。
(5) [0-9]*表示除必须输入一个非空字符外,可以不输入或者输入多个 0~9 数字。
ValidationExpression 属性中常用的格式符号如表 5.39 所示。

表 5.39 ValidationExpression 属性中常用的格式符号

格式符号	含 义
.	表示可接受除空格以外的任何字符。常和{}、[]等格式符号结合使用
[ ]	表示只能接受其中指定的字符。例如,[a-z]表示可接受小写英文字母;[0-9 a-z]表示可接受数字 0~9 和小写英文字母;[abc]表示可接受 a,b,c 这三个英文字母
{ }	指定需输入的字符个数。例如,{3}表示必须输入三个字符;{3,6}表示必须输入 3~6 个字符;{3,}表示必须至少输入三个字符,再多不限
^	表示"除…以外的字符"。例如,[^0-9]表示可接受除 0~9 之外的所有字符
|	表示"或"。例如,[a-z]{3}|[A-Z]{3}表示必须输入三个小写英文字符或者三个大写英文字母
+	表示至少要有一个符合的字符,相当于{1,}。例如,[a-z]+表示必须至少输入一个小写英文字母

续表

格式符号	含义
*	表示可有0个或多个符合的字符,相当于{0,}
(?:)	用于判断用户输入是否符合其括号中指定的符号串,常与"|"格式符号结合使用。例如,(?Green|Black|Milk)Tea 表示当用户输入 Green Tea、Black Tea、Milk Tea 时都接受
\	转义符,用于指定输入字符必须为格式符号的情况。例如,\([0-9]\)表示必须输入用小括号括起来的数字,如(8)

【例 5.17】 RegularExpressionValidator 验证控件示例。结合 RequiredFieldValidator 控件,要求用户必须输入数据才能进入对输入数据格式验证。网页启动后,若用户未在文本框中输入任何数据,则显示如图 5.53 所示的验证提示页面。

图 5.53　RequiredField 控件验证

若在文本框中输入不符合规则的数据,则给出相应的验证出错提示,如图 5.54 所示。

图 5.54　RegularExpressionValidator 控件验证

代码如下。

```
<Html><Body><Font Size=5 Face="黑体">请输入以下信息:</Font>
<Form Runat="Server">
请输入电话号码:<Asp:TextBox Runat="Server" Id="telephone" Text="" />
<Asp:RequiredFieldValidator Runat="Server" ControlToValidate="telephone"
ErrorMessage="电话号码不能为空" InitialValue="" />
<Asp:RegularExpressionValidator Runat="Server" ControlToValidate="telephone"
ValidationExpression="[0-9]{8,12} Type="Integer" ErrorMessage="电话号码必须是
```

8~12个数字"
/>
请输入电子邮件地址:<Asp:TextBox Runat="Server" Id="email" Text="" />
<Asp:RequiredFieldValidator Runat="Server" ControlToValidate="email"
ErrorMessage="电子邮件不能为空" InitialValue="" />
<Asp:RegularExpressionValidator Runat="Server" ControlToValidate="email"
ValidationExpression=".{1,}@.{3,}" ErrorMessage="电子邮件地址格式必须是
×××@×××.×××.×××" />

<Asp:Button Runat="Server" Text="确定" />
</Form></Body></Html>CustomValidator 控件

5.3.6 页面统一验证

页面统一验证控件 ValidationSummary 的语法格式：

```
<Asp:ValidationSummary Runat="Server" Id="…" ShowSummary="{True,False}"
EnableClientScript="{True,False}" ShowMessageBox="{True,False}"
DisplayMode="{BulletList,list,SingleParagraph}" HeaderText="…" >
</Asp:ValidationSummary>
```

（1）DisplayMode：获取或设置 ValidationSummary 控件的显示格式，见表 5.40。

表 5.40 DisplayMode 属性的取值及说明

取　　值	说　　明
BulletList	显示在项目符号列表中的的验证摘要。此为默认值
List	显示在列表中的验证摘要
SingleParagraph	显示在单个段落内的验证摘要

（2）HeaderText：获取或设置 ValidationSummary 控件的标题。
（3）ShowSummary：获取或设置是否在网页上显示验证摘要。
（4）ShowMessageBox：获取或设置是否以对话框形式来显示验证错误信息，默认为 False。
（5）EnableClientScript：获取或设置 ValidationSummary 控件是否启用客户端脚本来更新自己的状态，默认为 True。

5.4 站点导航控件

使用 ASP.NET 站点导航功能可以为用户导航站点提供一致的方法。随着站点内容的增加以及用户在站点内来回移动网页，管理所有的链接可能会变得比较困难。ASP.NET 站点导航使用户能够将指向所有网页的链接存储在一个中央位置，并在列表中呈现这些链接，或用一个特定的 Web 服务器控件在每一个网页上呈现导航菜单。

5.4.1 TreeView 控件

TreeView 控件又称为树状导航控件，它的显示类似于一棵横向的树，可以展开或折叠

树的节点来分类查看、管理信息,非常直观。

TreeView 控件由节点组成。树中的每一个项都称为节点,它由一个 TreeNode 对象表示。节点类型的定义如下。

ParentNode(父节点):包含其他节点的节点。

ChildNode(子节点):被其他节点包含的节点。

LeafNode(叶节点):没有子节点的节点。

RootNode(根节点):不被其他任何节点包含,同时是所有其他节点的上级节点。

一个节点可以同时是父节点和子节点,但是不能同时为根节点、父节点和叶节点。节点为根节点、父节点还是叶节点决定着节点的几种可视化属性和行为属性。

尽管通常的树结构只具有一个根节点,但是 TreeView 控件允许向树结构中添加多个根节点。如果要在不显示单个根节点的情况下显示选项列表,这种控件就非常有用。

1. TreeView 控件的属性

TreeView 控件有很多属性,下面介绍几个常用属性。

(1) Nodes 属性返回对 TreeView 控件的 Node 对象的集合的引用。

语法:

`object.Nodes`

object 所在处代表一个对象表达式,其值是"应用于"列表中的一个对象。

说明:可以使用标准的集合方法(例如 Add 和 Remove 方法)操作 Node 对象。可以按其索引或存储在 Key 属性中的唯一键来访问集合中的每个元素。

(2) Style 属性返回或设置图形类型(图像、文本、+/-号、直线)以及出现在 TreeView 控件中每一 Node 对象上的文本的类型。

语法:

`object.Style [=number]`

Style 语法包含如表 5.41 所示部分。

表 5.41 Style 语法属性

部 分	描 述
object	对象表达式,其值是"应用于"列表中的一个对象
number	指定图形类型的整数,请参阅"设置值"中的描述

说明:若 Style 属性设置为包含直线的值,则 LineStyle 属性就确定了直线的外观。如果 Style 属性设置为不含直线的值,则 LineStyle 属性将被忽略。

(3) Sorted 属性返回或设置一值,此值确定 Node 对象的子节点是否按字母顺序排列;返回或设置一值,此值确定 TreeView 控件的根层节点是否按字母顺序排列。

语法:

`object.Sorted [=boolean]`

Sorted 属性语法如表 5.42 所示。

表 5.42 Sorted 属性语法

部　　分	描　　述
object	对象表达式,其值是"应用于"列表中的一个对象
boolean	布尔表达式,表示 Node 对象是否已被排序如"设置值"中描述

说明:Sorted 属性有两种用法,第一,在 TreeView 控件的根(顶)层排列 Node 对象;第二,对任何单个 Node 对象的子节点排序。

例如,下面的代码是对 TreeView 控件的根节点排序:

```
TreeView1.Sorted=True
```

下面的例子表示创建 Node 对象时如何设置 Sorted 属性。

```
Dim nodX As Node
Set nodX=TreeView1.Nodes.Add(,,,"Parent Node")
nodX.Sorted=True
```

设置 Sorted 属性为 True 仅对当前 Nodes 集合排序。在 TreeView 控件中添加新的 Node 对象时,必须再次设置 Sorted 属性为 True,以便对添加的 Node 对象排列。

2. TreeView 控件的方法

TreeView 控件的常用方法及其说明如表 5.43 所示。

表 5.43 TreeView 控件的常用方法及其说明

方　　法	说　　明
ExpandAll	打开树中的每个节点
FindNode	检索 TreeView 控件中指定值路径的 TreeNode 对象

3. TreeView 控件的事件

TreeView 控件的常用事件及其说明如表 5.44 所示。

表 5.44 TreeView 控件的常用事件及其说明

事　　件	说　　明
SelectedNodeChanged	当选择 TreeView 控件中的节点时发生
TreeNodeCheckChanged	当 TreeView 控件中的复选框在向服务器的两次发送过程之间状态有所更改时发生
TreeNodeCollapsed	当折叠 TreeView 控件中的节点时发生
TreeNodeDataBound	当数据项绑定到 TreeView 控件中的节点时发生
TreeNodeExpanded	当扩展 TreeView 控件中的节点时发生
TreeNodeNodePopulate	当其中 PopulateOnDemand 属性设置为 True 的节点在 TreeView 控件中展开时发生

4. 向 TreeView 控件中添加节点的方法

向 TreeView 控件添加节点有以下几种方法。

1) 手工方式添加节点

向网页中拖放一个 TreeView 控件时,出现"TreeView 任务"列表,从中选择"编辑节点"命令,打开"TreeView 节点编辑器"对话框,可以从中添加和删除节点。每个节点至少应该设置 Text 和 Vlaue 属性,还可以根据需要设置 NavigateUrl 和 Target 属性等。

2) 通过 DataSourceID 属性设置数据源控件

ASP.NET 提供了 SiteMapDataSource 两个服务器控件,位于工具箱的"数据"选项卡中,用于 ASP.NET 站点导航,前者检索站点地图提供程序的导航数据,后者检索指定的 XML 文件的导航数据,并将导航数据传递到可显示该数据的控件中。

3) 通过编程方式添加节点

由于 TreeView 控件的 Node 属性是一个 TreeNodeCollection 类对象,因此采用 Add 方法向其中添加 TreeNode 对象,这种方式可以在运行时动态地增加删除 TreeView 控件的节点。

5.4.2 Menu 控件

Menu 控件又称菜单控件,Menu 控件主要用于创建一个菜单,让用户快速选择不同页面,从而完成导航功能。其方法与 TreeView 控件十分相似。

1. Menu 控件的属性

Menu 控件的常用属性主要有以下几个。

1) DataSourceID 属性

该属性指定 Menu 控件的数据源控件的 ID 属性。例如,可以指定 XML 文件绑定的 XmlDataSource 控件或与站点地图绑定的 SitDataSource 控件的 ID。

2) Items 属性

Items 属性是 Menu 控件中所有菜单项的集合,一个菜单项是一个 MenuItem 对象。可以通过索引来表示 Items 集合中的元素,例如:

Menu1.Items 表示 Menu1 控件的所有菜单项集合。

Menu1.Items[0]表示 Menu1 控件中的第一个菜单项。

Menu1.Items[0].ChildItems 表示 Menu1 控件中的第一个菜单项的子菜单项集合。

Menu1.Items[0].ChildItems[1]表示 Menu1 控件中的第一个菜单项的第二个子菜单。

3) Orientation 属性

该属性获取或设置 Menu 控件的呈现方向,可取 Horizontal(表示水平呈现 Menu 控件)或 Vertical(表示垂直呈现 Menu 控件)。

4) Target 属性

该属性获取或设置用来显示菜单项的关联网页内容的目标窗口或框架。Target 属性影响控件中的所有菜单项。若要为单个菜单项指定一个窗口或框架,直接设置 MenuItem 对象的 Target 属性即可。

2. Menu 属性的事件

Menu 控件的常用事件及其说明如表 5.45 所示。

表 5.45　Menu 控件的常用事件及其说明

事　　件	说　　明
MenuItemClick	单击菜单项时发生。此事件通常用于将页上的一个 Menu 控件与另一个控件进行同步
MenuItemDataBound	当菜单项绑定到数据时发生。此事件通常用于在菜单项呈现在 Menu 控件中之前对菜单项进行修改

3. 向 Menu 控件中添加菜单项的方法

向 Menu 控件中添加菜单项有以下几种方法。

1）手工方式添加

向网页中拖放一个 Menu 控件时,出现"Menu 任务"列表,从中选择"编辑菜单项"命令,打开"菜单编辑器"对话框,可以从中添加和删除菜单项,每个菜单项至少应设置 Text 和 Value 属性,还可以根据需要设置 NavigateUrl 和 Target 属性等。

2）通过 DataSourceID 属性设置数据源控件

在网页中拖放一个 Menu 控件后,再从工具箱"数据"选项卡中将 SitMapDataSource 控件拖放到网页上,不设置其任何属性,只需要将 Menu 控件的 DataSourceID 设置为该 SitMapDataSource 控件的 ID 即可。SitMapDataSource 控件自动读取站点地图的数据并在 Menu 控件中显示。

3）通过编程方式添加节点

由于 Menu 控件的 Items 属性是一个 MenuItemCollection 类对象,因此采用 Add 方法向其中添加 MenuItem 对象。这种方式可以在运行时动态地增加和删除 Menu 控件的菜单项。

5.4.3　SiteMapPath 控件

SiteMapPath 控件会显示一个导航路径（也称为当前位置或页眉页脚）,此路径为用户显示当前页的位置,并显示返回到主页的路径链接。此控件提供了许多可供自定义链接的外观选项。

实践与练习

一、选择题

1. 以下不属于 ASP.NET 控件的种类的是（　　）。
   A. HTML 控件　　　　　　　　　B. ActiveX 控件
   C. Web 服务器控件　　　　　　　D. 用户自定义控件
2. 关于 HTML 控件,说法错误的是（　　）。
   A. HTML 控件是标记,而服务器控件是对象类
   B. 一个 HTML 控件对应一个 HTML 元素
   C. HTML 控件可以被转换成服务器控件
   D. ASP.NET 不处理 HTML 控件的事件
3. 将 HTML 控件转换成服务器控件的方法是（　　）。

A. 添加"＜asp:"前缀
B. 从 System.Web.UI.Control 派生
C. 改从工具箱的"标准"选项卡拖放控件
D. 在标记代码中添加 runat="server"属性

4. 工具箱中的哪个控件是 HTML 复位按钮？（ ）
   A. Input(Button)   B. Input(Submit)
   C. Input(Reset)   D. Input(Text)

5. HTML 元素 hr 对应的 HTML 控件是（ ）。
   A. Table   B. Div
   C. Hr   D. Horizontal Rule

6. Label 控件的应用场合较准确的描述是（ ）。
   A. 用于显示页面静态文本   B. 用于显示不可编辑文本
   C. 用于显示动态的不可编辑文本   D. 用于显示可编辑文本

7. 设置 TextMode 属性，可使得 TextBox 具有多种使用形式,但不可用作（ ）。
   A. 单行文本框   B. 多行文本框
   C. 密码输入框   D. 隐藏输入框

8. 关于按钮控件的 Command 事件,说法正确的是（ ）。
   A. 不是在按钮被单击时发生的
   B. 处理 Command 事件,通常需要获取 CommandName 和 CommandArgument 属性值
   C. 早于 Click 事件发生
   D. 常用于在一个按钮控件具备多个事件处理函数的场合

9. FileUpload 控件用于判断是否包含上传文件的属性是（ ）。
   A. FileName   B. PostedFile
   C. HasFile   D. SaveAs

10. FileUpload 控件将上传的客户端文件保存为指定服务器文件的方法是（ ）。
    A. FileName   B. PostedFile
    C. HasFile   D. SaveAs

二、简答题

1. 简述 ASP.NET 的分类。
2. 简述 Button 控件的常用事件及其说明。
3. 简述 Button 控件和 LinkButton、ImageButton 以及 HyperLink 控件有什么区别。
4. 简述 Table 控件的作用及其常用属性。
5. 简述 ImageMap 控件的热区创建方法。
6. 简述导航控件的使用方法。

三、实践

1. 根据图 5.55 和图 5.56 所示设计界面完成设计。

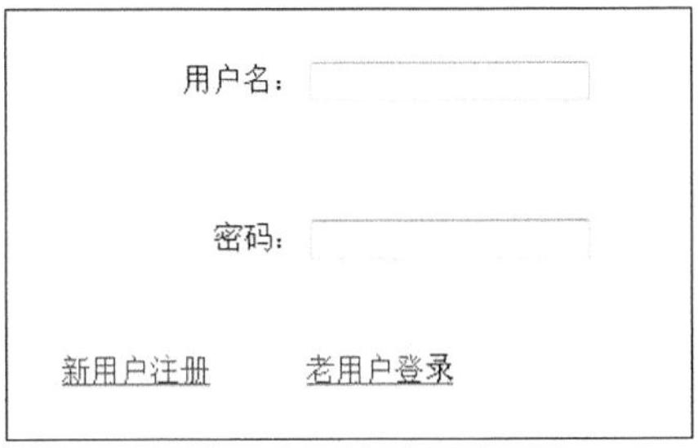

图 5.55　设计界面一

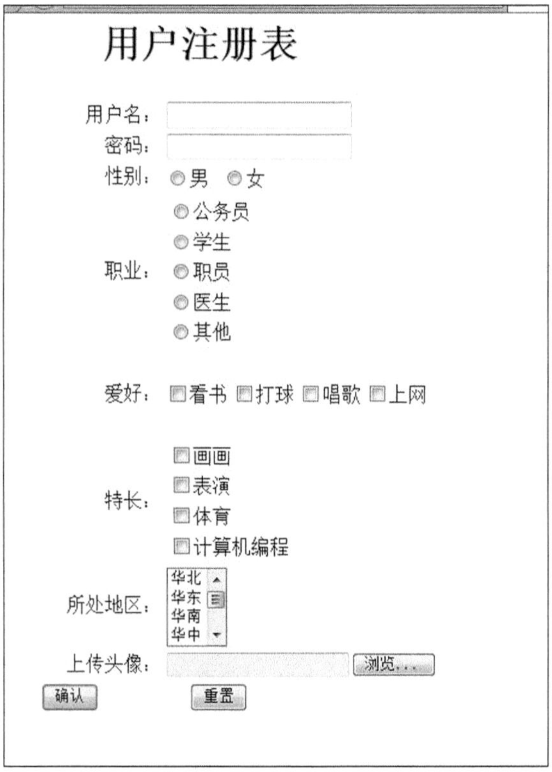

图 5.56　设计界面二

2. 计算组合数。

数学中的组合数可以用以下计算公式计算：

$$C_n^m = \frac{n!}{m!(n-m)!}$$

上述公式要求：

(1) m 和 n 都是大于 0 的正整数。

(2) n 大于等于 m。

(3) 由于组合数随着 n 的增长上升很快，所以要限制 n 的最大取值（设为 20）。

(4) 编写一计算组合数的网页，用户输入有效的 m 和 n，网页计算出结果并显示给用户。当输入的数据不符合要求时给出提示。

第6章 SQL Server 2008 数据库管理

本章学习目标
- 了解 SQL Server 2008 数据库安装。
- 熟练掌握表管理及常用 SQL 语句。

通过本章的学习读者将掌握如何利用 SQL Server 2008 对表进行操作,通过简单实例掌握 SQL 常用语句。

本章所用到的数据库及表如下所述。

数据库：高考招生数据库。

学校表 School 中的数据如表 6.1 所示。

表 6.1 School 表中的数据

校代码 Scode	校 名 Sname	校类型 Stype	计招人数 Plnum	实录人数 Renum	平均分 Average
10712	西北农林科技大学	重点	2440	2500	580
10730	兰州大学	重点	2330	2400	575
10701	西安电子科技大学	重点	2220	2300	560
10459	郑州大学	重点	2110	2200	555
11406	甘肃政法学院	本科	2000	2060	430
10743	青海大学	本科	2000	2030	420
10746	青海师范大学	本科	1950	2000	400
10748	青海民族大学	本科	1900	1940	385

考生表 Examine 中的数据如表 6.2 所示。

表 6.2 Examine 表中的数据

考 号 Exno	考 分 Exgrade	姓 名 Exname	性 别 Sex	所在地 City	民 族 Nation
05140300240318	669	李明	男	青海西宁	汉
05140300250695	651	王萍	女	青海海东	汉
05140300230302	647	桑杰扎西	男	青海海西	藏
05140300271233	598	赵军	男	青海西宁	汉
05140300293212	576	王菲	女	青海格尔木	汉

考生志愿表 Ewill 中的数据如表 6.3 所示。

表 6.3　Ewill 表中的数据

考　号 Exno	一本志愿校代码 Scode1	二本志愿校代码 Scode2	志愿序号 Order
05140300240318	10459	10743	1
05140300250695	10730	10746	1
05140300230302	10712	10748	1
05140300271233	10701	10746	1
05140300293212	10712	11406	1
05140300293213	10730	10743	2

6.1　表　管　理

6.1.1　创建表

1. 使用 SQL Server Management Studio 创建表

创建表的步骤如下。

(1) 在"对象资源管理器"窗口中，展开"数据库"下的"高考招生"节点。

(2) 右击"表"节点，选择"新建表"命令，进入表设计器。

(3) 在表设计器的第一列中输入列名，第二列选择数据类型，第三列选择是否为空。

【例 6.1】　在高考招生数据库中创建 School 表，结果如图 6.1 所示。

图 6.1　创建 School 表

【例 6.2】 在高考招生数据库中创建 Examine 表,结果如图 6.2 所示。

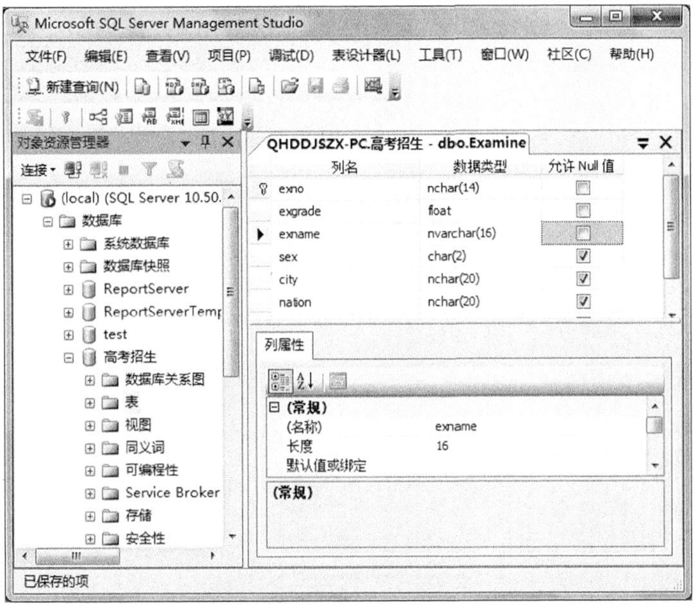

图 6.2 创建 Examine 表

【例 6.3】 在高考招生数据库中创建 Ewill 表,结果如图 6.3 所示。

图 6.3 创建 Ewill 表

2. 使用 SQL 语句创建表

语法格式:

```
CREATE TABLE
```

```
[database_name.[owner] .| owner.] table_name
({<column_definition>| column_name AS computed_column_expression|
<table_constraint>} [,…n])
[ON {filegroup|DEFAULT }]
[TEXTIMAGE_ON {filegroup|DEFAULT }]
<column_definition>::={column_name data_type }
[COLLATE<collation_name>]
[[DEFAULT constant_expression]
| [IDENTITY [(seed,increment) [NOT FOR REPLICATION]]]]
[ROWGUIDCOL]
[<column_constraint>] […n]
```

其中,有关约束的参数说明如下。

NULL/NOT NULL：空值/非空值约束。

DEFAULT 常量表达式：默认值约束。

UNIQUE：唯一性约束。

PRIMARY KEY：主键约束,等价非空、唯一。

REFERENCES 父表名（主键）：外键约束。

CHECK（逻辑表达式）：检查约束。

【例 6.4】 在高考招生数据库中,创建学校表 School,考生表 Examine 和考生志愿表 Ewill。

高考招生数据库的数据模型：

```
School(Sccode,Scname,Sctype,Plnum,Renum,Average)
    PK: Sccode
Examine(Exno,Exgrade,Exname,Sex,Ctiy,Nation)
    PK: Exno
Ewill(Exno,Scode1,Scode2,Order)
    PK: Exno FK: Exno
```

创建学校表 School：

```
CREATE TABLE School
(Sccode char(5)NOT NULL primary key,--校代码,主键
Scname varchar(20) NOT NULL,--校名
Sctype char(4) NULL,--校类型
Plnum int NULL,--计招人数
Renum int NULL,--实录人数
Average float NULL,--平均分)
```

创建考生表 Examine：

```
USE 高考招生
GO
CREATE TABLE Examine (
```

```
Exno char(14) NOT NULL PRIMARY KEY,--考号,主键
Exname varchar(8) NULL,--姓名
Exgrade float NULL,--考分
Sex char(2) NULL CHECK (Sex='男'or Sex='女')--性别,检查约束
Nation varchar(2) NULL,--民族;
City varchar(20) NULL,--所在地)
```

创建考生志愿表Ewill：

```
USE 高考招生
GO
CREATE TABLE Ewill (
Exno char(14) NULL,---考号
Scode1 char(5) NULL,----一本志愿校代码
Scode2 char(5) NULL,---二本志愿校代码
Order char(1) NULL,--志愿序号
FOREIGN KEY(Exno) REFERENCES Examine (Exno) ON DELETE NO ACTION,--考号,外键,不级
联删除
```

6.1.2 修改表

1. 使用SSMS修改表

操作步骤：

（1）在"对象资源管理器"窗口中,展开"数据库"节点。

（2）展开所选择的具体数据库节点,进一步展开"表"节点。

（3）选择要修改的表并单击右键,选择"修改"命令。

（4）进入表设计器即可进行表的定义的修改。

2. 使用SQL语句修改表

语法格式：

```
ALTER table 表名
(ALTER COLUMN 列名 列定义,
ADD 列名1 类型 约束,
DROP 列名
...
)
```

说明：列定义包括列的数据类型和完整性约束。

1）修改属性

【例6.5】 将考生表Examine中字段Nation的类型varchar(2)改为varchar(4)。

```
USE 高考招生
GO
ALTER TABLE Examine
ALTER COLUMN Nation varchar(4) NULL
GO
```

2）添加或删除列

【例 6.6】 为考生表 Examine 添加邮件地址 E-mail 字段。

```
USE 高考招生
GO
ALTER TABLE Examine
ADD E-mail varchar(20) NULL CHECK(E-mail like '%@%')
GO
```

【例 6.7】 删除 Examine 表中的邮件地址 E-mail 字段。

```
USE 高考招生
GO
ALTER TABLE Examine
DROP COLUMN E-mail
GO
```

说明：必须先删除其上的约束。

3）添加或删除约束

【例 6.8】 为考生志愿表 Ewill 添加主键约束（假设还没有创建）。

```
USE 高考招生
GO
ALTER TABLE Ewill
ADD PRIMARY KEY(Exno)
GO
```

【例 6.9】 删除考生志愿表 Ewill 中的主键约束。

```
USE 高考招生
GO
ALTER TABLE Ewill
DROP PRIMARY KEY (Exno)
GO
```

6.1.3 删除表

1. 使用 SSMS 删除表

操作步骤：

（1）在"对象资源管理器"窗口中，展开"数据库"节点；

（2）展开所选择的具体数据库节点，展开"表"节点；

（3）单击右键选择要删除的表，选择"删除"命令或按 Delete 键。

2. 使用 SQL 语句删除表

语法格式：

```
DROP TABLE table_name
```

【例 6.10】 在高考招生数据库中任意建一个表 Test,然后删除。

USE 高考招生
GO
DROP TABLE Test

注意:

(1) 要删除表 table_name,须先判断该表是否正被数据库中的其他表引用;

(2) 如果未被引用,可直接 DROP TABLE table_name,否则必须先删除引用表的约束,再使用 DROP TABLE table_name。

(3) table_name 是否正引用其他表的情况无须考虑。

6.1.4 查看和编辑表数据

1. 查看表信息及数据

当在数据库中创建了表之后,有时需要查看表的相关信息,例如需要查看表的属性、定义、数据、字段属性和索引等,尤其是查看表内存放的数据,有时也需要查看表与其他数据库对象之间的依赖关系。

1) 查看表的定义

(1) 通过 SQL Server 查询分析器查看表的定义

操作步骤如下。

启动 SQL Server 查询分析器,输入语句:

USE 高考招生
GO
sp_help School

单击工具栏上的"执行"按键或按 F5 键,窗口中即可显示出 School 表的定义信息,如图 6.4 所示。

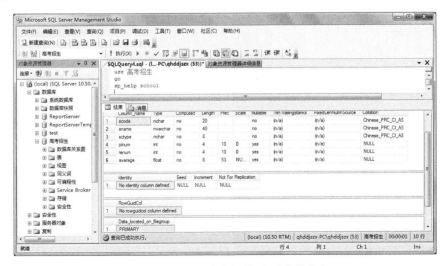

图 6.4 通过"查询分析器"查看表的定义

(2) 在"对象资源管理器"中查看表的定义

在"对象资源管理器"中，选取"高考招生"数据库中的"表"节点。在右侧窗口中的 school 表上右击，在弹出的菜单中单击"设计"命令，可以看到各个列的定义，如图 6.5 所示。

图 6.5 通过"对象资源管理器"查看表的定义

(3) 在"对象资源管理器"中查看表的信息。

在"对象资源管理器"中，选取"高考招生"数据库中的"表"节点。在右侧窗口中的 School 表上右击，在弹出的菜单中单击"编辑前 200 或 1000"命令，可以看到表的信息。

2) 查看数据库中存储的数据表

可以从数据库中的系统表 sysobjects 中查看包含的所有用户数据表信息。

格式：

```
USE 数据库名
SELECT * FROM sysobjects WHERE type='U'
```

由于系统表 sysobjects 保存的都是数据库对象，其中 type 表示各种对象的类型，具体有以下几种。

U＝用户表

S＝系统表

C＝CHECK 约束

D＝默认值或 DEFAULT 约束

F＝FOREIGN KEY 约束

L＝日志

FN＝标量函数

IF＝内嵌表函数

P＝存储过程

PK＝PRIMARY KEY 约束(类型是 K)

RF＝复制筛选存储过程

TF＝表函数

TR＝触发器

UQ＝UNIQUE 约束(类型是 K)

V＝视图

X＝扩展存储过程及相关的对象信息。

【例 6.11】 查看高考招生数据库中的用户数据表,如图 6.6 所示。

图 6.6 查看数据库中存储的数据表

3) 查看表的依赖关系

操作步骤：

(1) 在对象资源管理器中,展开"数据库";

(2) 展开其中具体的某个数据库,然后展开"表";

(3) 右击选择的表,然后单击"查看依赖关系"命令；

(4) 在"对象名的对象依赖关系"对话框中,选择"依赖对象名的对象"或"对象名 依赖的对象"。"依赖关系"网格将显示对象列表。

2．编辑表数据

1) 插入记录

使用 SQL 语句插入记录格式为：

INSERT [INTO](表名|视图名)[列名表] VALUES(常量表)

【例 6.12】 插入一行所有列的值。

USE 高考招生

GO

```
INSERT INTO School
VALUES('10816','青海警官学院','专科',326,300,295)
GO
```

【例 6.13】 插入一行部分列

```
USE 高考招生
GO
INSERT School (Sccode,Scname,Sctype)
VALUES('10817','青海第一职业技术学校','专科')
GO
```

2）修改记录

使用 SQL 语句修改记录格式为：

UPDATE 表名 SET 列名 1=表达式,… 列名 n=表达式 WHERE 逻辑表达式

【例 6.14】 把学校表 School 中的重点院校的计招人数 Plnum 全部增加两个人。

```
USE 高考招生
GO
UPDATE School
SET Plnum=Plnum+2
WHERE Sctype='重点'
GO
```

3）删除记录

使用 SQL 语句删除记录格式为：

DELETE 表名 WHERE 逻辑表达式

【例 6.15】 删除 School 表中 Scname 为'青海警官学院'的记录。

```
USE 高考招生
GO
DELETE School
WHERE Scname='青海警官学院'
GO
```

【例 6.16】 删除考生 Examine 表中的所有记录。

```
USE 高考招生
GO
DELETE Examine
```

6.2 常用 SQL 语句

6.2.1 SELECT 语句

SELECT 语句是使用频率最高的 SQL 命令，具有强大的查询功能。在 SQL Server 数

据库中,数据查询是通过使用 SELECT 语句来完成的。SELECT 语句可以从数据库中按用户的要求查询行,而且允许从一个表或多个表中选择满足给定条件的一个或多个行或列,并将数据以用户规定的格式进行整理后返回给客户端。

SELECT 语句可以精确地对数据库进行查找,并且 SELECT 语句的 SQL 语法显得直观、结构化。当然,SELECT 语句也可以进行模糊查询。

语法格式:

```
SELECT [ALL|DISTINCT][TOP n] SELECT_list
[INTO new_table]
[FROM table_source]
[WHERE search_condition]
[GROUP BY group_by_expression]
[HAVING search_condition]
[ORDER BY order_by_expression[ASC|DESC]]
[COMPUTE expression]
```

功能:从 FROM 子句指定的基本表或视图中,根据 WHERE 子句的条件表达式查找出满足该条件的记录,按照 SELECT 子句指定的目标字段表达式,选出记录中的属性值形成结果表。如果有 GROUP BY 子句,则将结果按指定字段的值进行分组,该属性列值相等的记录为一个组;如果 GROUP BY 子句带有短语 HAVING,则只有满足短语指定条件的分组才会输出。如果有 ORDER BY 子句,则结果表要按照指定字段的值进行升序和降序排列。

参数说明:

(1) SELECT 子句:用来指定由查询返回的列(字段、表达式、函数表达式或常量等)。基本表中有相同的列名时应该表示为:表名.列名。

(2) DISTINCT:表示在结果集中,查询出的内容相同的记录只保留一条。

(3) INTO 子句:用来创建新表,并将查询结果行插入到新表中。

(4) FROM 子句:用来指定从中查询行的源表。可以指定多个源表,各个源表之间用","分隔;若数据源不在当前数据库中,则用"数据库名.表名"表示;还可以在该子句中指定表的别名,定义别名表示为:〈表名〉as〈别名〉。

(5) WHERE 子句:用来指定限定返回的行的搜索条件。

(6) GROUP BY 子句:用来指定查询结果的分组条件,即归纳信息类型。

(7) HAVING 子句:用来指定组或聚合的搜索条件。

(8) ORDER BY 子句:用来指定结果集的排序方式。

(9) COMPUTE 子句:用来在结果集的末尾生成一个汇总数据行。

查询语句中常用函数的格式及功能如表 6.4 所示。

表 6.4 查询计算函数的格式及功能

函 数 格 式	函 数 功 能
COUNT(*)	统计记录条数
COUNT(字段名)	统计一列值的个数

续表

函 数 格 式	函 数 功 能
SUM(字段名)	计算某一数值型字段值的总和
AVG(字段名)	计算某一数值型字段值的平均值
MAX(字段名)	计算某一数值型字段值的最大值
MIN(字段名)	计算某一数值型字段值的最小值

查询语句的条件表达式,可以是关系表达式,也可以是逻辑表达式,表 6.5 中给出组成条件表达式常用的运算符。

表 6.5 查询条件中常用的运算符

查询条件	运 算 符	说 明
比较	=、>、<、>=、<=、!=、!>、!<	字符串比较从左向右进行
确定范围	Between And	Between 后是下限,And 后是上限
确定集合	In、Not In	检查一个属性值是否属于集合中的值
字符匹配	Like、Not Like	用于构造条件表达式中的字符匹配
空值	Is Null、Is Not Null	当属性值内容为空时,要用次运算符
多重条件	And、Or	用于构造复合表达式

【例 6.17】 查看高考招生数据库 School 表中的全部信息。

```
USE 高考招生
GO
SELECT Sccode,Scname,Sctype,Plnum,Renum,Average FROM School
GO
```

本句也可表述为:

```
USE 高考招生
GO
SELECT * FROM School
GO
```

【例 6.18】 查询 School 表中 Sctype 字段,并去掉重复值。

```
USE 高考招生
GO
SELECT DISTINCT Sctype FROM School
GO
```

【例 6.19】 查询 School 表中所有记录的字段,并将列名 Sccode、Scname、Sctype、Plnum、Renum、Average 分别取别名为校代码,校名,校类型,计招人数,实录人数,平均分。

```
USE 高考招生
```

```
GO
SELECT Sccode 校代码,校名=Scname,Sctype AS 校类型,Plnum AS 计招人数,
Renum AS 实录人数,Average AS 平均分 FROM School
GO
```

6.2.2 INSERT 语句

INSERT 语句用于将一行记录插入到指定的一个表中,一次插入一行数据记录。当需要向表中插入多行数据记录时,需要多次使用 INSERT 语句。在 SQL Server 2008 中,可以一次插入多行数据记录。

语法格式:

```
INSERT [INTO]<table_name>
    [(<column list>)]
VALUES (<data values>) [,(<data values>)] [,…n]
```

INTO 关键字是可选项,它只是为了增加可读性而存在的。

【例 6.20】 向 School 表中添加一条记录(51382,'青海广播电视大学','本科',500,550,390)。

```
USE 高考招生
GO
INSERT INTO School VALUES (51382,'青海广播电视大学','本科',500,550,390)
GO
```

注意:

(1) table_name 必须事先存在。当输入汉字时,用单引号引起来,并且前面加入"N"字符。

(2) 执行 INSERT 语句后,系统将上述一条记录值按照创建 table_name 时定义的顺序填入相应的列中。

6.2.3 UPDATE 语句

UPDATE 语句表示更新,即 UPDATE 语句用来更新数据表中已有的数据。和 INSERT 语句一样,它有着相当复杂的选项,但有一个能满足大多数需求的更基本的语法格式:

```
UPDATE<table_name>
SET<column>=<value>[,<column1>=<value1>][,…]
[FROM<source table(s)>]
[WHERE<restrictive condition>]
```

【例 6.21】 将 Examinel 表中姓名为李明的学生考试分数改为 600 分。

```
USE 高考招生
GO
UPDATE Examine SET exgrade=600
```

WHERE exname='李明'

6.2.4 DELETE 语句

DELETE 语句是相对比较简单的语句,用于删除表中的行。

语法格式:

```
DELETE<table_name>
[WHERE<condition>]
```

注意:该语句将从表中删除符合条件的数据行,如果没有 WHERE 语句,则删除所有数据行。通过使用 DELETE 语句的 WHERE 子句,SQL 可以删除单行数据、多行数据以及所有行数据。使用 DELETE 语句时,应注意以下几点:

(1) DELETE 语句不能删除单个字段的值,只能删除整行数据。要删除单个字段的值,可以采用 UPDATE 语句,将其更新为 NULL。

(2) 使用 DELETE 语句仅能删除记录,即表中的数据,不能删除表本身。要删除表,需要使用 DROP TABLE 语句。

(3) 同 INSERT 和 UPDATA 语句一样,从一个表中删除记录将引起其他表的参照完整性问题。这是一个潜在问题,需要时刻注意。

【例 6.22】 删除 Examine 表中姓名为"李明"的数据记录。

```
USE 高考招生
GO
DELETE Examine
WHERE Exname='李明'
```

实践与练习

一、实验目的

熟练掌握 SELECT 语句的用法。

二、实验内容

根据表 6.1~表 6.3,使用 SELECT 语句,完成下列操作。

1. 查看所有考生的信息。
2. 查看每位考生的考分。
3. 查看每位考生的所在地。
4. 查看每位考生的民族。
5. 查看招生学校的基本信息。
6. 查看招生学生的实录人数。
7. 查看考分超过 500 分的考生。
8. 查看所有男考生的考分及志愿学校。
9. 查看所有超过 500 分的女考生的志愿学校,并按考号排序。
10. 查看考生志愿不是"10730"的考生信息。

三、参考答案（语句主体）

1. Select * FROM Examine

2. Select Exname,Exgrade FROM Examine

3. Select Exname,City 所在地 FROM Examine

4. Select Exname,Nation 民族 FROM Examine

5. Select * FROM School

6. Select Sccode,Renum 实录人数 FROM School

7. Select * FROM Examine WHERE Exgrade>500

8. Select table1.exno 考号,table1.sex 性别,table1.exgrade 考分,
　　　table2.scode1 一志愿,table2.scode2 二志愿
　　　FROM Examine AS table1 INNER JOIN Ewill AS table2
　　　ON table1.exno=table2.exno
　　　WHERE table1.sex='男'

9. Select table1.exno 考号,table1.sex 性别,table1.exgrade 考分,
　　　table2.scode1 一志愿,table2.scode2 二志愿
　　　FROM Examine AS table1 INNER JOIN Ewill AS table2
　　　ON table1.exno=table2.exno
　　　WHERE table1.sex='女' AND table1.exgrade>500
　　　ORDER BY table1.exno

10. SELECT * FROM Examine
　　WHERE NOT EXISTS
　　(SELECT * FROM Ewill
　　　WHERE Exno=Examine.exno AND Scode1=10730)

第7章 ADO.NET 数据库编程

本章学习目标
- 了解 ADO.NET 对象模型。
- 掌握 ADO.NET 对象。

Web 应用系统通常采用 Browser/Web Server/Application Server 模式实现。就数据库应用系统来说，应用服务器就是数据库服务器，因而 Web 访问数据库的关键是与数据库服务器间的接口。有多种在 Web 环境下操作数据库的方法，较有代表性的技术是：CGI、Web Server API、JDBC 及 ASP。

ASP 提供使用 VBScript 或 JScript 的服务器端脚本环境，可用来创建和运行动态、交互的 Web 服务器应用程序。ASP 使用 ADO 对象很方便地与数据库建立连接，操作数据库。ADO 对象是程序开发平台和数据库访问提供程序 OLE DB 之间的媒介。ADO 的核心是记录集(RecordSet)，记录集提供了良好的应用接口，使开发者能够容易地开发出功能强大的数据库应用程序。但 ASP 技术的最大局限是只能在 Windows COM 环境中使用，在其他的操作系统环境中无法使用。另一个局限是对于复杂的数据库查询结果的处理也较为复杂。而 ADO.NET 数据库访问模型是 ASP.NET 访问数据库的主要方式。它是一组对象类的名称，是 Microsoft 发布的一种数据访问技术，作为 .NET Framework 的一部分，用于与数据存储中的数据交互，它将会让用户更加方便地在应用程序中使用数据。对于原来使用 ADO 的程序员来说，需要注意的是，虽然 ADO 和 ADO.NET 有一定的相似性，但 ADO.NET 是一种全新的数据库访问技术，而不是 ADO 的升级版。

ADO.NET 对 Microsoft SQL Server 和 XML 等数据源提供一致的访问，此外，它也可以对通过 OLE DB 和 XML 公开的数据源提供一致访问。开发人员可以使用 ADO.NET 链接到这些数据源，并检索、处理和更新所包含的数据。下面对 ADO.NET 进行简单的介绍。

7.1 ADO.NET 简介

在 ASP.NET 应用程序中访问数据库要通过 ADO.NET 来实现。ADO.NET 又被称为 ActiveX 数据库对象(ActiveX Data Object)，是从 Web 的角度对 ADO 进行改进的。ADO.NET 是为了广泛的数据控制而设计，所以使用起来比以前的 ADO 更灵活，也提供了更多功能。

ADO.NET 中的代码处理了大量的数据库特有的复杂情况，所以当 ASP.NET 页面设计人员想读取或者写入数据时，他们只需编写少量的代码，并且这些代码都是标准化的。就像 ASP.NET 一样，ADO.NET 不是一种语言。它是对象(类)的集合，在对象(类)中包含由 Microsoft 编写的代码。可以使用诸如 Visual Basic 或者 C# 等编程语言来在对象外部运行这些代码。

可以将 ADO.NET 看作是一个介于数据源和数据使用者之间的非常灵巧的转换层。ADO.NET 可以接受数据使用者语言中的命令,然后将这些命令转换成在数据源中可以正确执行任务的命令。而且 ASP.NET 2.0 还提供了服务器端数据控件,可以更方便地与 ADO.NET 交互工作,这基本上减少了直接使用 ADO.NET 对象的需求。

ADO.NET 对象模型中有 5 个主要的组件,分别是 Connection、Command、DataSetCommand、Dataset 以及 DataReader。在 ADO.NET 对象模型中,DataSet(数据集)是最重要的对象。一般来说,一个 DataSet 对象就是一个记录集的集合,可以通过命令用数据集合填充 DataSet 对象。ADO.NET 提供了记录集的所有数据功能,包括排序、分页、过滤视图、关系、索引和主键等。可以用 XML 形式保持或传输任何 DataSet 对象,而且无须付出任何额外的代价,因为 DataSet 对象本身就是按照 XML 格式构造的。Connection、Command、DataSetCommand 以及 DataReader 是数据操作组件,负责建立联机和数据操作。数据操作组件的主要功能是作为 DataSet 和数据源之间的桥梁,其主要功能是负责将数据源中的数据取出后填充到 DataSet 数据集中,或者将数据存回数据源。

7.1.1　ADO.NET 对象模型

为了更好地支持断开模型,ADO.NET 对象将数据访问与数据处理分离。它是通过两个主要的组件.NET 数据提供程序和 DataSet 来完成这一操作的。ADO.NET 对象的一个核心元素是.NET 数据提供程序,它是专门为数据处理以及快速地只进、只访问数据而设计的组件。它是包括 Connection、Command、DataReader 和 DataAdapter 对象的组件。ADO.NET 对象的结构如图 7.1 所示。

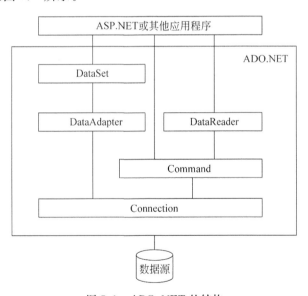

图 7.1　ADO.NET 的结构

其中,DataSet 是 ADO.NET 断开连接体系结构的核心组件,它是专门为各种数据源的数据访问独立性而设计的,所以它可以用于多个不同的数据源、XML 数据管理或管理应用程序的本地数据,如内存中的数据高速缓存。DataSet 包含一个或多个 DataTable 对象的集合,这些对象由数据行和数据列以及有关 DataTable 对象中数据的主键、外键、约束和关系信息组成。它本质上是一个内存中的数据库,但从不关心它的数据是从数据库中、XML 文件中,还是从这两者中或是从其他什么地方获得的。

7.1.2 ADO.NET 命名空间

ADO.NET 提供多个数据库访问操作的类,如表 7.1 所示是基本类。在 ADO.NET 应用程序中访问数据库,需要在程序开始处引入相应的命名空间。

表 7.1 ADO.NET 命名空间

命 名 空 间	说　　明
System.Data	ADO.NET 基类
System.Data.OleDb	为 OLE DB 数据源或 SQL Server 6.5 或更老的版本数据库设计的数据存取类
System.Data.SqlClient	SQL Server 7.0 或更高版本的 SQL Server 数据库设计的数据存取类

可将 ADO.NET 命名空间下的类分为以下三组。

1. SQL 数据库常用的类

位于 System.Data.SqlClient 命名空间下,用于 SQL Server 7.0 或更高版本的数据库操作,表 7.2 列出了 SQL 数据库常用的类。

表 7.2 SQL 数据库常用的类

类	说　　明
SqlConnection	建立数据库连接
SqlCommand	执行 SQL 命令并返回 SqlDataAdapter 类型结果
SqlDataAdapter	执行 SQL 命令并返回 DataSet 类型结果
SqlDataReader	以只读方式读取数据源的数据,一次只能读取一条记录

2. OLE DB 数据库常用的类

位于 System.Data.OleDb 命名空间下,用于 OLE 数据源操作,表 7.3 列出了 OLE DB 数据库常用的类。

表 7.3 OLE DB 数据库常用的类

类	说　　明
OleDbConnection	建立数据库连接
OleDbCommand	执行 SQL 命令并返回 OleDbDataAdapter 类型结果
OleDbDataAdapter	执行 SQL 命令并返回 DataSet 类型结果
OleDbDataReader	以只读方式读取数据源的数据,一次只能读取一条记录

3. 数据集及相关类

主要有 DataSet、DataTable、DataRelation 和 DataView。这些类可以构建内存数据库。一个 DataSet 就是一个内存数据库。创建一个 DataSet,将代表数据表的多个 DataTable 对象添加到 DataSet 中。DataTable 可以通过 SqlDataAdapter 或 OleDbDataAdapter 对象来

创建。通过 DataRelation 对象可以定义 DataSet 中表与表之间的关系,通过 DataView 则可实现 DataTable 的数据过滤和排序。

7.2 Connection 对象连接数据库

数据库访问对象是数据库的访问接口,负责建立连接和数据操作,是数据存储对象与数据源之间的桥梁。用于将数据源中的数据取出后放入数据存储对象或在客户端显示出来,也可将数据存回数据源。数据库访问过程如图 7.2 所示。

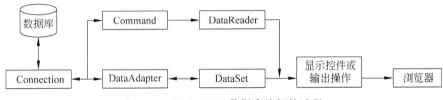

图 7.2　ADO.NET 数据库访问的过程

ADO.NET 包含两组数据库访问对象,这两种数据提供程序都包含 Connection、Command、DataReader 和 DataAdapter 4 个对象。这些对象的作用列于表 7.4 中。

表 7.4　.NET 数据提供程序包含的对象

名　称	描　述
Connection	创建数据源的连接。SqlConnection 对象连接 SQL Server 数据库;OleDbConnection 对象连接 OLE DB 数据源
Command	对数据源执行 SQL 命令并返回结果
DataReade	读取数据源的数据,只能将数据源的数据从头至尾一次读出
DataAdapter	对数据源执行 SQL 命令并返回结果

1. 通过 ADO.NET 执行常规数据库操作的过程

(1) 导入相应的命名空间;

(2) 用 Connection 对象建立与数据库的连接;

(3) 用 Command 或 DataAdapter 执行 SQL 的 Select、Insert、Update 或 Delete 命令,对数据库进行查询、插入、更新和删除等操作;

(4) 通过 DataSet 或 DataReader 或 OleDbCommand 对象访问数据;

(5) 使用数据显示控件或输出语句显示数据对象。

2. 使用 Connection 对象连接数据库

当连接到数据源时,首先选择一个.NET 数据提供程序。数据提供程序包含一些类,这些类能够连接到数据源,高效地读取数据、修改数据、更新数据和操纵数据。微软公司提供了数据提供程序的连接对象。

SQL Server.NET 数据提供程序的 SqlConnection 连接对象。

OLE DB.NET 数据提供程序的 OleDbConnection 连接对象。

数据库连接字符串常用参数说明见表 7.5。

表 7.5 数据库连接字符串常用参数说明

参 数	说 明
Provider	用于返回连接提供程序的名称，仅用于 OleDbConnection 对象
Connection Timeout	在终止尝试并产生异常前，等待连接到服务器的连接时间长度（默认值是15s）
Initial Catalog 或 Database	数据库名
Server 或 Data Source	连接打开时使用的 SQL Server 名称，或者是 Microsoft Access 数据库的文件名
Password 或 pwd	SQL Server 账户的登录密码
User ID 或 uid	SQL Server 登录账户
Integrated Security	连接是否安全，可能的值有 true、false 和 SSPI

以下将对不同连接对象进行详细讲解。

7.2.1 使用 SqlConnection 对象连接 SQL Server 数据库

对数据库进行操作前，先要建立数据库的连接。ADO.NET 专门提供了 SQL Server .NET 数据库提供程序用于访问 SQL Server 数据库。SQL Server.NET 数据库提供程序提供了专用于访问 SQL Server 7.0 及更高版本数据库的数据访问类集合，如 SqlConnection、SqlCommand、SqlDataReader 及 SqlDataAdapter 等数据访问类。

SqlConnection 类是用于建立与 SQL Server 服务器连接的类，其语法格式如下：

```
SqlConnection 连接对象名=new SqlConnection("Server=服务器名;DataBase=数据库名;
User ID=用户;Pwd=密码");
```

例如，通过 ADO.NET 连接本地 SQL Server 中的 student 数据库过程如下。

在命名空间区域中添加以下内容：

```
using System.Data.SqlClient;
```

Page_Load 事件代码：

```
string sqlStr="Server=(local);Database=student;User Id=sa;Pwd=";
SqlConnection mycon=new SqlConnection(sqlStr);
mycon.Open();
...
//对数据库操作
...
mycon.Close();
```

7.2.2 使用 OleDbConnection 对象连接 OLE DB 数据源

OLE DB 数据源包含具有 OLE DB 驱动程序的任何数据源，如 SQL Server、Access、Excel 和 Oracle 等。OLE DB 数据源连接字符串必须提供 Provider 属性及其值。

1. 使用 OleDb 方式连接 SQL Server 数据库的语法格式

OleDbConnection 连接对象名=new OleDbConnection("Provider=OLE DB 提供程序的名称;Data Source=存储要连接数据库的 SQL 服务器;Initial Catalog=连接的数据库名;Uid=用户名;Pwd=密码");

例如,通过 OleDbConnection 对 SQL Server 数据库进行连接过程如下。
在命名空间区域中添加以下内容:

```
using System.Data.OleDb;
```

Page_Load 事件代码:

```
String sqlStr=" Provider=SQLOLEDB;Data Source=存储要连接数据库的 SQL 服务器;Initial Catalog=;Uid=;Pwd=";
OleDbConnection mycon=new OleDbConnection (sqlStr);
mycon.Open();
...
//对数据库操作
...
mycon.Close();
```

2. 使用 OleDb 方式连接 Access 数据库的语法格式

OleDbConnection 连接对象名=new OleDbConnection("Provider=数据提供者;Data Source=Accsee 文件路径")

例如,在 ASP.NET 中以下代码表示 OleDb 连接 Access 数据库的方法和完整连接字符串,其中,Access 数据库文件路径可以是相对路径或绝对路径。

```
String StrLoad=Server.MapPath("db1.mdb");    //获取指定数据库文件的路径
OleDbConnection con= new OleDbConnection("Provider=Microsoft.Jet.OLEDB.4.0;Data Source="+StrLoad+";")
```

7.2.3 使用 OdbcConnection 对象连接 ODBC 数据源

与 ODBC 数据源连接需要使用 ODBC.NET Framework 数据提供程序,其命名空间位于 System.Data.Odbc。

```
String strCon="Driver=数据库提供程序名;Server=数据库服务器名;Trusted_Connection=yes;Database=数据库名;"
OdbcConnection odbcconn=new OdbcConnection(strCon);
odbcconn.Open();
...
//对数据库操作
...
odbcconn.Close();
```

7.2.4 使用 OracleConnection 对象连接 Oracle 数据源

ASP.NET 提供了专门的 Oracle.NET Framework 数据库提供程序,它位于命名空间

System.Data.OracleClient.dll 程序集中。

```
String strCon="Data Source=Oracle8i;Integrated Security=yes" ;
OracleConnection oracleconn=new OracleConnection (strCon);
oracleconn.Open();
…
//对数据库操作
…
oracleconn.Close();
```

7.3　Command 对象操作数据

使用 Connection 对象与数据源建立连接后，可使用 Command 对象对数据源执行查询、添加、删除和修改等各种操作。根据所用的.NET Framework 数据提供程序的不同，Command 对象也可以分成两种，分别是 SqlCommand 和 OleDbCommand。在实际编程过程中应根据访问的数据源不同，选择相应的 Command 对象。下面介绍该对象的常用属性和方法。

Command 对象的常用属性及说明，如表 7.6 所示。

表 7.6　Command 对象的常用属性

属性	说明
CommandType	获取或设置 Command 对象要执行命令的类型
CommandText	获取或设置要对数据源执行的 SQL 语句、存储过程或表名。CommandText 也称为查询字符串
CommandTimeOut	获取或设置在终止对执行命令的尝试并生成错误之前的等待时间
Connection	获取或设置此 Command 对象使用的 Connection 对象的名称
Parameters	获取 Command 对象需要使用的参数集合

Command 对象常用方法及说明如表 7.7 所示。

表 7.7　Command 对象常用方法

方法	说明
ExecuteNonQuery	执行 SQL 语句并返回受影响的行数。用于执行不返回任何值的命令，如 INSERT、UPDATE、或 DELETE
ExecuteReader	返回一个 DataReader 对象
ExecuteScalar	执行查询，并返回查询所返回的结果集中第 1 行的第 1 列
ExecuteXMLReader	返回 XmlReader 对象，只用于 SqlCommand 对象

对数据库的操作分为：查询操作和非查询操作。

查询操作又有两种情况：一个是查询单个值，二是查询若干条记录。查询单个值，可以使用 Command 对象的 ExecuteScalar()方法；要查询多个记录，可以使用 Command 对象的 ExecuteReader()方法。

对数据库执行的非查询操作包括添加、修改、删除记录,都可以使用 Command 对象的 ExecuteNonQuery()方法。

Command 命令可根据指定 SQL 语句实现的功能来选择 SelectCommand、InsertCommand、UpdateCommand 和 DeleteCommand 等命令。

7.3.1 查询数据

查询数据库中的记录时,首先创建 SqlConnectin 对象连接数据库,然后定义查询字符串,最后将查询的数据记录绑定到数据控件上。

【例 7.1】 使用 Command 对象查询数据库中记录。

本例讲解 ASP.NET 2.0 应用程序中如何使用 Command 对象查询数据库中的记录。在"姓名"文本框中输入内容,单击"查询"按钮,将查询结果显示出来,如图 7.3 所示。

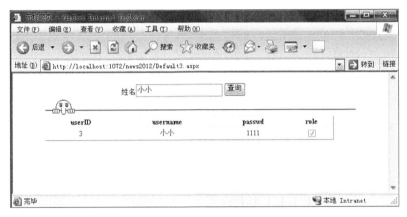

图 7.3 查询数据库中记录

(1)新建一个网站名为 myWeb,设置主页为 Default3.aspx,在 Default3.aspx 页面上添加一个 TextBox 控件、一个 Button 控件和一个 GridView 控件。它们的属性设置及说明如表 7.8 所示。

表 7.8 Default3.aspx 页面中控件属性设置

控件类型	控件名	主要属性	说明
TextBox 控件	tbName	Id 属性设置为 tbName	输入姓名
Button 控件	btSelect	Id 属性设置为 btSelect	查询数据库
		Text 属性设置为"查询"	
GridView 控件	GridView1		显示查询信息

(2)在 Web.config 文件中配置连接字符串,找到＜configuration＞元素中的＜connectionStrings/＞子元素,删除"＜connectionStrings/＞"的后两个字符"/＞",使之成为"＜connectionStrings",然后输入"＞",这时将自动填充＜/connectionStrings＞。在＜connectionStrings＞与＜/connectionStrings＞之间输入如下连接字符串。

```
<connectionStrings>
```

```xml
<add name="dbconnectionstring" connectionString=" Server=(local);Database=news;User Id=sa;Pwd=;" providerName="System.Data.SqlClient"/>
</connectionStrings>
```

（3）编写事件代码。

在命名空间区域中添加以下内容。

```csharp
using System.Data;
using System.Data.SqlClient;
using System.Configuration;
```

Default3.aspx 页面执行时的事件过程代码如下。

```csharp
protected void Page_Load(object sender,EventArgs e)
    {
        dbind();
    }
public void dbind()
    {
        string connstr=System.Configuration.ConfigurationManager
            .ConnectionStrings["dbconnectionstring"].ToString();
        SqlConnection myCon=new SqlConnection(connstr);
        myCon.Open();
        SqlCommand myCmd=new SqlCommand("select * from tb_user",myCon);
        SqlDataAdapter myDa=new SqlDataAdapter(myComd);
        DataSet myDs=new DataSet();
        myDa.Fill(myDs);
        GridView1.DataSource=myDs;
        GridView1.DataBind();
        myCon.close();
    }
protected void btSelect_Click(object sender,EventArgs e)
    {
    if (this.tbName.Text=="")
        {
            this.dbind();
        }
    else
        {
            string connstr=System.Configuration.ConfigurationManager
                .ConnectionStrings["dbconnectionstring"].ToString();
            string usarName=this.tbName.Text.Trim();
            string sqlStr="select * from tb_user where username='" +usarName +"'";
            SqlConnection mycon=new SqlConnection(connstr);
            mycon.Open();
            SqlCommand mycmd=new SqlCommand(sqlStr,mycon);
```

```
        SqlDataAdapter da=new SqlDataAdapter (mycmd);
        DataSet ds=new DataSet();
        da.Fill(ds);
        if (ds.Tables[0].Rows.Count>0)
           {
               GridView1.DataSource=ds;
               GridView1.DataBind();
           }
        else
           {
               Response.Write("<script>alert('没有记录!')</script>");
           }
        mycon.Close();
    }
}
```

7.3.2 添加数据

向数据库中添加记录时,首先要创建 SqlConnectin 对象连接数据库,然后定义添加记录的字符串,最后调用 SqlCommand 对象的 ExecuteNonQuery 方法执行记录的添加操作。

【例 7.2】 使用 Command 对象添加数据。

本例讲解 ASP.NET 2.0 应用程序中如何使用 Command 对象向数据库中添加记录。在"姓名"文本框中输入内容,单击"添加"按钮,将记录添加到数据库中,如图 7.4 和图 7.5 所示。

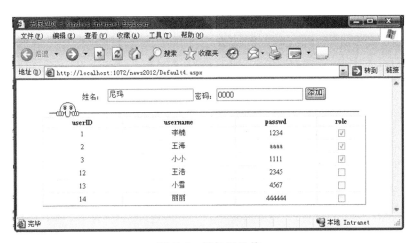

图 7.4 添加记录前

(1) 在 myWeb 网站中添加一个新的 Web 窗体 Default4.aspx,在 Default4.aspx 页面上添加一个 GridView 控件、一个 TextBox 控件和一个 Button 控件,它们的属性设置及说明如表 7.9 所示。

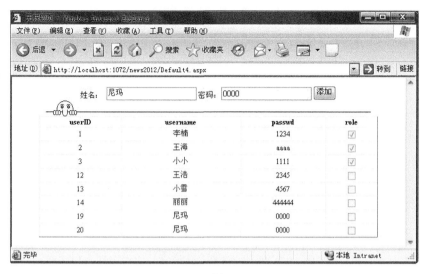

图 7.5 添加记录后

表 7.9 Default4.aspx 页面中控件属性设置

控件类型	控件名	主要属性	说明
TextBox 控件	tbName	Id 属性设置为 tbName	输入姓名
	tbPwd	Id 属性设置为 tbPwd	输入密码
Button 控件	btAdd	Id 属性设置为 btAdd	添加记录
		Text 属性设置为"添加"	
GridView 控件	GridView1		显示记录

(2) 在 Default4.aspx 页中读取配置节的连接字符串，连接字符串的配置见例 7.1。

(3) 编写事件代码。

在命名空间区域中添加以下内容。

```
using System.Data;
using System.Data.SqlClient;
using System.Configuration;
```

Default1.aspx 页面执行时的事件过程代码如下：

```
protected void Page_Load(object sender,EventArgs e)
{
    dbind();
}
public SqlConnection getConnection()
{
    string connstr=System.Configuration.ConfigurationManager.ConnectionStrings["dbconnectionstring"].ToString();
    SqlConnection mycon=new SqlConnection(connstr);
```

```csharp
        return mycon;
    }
    public void dbind()
    {
        SqlConnection myCon=getConnection();
        myCon.Open();
        SqlCommand myCmd=new SqlCommand("select * from tb_user",myCon);
        SqlDataAdapter myDa=new SqlDataAdapter(myCmd);
        DataSet myDs=new DataSet();
        myDa.Fill(myDs);
        GridView1.DataSource=myDs;
        GridView1.DataBind();
        myCon.Close();
    }
    protected void btAdd_Click(object sender,EventArgs e)
    {
        if (this.tbName.Text !="" && this.tbPwd .Text !="")
        {
            SqlConnection myCon=getConnection();
            myCon.Open();
            string strSql="insert into tb_user(username,passwd) values
                ('" +tbName.Text.Trim() +"','"+tbPwd .Text .Trim ()+"')";
            SqlCommand mycmd=new SqlCommand(strSql,myCon);
            mycmd.ExecuteNonQuery();
            myCon.Close();
            dbind();
        }
        else
        dbind();
    }
```

7.3.3 修改数据

修改数据库中的记录时，首先创建 SqlConnectin 对象连接数据库，然后定义修改数据的 SQL 字符串，最后调用 SqlCommand 对象的 ExecuteNonQuery 方法执行记录的修改操作。

【例 7.3】 使用 Command 对象修改数据。

本例讲解 ASP.NET 2.0 应用程序中如何使用 Command 对象修改数据表中的记录，如图 7.6～图 7.8 所示。

(1) 在 myWeb 网站中添加一个新的 Web 窗体 Default5.aspx，在 Default5.aspx 页面上添加一个 GridView 控件，设置 GridView 控件的属性及事件，如表 7.10 和表 7.11 所示。

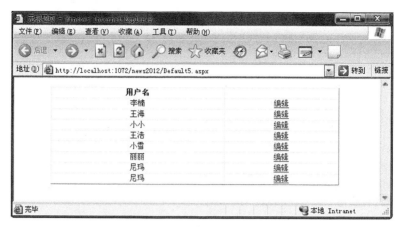

图 7.6 修改数据前

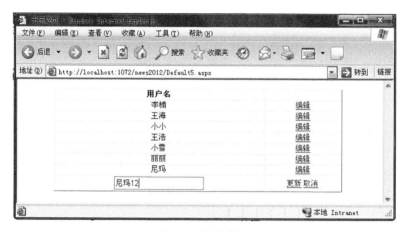

图 7.7 修改数据

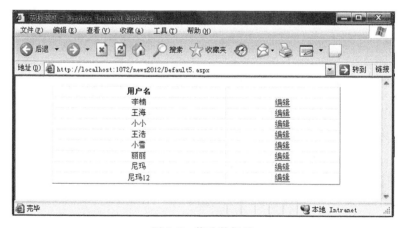

图 7.8 修改数据后

表7.10 Default5.aspx 页面中控件属性设置

属　性　名	属 性 设 置	说　　明
AutoGenerateColumns	False	不为数据源中的每个字段自动创建绑定字段
DataKeyNames	userID,username	显示在 GridView 控件中的项目的主键字段的名称

表7.11 Default5.aspx 页面中控件方法设置

事　　件	说　　明	事　　件	说　　明
RowEditing	生成 Edit 事件时激发	RowCancelingEdit	生成 Cancel 事件时激发
RowUpdating	对数据源执行 Update 时激发		

（2）GridView 控件的设计代码如下。

```
< asp:GridView ID = "GridView1" runat = "server" AutoGenerateColumns = "False"
OnRowEditing="GridView1_RowEditing"
OnRowUpdating="GridView1_RowUpdating" Width="496px" DataKeyNames="userID,
username" OnRowCancelingEdit="GridView1_RowCancelingEdit">
<Columns>
<asp:BoundField DataField="username" HeaderText="用户名" />
<asp:CommandField ShowEditButton="True" />
</Columns>
</asp:GridView>
```

（3）在 Default5.aspx 页中读取配置节的连接字符串，连接字符串的配置见例7.1。

（4）编写事件代码。

在命名空间区域中添加以下内容：

```
using System.Data;
using System.Data.SqlClient;
using System.Configuration;
```

Default5.aspx 页面执行时的事件过程代码如下。

```
protected void Page_Load(object sender,EventArgs e)
    {
        if (!IsPostBack)
        {
            dbind();
        }
    }
public SqlConnection getConnection()
    {
        string connstr=System.Configuration.ConfigurationManager.Connec-
        tionStrings["dbconnectionstring"].ToString();
        SqlConnection myconn=new SqlConnection(connstr);
        return myCon;
```

```csharp
        }
    public void dbind()
        {
            SqlConnection myCon=getConnection();
            myCon.Open();
            string sqlStr="select * from tb_user";
            SqlDataAdapter myDa=new SqlDataAdapter(sqlStr,myCon);
            DataSet myDs=new DataSet();
            myDa.Fill(myDs,"tb_user");
            GridView1.DataSource=myDs.Tables[0].DefaultView;
            GridView1.DataBind();
            myDa.Dispose();
            myDs.Dispose();
            myCon.Close();
        }
    protected void GridView1_RowEditing(object sender,GridViewEditEventArgs e)
        {
            GridView1.EditIndex=e.NewEditIndex;
            dbind();
        }
    protected void GridView1_RowUpdating(object sender,GridViewUpdateEventArgs e)
        {
            int id=Convert.ToInt32(GridView1.DataKeys[e.RowIndex].Value.ToString());
            string name=((TextBox)(GridView1.Rows[e.RowIndex].Cells[0].Controls[0])).
                Text.ToString();
            string sqlStr="update tb_user set username='" +name +"'where userID=" +id;
            SqlConnection myCon=getConnection();
            myCon.Open();
            SqlCommand myCon=new SqlCommand(sqlStr,myCon);
            myCon.ExecuteNonQuery();
            myCon.Close();
            GridView1.EditIndex=-1;
            dbind();
        }
    protected void GridView1_RowCancelingEdit(object sender,GridViewCancelEditEventArgs e)
        {
            GridView1.EditIndex=-1;
            dbind();
        }
```

7.3.4 删除数据

删除数据库中记录时，首先要创建 SqlConnectin 对象连接数据库，然后定义删除记录的字符串，最后调用 OledbCommand 对象的 ExecuteNonQuery 方法执行记录的添加操作。

【例7.4】 使用Command对象删除数据。

本例讲解ASP.NET 2.0应用程序中如何使用Command对象删除数据库中的记录,如图7.9~图7.11所示。

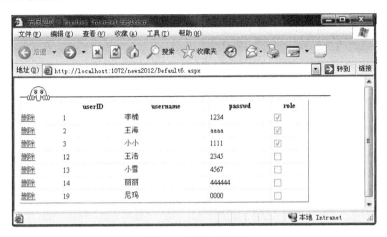

图7.9 删除数据前

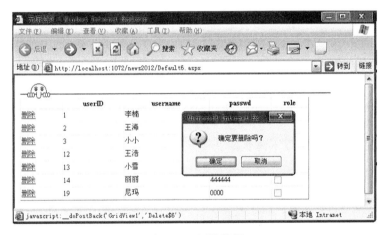

图7.10 删除数据

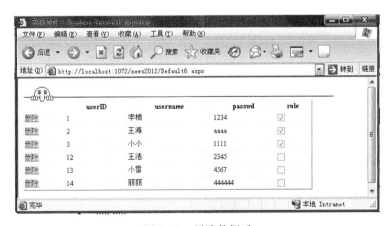

图7.11 删除数据后

(1) 在 myWeb 网站中添加一个新的 Web 窗体 Default6.aspx，在 Default6.aspx 页面上添加一个 GridView 控件，设置 GridView 控件的属性及事件，如表 7.12 和表 7.13 所示。

表 7.12　Default6.aspx 页面中控件属性设置

属性名	属性设置	说明
AutoGenerateColumns	False	不为数据源中的每个字段自动创建绑定字段
DataKeyNames	userID	显示在 GridView 控件中的项目的主键字段的名称

表 7.13　Default6.aspx 页面中控件方法设置

事件	说明
RowDeleting	对数据源执行 Delete 时激发
RowDataBound	对行进行数据绑定后激发

(2) GridView 控件的设计代码如下。

```
<asp:GridView ID="GridView1" runat="server" OnRowDataBound="GridView1_
    RowDataBound"
OnRowDeleting="GridView1_RowDeleting" Width="520px">
<Columns>
<asp:CommandField ShowDeleteButton="True" />
</Columns>
</asp:GridView>
```

(3) 在 Default6.aspx 页中读取配置节的连接字符串，连接字符串的配置见例 7.1。

(4) 编写事件代码。

在命名空间区域中添加以下内容。

```
using System.Data;
using System.Data.SqlClient;
using System.Configuration;
```

Default6.aspx 页面执行时的事件过程代码如下。

```
protected void Page_Load(object sender,EventArgs e)
{
    dbind();
}
public SqlConnection getConnection()
{
    string connstr=System.Configuration.ConfigurationManager.ConnectionStr-
        ings["dbconnectionstring"].ToString();
    SqlConnection myCon=new SqlConnection(connstr);
    return myCon;
}
public void dbind()
{
    SqlConnection myCon=getConnection();
```

```
        myCon.Open();
        string sqlStr="select * from tb_user";
        SqlDataAdapter myDa=new SqlDataAdapter(sqlStr,myCon);
        DataSet myDs=new DataSet();
        myDa.Fill(myDs);
        GridView1.DataSource=myDs;
        GridView1.DataBind();
        myCon.Close();
    }
    protected void GridView1_RowDeleting(object sender,GridViewDeleteEventArgs e)
    {
        int id=Convert.ToInt32(GridView1.DataKeys[e.RowIndex].Value.ToString());
        string sqlStr="delete from tb_user where userID=" +id;
        SqlConnection myCon=getConnection();
        myCon.Open();
        SqlCommand mycom=new SqlCommand(sqlStr,myCon);
        myCon.ExecuteNonQuery();
        myCon.Close();
        GridView1.EditIndex=-1;
        dbind();
    }
    protected void GridView1_RowDataBound(object sender,GridViewRowEventArgs e)
    {
        if (e.Row.RowType==DataControlRowType.DataRow)
        {
            ((LinkButton)e.Row.Cells[0].Controls[0]).Attributes.Add("onclick",
                "return confirm('确定要删除吗?')");
        }
    }
```

7.4 结合使用 DataAdapter 对象和 DataSet 对象

7.4.1 使用 DataAdapter 对象填充 DataSet 对象

1. DataSet 对象

数据集对象 DataSet 是 ADO.NET 的核心,位于内存的数据库。它是支持 ADO.NET 断开式、分布式数据方案的核心对象。DataSet 包含一个或多个数据表,表数据可来自数据库、文件或 XML 数据,以及所有表的约束、索引和关系,相当于在内存中的一个小型关系数据库。一个 DataSet 对象包括一组 DataTable 对象,这些对象可以与 DataRelation 对象相关联,其中,每个 DataTable 对象是由 DataColumn 和 DataRow 对象组成的。

DataSet 对象的数据模型如图 7.12 所示。

DataSet 提供方法对数据集中表数据进行浏览、编辑、排序、过滤或建立视图(View)。使用 DataSet 对象的方法有以下几种,这些方法可以单独应用,也可以结合应用:以编程方式在 DataSet 中创建 DataTable、DataRelation 和 Constraint,并使用数据填充表。

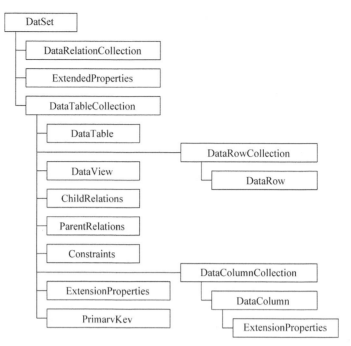

图 7.12 DataSet 对象模型

通过 DataAdapter 用现有关系数据源中的数据表填充 DataSet。

2. DataAdapter 对象

DataAdapter 对象是 DataSet 对象和数据源之间联系的桥梁，主要是从数据源中检测数据、填充 DataSet 对象中的表或者把用户对 DataSet 对象的更改写到数据源。

DataAdapter 对象的常用属性及说明如表 7.14 所示。

表 7.14 DataAdapter 对象的常用属性及说明

属　　性	说　　明
SelectCommand	获取或设置用于在数据源中选择记录的命令
InsertCommand	获取或设置用于将新记录插入数据源中的命令
UpdateCommand	获取或设置用于更新数据源中记录的命令
DeleteCommand	获取或设置用于从数据集中删除记录的命令

DataAdapter 对象的常用方法及说明如表 7.15 所示。

表 7.15 DataAdapter 对象的常用方法及说明

方　　法	说　　明
Fill	从数据源中提取数据填充数据集
Update	更新数据

创建 DataSet 对象之后，需要把数据导入到 DataSet 中，一般情况下使用 DataAdapter 取出数据，然后调用 DataAdapter 的 Fill 方法将取到的数据导入 DataSet 中。DataAdapter

的Fill方法需要两个参数,一个是被填充的DataSet的名字,另一个是给填充到DataSet中的数据表的名字。例如,从tb_user表中检索数据信息,调用DataAdapter的Fill方法填充DataSet数据集,代码如下。

```
SqlConnection myCon=getConnection();
string sqlStr="select * from tb_user";
myCon.Open();
SqlDataAdapter myDa=new SqlDataAdapter(sqlStr,myCon);
//创建一个DataSet数据集
DataSet myDs=new DataSet();
//SqlDataAdapter对象的Fill方法填充数据集
Da.Fill(Ds,"tb_user");
```

7.4.2 对DataSet中的数据操作

通过DataSet操作数据表记录,先使用数据适配器DataAdapter从数据库中读取数据填充到DataSet数据集中,对DataSet数据集中的数据做修改后,将更新的数据写入数据库中。

通过DataSet修改现有的数据记录,先创建一个DataRow对象,从表对象中获得需要修改的行并赋值给新建的DataRow对象,根据需要修改各列的值,调用DataAdapter对象的Update()方法更新提交到数据库中。

【例7.5】 对DataSet中的数据操作。

本例讲解ASP.NET 2.0应用程序中如何使用DataSet对象操作数据库中的记录,如图7.13和图7.14所示。

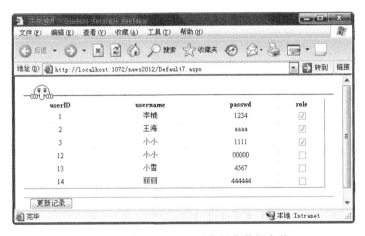

图7.13 使用DataSet对象操作数据库前

(1) 在myWeb网站中添加一个新的Web窗体Default7.aspx,在Default7.aspx页面上添加一个GridView控件,用于显示数据表内容。

(2) 在Default7.aspx页中读取配置节的连接字符串,连接字符串的配置见例7.1。

(3) 编写事件代码。

在命名空间区域中添加以下内容。

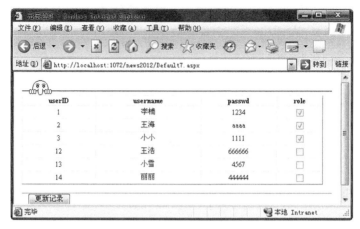

图 7.14 使用 DataSet 对象操作数据库后

```
using System.Data;
using System.Data.SqlClient;
using System.Configuration;
```

Default7.aspx 页面执行时的事件过程代码如下。

```
protected void Page_Load(object sender,EventArgs e)
{
    dbind();
}
public SqlConnection getConnection()
{
    string connstr=System.Configuration.ConfigurationManager.ConnectionStr-
        ings["dbconnectionstring"].ToString();
    SqlConnection myconn=new SqlConnection(connstr);
    return myconn;
}
public void dbind()
{
    SqlConnection myCon=getConnection();
    myCon.Open();
    string sqlStr="select * from tb_user";
    SqlDataAdapter myDa=new SqlDataAdapter(sqlStr,myCon);
    DataSet myDs=new DataSet();
    myDa.Fill(myDs);
    GridView1.DataSource=myDs;
    GridView1.DataBind();
    myCon.Close();
}
protected void btEdit_Click(object sender,EventArgs e)
{
    SqlConnection myCon=getConnection();
```

```
    SqlDataAdapter myDa=new SqlDataAdapter();
    string sqlStr="select * from tb_user";
    myDa.SelectCommand=new SqlCommand(sqlStr,myCon);
    SqlCommandBuilder scb=new SqlCommandBuilder(myDa);
    DataSet myDs=new DataSet();
    myDa.Fill(myDs);
    DataRow myRow=myDs.Tables[0].Rows[3];
    myRow["username"]="王浩";
    myRow["passwd"]="666666";
    GridView1.DataSource=myDs.Tables[0];
    GridView1.DataBind();
    myDa.Update(myDs);
}
```

7.5 DataReader 对象读取数据

DataReader 对象是一个只向前的光标,它需要与数据源实时连接,提供了循环和使用全部或部分结果集的高效方式。该对象不能直接实例化,必须调用 Command 对象的 ExecuteReader 方法,从数据源中检索数据来创建 DataReader 对象。在使用数据读取器完成任务后,应该关闭连接,否则连接会一直打开。如果不想让数据读取器一直读取到文件末尾,就可以调用 Connection 对象的 Close 方法。

根据.NET Framework 数据提供程序不同,DataReader 也可以分成 SqlDataReader、OledbDataReader 等几类。

下面介绍 DataReader 对象的常用属性和方法。

DataReader 对象的常用属性及说明如表 7.16 所示。

表 7.16　DataReader 对象的常用属性及说明

属　　性	说　　明
FieldCount	获取当前行的列数
IsClosed	获取 DataReader 对象的状态,True 表示关闭
RecordsAffected	获取执行 Insert、Update 或 Delete 命令后受影响的行数

DataReader 对象的常用方法及说明如表 7.17 所示。

表 7.17　DataReader 对象的常用方法及说明

方　法	说　明	方　法	说　明
Read	使 DataReader 对象前进到下一条记录	Get	用来读取数据集的当前行的某一列数据
Close	关闭 DataReader 对象		

7.5.1 使用 DataReader 对象读取数据

DataReader 读取器以基于连接的、未缓冲的及只向前移动的方式来读取数据,一次读取一条记录,然后遍历整个结果集。

【例 7.6】 使用 DataReader 对象读取数据。

本例讲解 ASP.NET2.0 应用程序中如何使用 DataReader 对象读取数据库中的记录,将读出的数据通过 Label 控件显示出来,运行结果如图 7.15 所示。

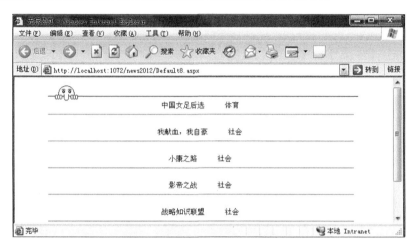

图 7.15　使用 DataReader 对象读取数据

(1) 在 myWeb 网站中添加一个新的 Web 窗体 Default8.aspx,在 Default8.aspx 页面上添加一个 Label 控件,用于显示读取的数据信息。

(2) 在 Default8.aspx 页中读取配置节的连接字符串,连接字符串的配置见例 7.1。

(3) 编写事件代码。

在命名空间区域中添加以下内容。

```
using System.Data;
using System.Data.SqlClient;
using System.Configuration;
```

Default8.aspx 页面执行时的事件过程代码如下。

```
protected void Page_Load(object sender,EventArgs e)
    {
        if (!IsPostBack)
        {
            SqlConnection myCon=getConnection();
            myCon.Open();
            string sqlStr="select * from tb_news";
            SqlCommand mycmd=new SqlCommand(sqlStr,myCon);
            SqlDataReader myDr=mycmd.ExecuteReader();
            while (myDr.Read())
            {
                this.Label1.Text +=myDr["title"]+"    
                    " +myDr["style"] +"<hr>" +"<br>";
            }
```

```
            myDr.Close();
            myCon.Close();
        }
    }
    public SqlConnection getConnection()
        {
            string connstr=System.Configuration.ConfigurationManager.Connecti-
            onStrings["dbconnectionstring"].ToString();
            SqlConnection myconn=new SqlConnection(connstr);
            return myconn;
        }
```

7.5.2 DataReader 对象和 DataSet 对象的区别

ADO.NET 提供两个对象用于检索关系数据,并把它们存储在内存中,分别是 DataSet 和 DataReader。它们在用法上是有区别的。

首先,DataSet 是一个内存数据库。DataSet 中可以包含多个数据表,还可以在程序中动态地产生数据表,数据表可来自数据库、文件或 XML 数据,DataSet 对象还包括主键、外键和约束等关系的完整数据集合。DataSet 提供方法对数据集中的表数据进行浏览、编辑、排序、过滤或建立视图。DataReader 提供快速、只向前、只读的来自数据库的数据流,是用来访问数据的简单方式,只能顺序读取数据,不能写入数据。

其次,DataSet 与 DataReader 在为用户查询数据时创建过程也有区别。

1. DataSet 在为用户查询数据时的过程

(1) 创建连接。

(2) 打开连接。

(3) 创建 DataAdapter 对象。

(4) 定义 DataSet 对象。

(5) 执行 DataAdapter 对象的 Fill 方法填充 DataSet 数据集。

(6) 将 DataSet 中的表绑定到数据控件中。

(7) 关闭连接。

2. DataReader 在为用户查询数据时的过程

(1) 创建连接。

(2) 打开连接。

(3) 创建 Command 对象。

(4) 执行 Command 的 ExecuteReader 方法创建 DataReader 对象。

(5) 将 DataReader 绑定到数据控件中。

(6) 关闭 DataReader。

(7) 关闭连接。

实践与练习

开发一个管理员模块,管理员可以对用户信息进行添加、修改和删除等操作。

第8章 数 据 绑 定

本章学习目标
- 理解数据绑定含义。
- 熟练掌握 Gridview 控件、DataList 控件、Repeater 控件使用方法。
- 掌握如何利用 ASP.NET 提供的控件把数据呈现在页面上。

通过本章的学习读者将掌握如何利用 ASP.NET 提供的控件把数据呈现在页面上。

8.1 数据绑定简介

数据绑定就是将 UI 元素(界面元素)与底层的数据源链接起来的过程。

Web 系统的一个典型特征是后台对数据的访问和处理与前台数据的显示是分离的,而前台显示是通过 HTML 来实现的。一种将数据呈现的最直接的方式是将需要显示的数据和 HTML 标记拼接成字符串并输出,但这种方案不但复杂而且难以重用,尤其是有大量数据处理时。因此为了简化开发过程,ASP.NET 环境中提供了多种不同的服务器端控件来帮助程序员更快更高效地完成数据的呈现。这些用于数据呈现的 ASP.NET 控件,集成了常见的数据显示框架和数据处理功能,因而,在使用时只需要设置某些属性,并将需要显示的数据交付给控件,控件就可以按照固定的样式或通过模板自定义样式将一系列数据呈现出来,并自动继承某些内置的数据处理功能,如排序、分页等,当然,也可以通过编程定制或扩展控件的行为。这些控件称为数据绑定控件,而将数据交付给数据绑定控件的过程就被称为数据绑定。

数据绑定控件其本质上依然是通过 HTML 来呈现数据,只不过按照某种样式生成 HTML 框架并将数据填入其中的工作由控件自动完成了,一些复杂的数据绑定控件还提供了大量的功能帮助我们对数据进一步操作,例如排序、过滤、新增、修改和删除等,从而使得数据呈现的过程变得简单而灵活。正因为如此,数据绑定控件的使用是 ASP.NET 编程中非常重要的一部分内容。

8.1.1 简单数据绑定

1. 单值绑定

通过使用绑定表达式和后台设置属性两种方式设置在 HTML 标记中和一个简单的服务器控件中要显示的数据,对于单值控件的数据设置方式是通用的。

【例 8.1】 单值绑定。

步骤 1　启动 Microsoft Visual Studio 2010,新建一个空网站,并在空网站中添加一个新的"Web 窗体"并将其命名为"Dzbd.aspx"。

步骤 2　在<div>标记中添加两个 TextBox 控件,并修改 Dzbd.aspx 页面代码如下。

```
<div>
<%#DanzhiBingdingStr +"1"%>>
<asp:TextBox ID="TextBox1" runat="server"></asp:TextBox>
<asp:TextBox ID="TextBox2" runat="server"
Text="<%#DzbdStr+3%>"></asp:TextBox>
</div>
```

步骤3 修改 Dzbd.aspx.cs 文件代码如下。

```
using System;
using System.Collections.Generic;
using System.Linq;
using System.Web;
using System.Web.UI;
using System.Web.UI.WebControls;
public partial class Dzbd: System.Web.UI.Page
{
    //在页面代码中将通过绑定表达式直接引用该成员
    public String DzbdStr="简单绑定之单值绑定";
    protected void Page_Load(object sender,EventArgs e)
    {
        //页面的数据绑定方法,对于绑定表达式是关键的步骤
        Page.DataBind();
        //通过在后台设置服务器控件属性来绑定数据
        this.TextBox1.Text=this.DzbdStr+"2";
    }
}
```

步骤4 程序运行结果如图 8.1 所示。

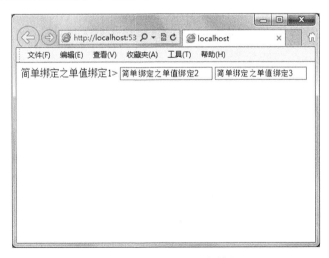

图 8.1 Dzbd.aspx 运行结果

在上述代码中,首先用绑定表达式<%#DzbdStr+"1"%>直接嵌入到 div 标记中来

设置 HTML 标记中的显示值，然后通过绑定表达式和后台设置空间属性两种方式绑定了 TextBox 控件的显示数据。

这里需要注意绑定表达式的用法：在＜％♯％＞标记中通过直接引用页面类中定义的共有数据成员 DzbdStr 构成表达式，这是因为 aspx 页面是从.cs 代码中的类型继承而来的，而＜％♯％＞标记的作用正是通过在前台显示代码中嵌入访问数据的表达式来完成数据绑定。这实际上是通过绑定表达式建立了后台代码与前台页面元素之间的联系，在输出页面流时，系统根据绑定表达式引用后台代码产生的数据，计算表达式的值并插入到显示页面的合适位置。

在绑定表达式中不仅可以引用后台代码中的共有数据成员，而且可以引用其共有方法，通过表达式绑定数据实际上包含：

(1) 为 HTML 元素或服务器控件指定绑定表达式。
(2) 在后台代码中显示调用控件的 DataBind() 方法。

因此在例 8.1 中，后台代码的 Page_Load 方法中必须包含 Page.DataBind() 方法调用，Page.DataBind() 方法会调用页面中所有控件及其子控件的 DataBind() 方法。

对于服务器控件 TextBox1，直接在后台代码中设置了其 TextBox1.Text 属性值来完成数据绑定。这种方法不仅对于单值控件，对于更高负载的数据绑定控件也是适用的。对于多值绑定更常用的方法是通过设置其数据源来完成数据绑定。

2. 列表控件的数据绑定

DropDownList、ListBox、CheckBoxList 等是 ASP.NET 提供的控件。虽然它们呈现数据的样式和某些功能有所不同，但其本质都是以数据项列表的形式呈现和组织数据的集合，因为数据绑定方式也很相似，可以通过编程的方式为控件对象增加多个数据项，也可以直接在 Microsoft Visual Studio 2010 环境提供的图形界面中编辑要显示的数据项列表。但由于列表控件绑定的通常是一个数据集合，上述两种方式比较烦琐，对于列表控件的数据绑定而言，更常用的方式则是指定数据源然后调用控件的 DataBind() 方法。

【例 8.2】 以 DropDownList、ListBox、CheckBoxList 列表控件为例，介绍如何通过设置数据源绑定数据。C♯ 中提供的很多集合类可以作为列表控件的数据源对象，一般来说，实现 IEnumerable、IListSource、IDataSource 和 IhierarchicalDataSource 接口的类都可以作为数据源。

步骤 1　在网站中新建一个名为 Lcb.aspx 的网页，并在页面上添加三种列表控件，如图 8.2 所示。

在页面中添加了如下控件。

(1) 一个 DropDownList 控件，一个用于显示选择项值的文本框，并设置其 AutoPostBack 属性为 True。

(2) 一个 CheckBoxList，一个文本框和一个"确定"按钮。控件每一个绑定项显示文本为学生姓名，而值为性别，当单击"确定"按钮后，将在文本框中显示 CheckBoxList 中所选姓名对应的性别。

(3) 一个用于显示链接列表的 BulletedList 控件，每个绑定项都描述一个键值对，代表指向某个网站的链接。显示文本为超链接形式的网站名称，而值为网站 RUL，因此需要设置控件的 DisplayMode＝"HyperLink"，并设置 Target＝"_blank"，表示单击后目标 URL

图 8.2　Lcb 网页设计界面

将在新窗口中打开。

页面代码如下。

```
<head runat="server">
<title>例 8-2</title>
</head>
<body>
<form id="form1" runat="server">
<div>
<table style="width;480px;">
<tr>
<td>
<asp:Panel ID="Panel1" runat="server" Height="190px" Width="160px"
    BorderStyle="Groove">
<asp:DropDownList ID="DropDownList1" runat="server" AutoPostBack="True"
    Height="53px" Width="150px">
</asp:DropDownList>
<br/>
<asp:Label ID="Lable1" runat="server" Text="已选择" Width="90%"></asp:Label>
<br/>
<asp:TextBox ID="TextBox1" runat="server" Width="150px"></asp:TextBox>
<br/>
</asp:Panel>
</td>
<td>
<asp:Panel ID="Panel2" runat="server" Height="190px" Width="160px"
    BorderStyle="Groove">
<asp:CheckBoxList ID="CheckBoxList1" runat="server" Height="98px"
    Width="100%">
<asp:listItem>未绑定</asp:listItem>
</asp:CheckBoxList>
```

```
<br/>
<asp:Button ID="Button1" runat="server" Text="确定" Width="150px"/>
<br/>
<asp:TextBox ID="TextBox2" runat="server" Width="150px"></asp:TextBox>
<br/>
</asp:Panel>
</td>
<td>
<asp:Panel ID="Panel3" runat="server" Height="190px" Width="180px"
    BorderStyle="Groove">
<asp:BulletedList ID="BulletedList1" runat="server" Height="160px" Target=
    "_blank" Width="73%" BulletStyle="Disc">
</asp:BulletedList>
</asp:Panel>
</td>
</tr>
</table>
</div>
</form>
</body>
</html>
```

步骤 2 在后台页面的类中添加如下代码。

```
using System;
using System.Collections.Generic;
using System.Linq;
using System.Web;
using System.Web.UI;
using System.Web.UI.WebControls;
using System.Collections;
public partial class Lcb : System.Web.UI.Page
{
    //定义三种数据源
    //定义并初始化字符串数组
    String[] DataSourceForDDL=new String[] {"刘萍","李学峰","赵颖" };
    //定义哈希表
    Hashtable DataSourceForCBL=new Hashtable(3);
    //定义 ArrayList
    ArrayList DataSourceForBL=new ArrayList();
    protected void Page_Load(object sender,EventArgs e)
    {
        if (!IsPostBack)
        {
            //初始化 DataSourceForCBL
            this.DataSourceForCBL.Add("刘萍","女");
```

```
            this.DataSourceForCBL.Add("李学峰","男");
            this.DataSourceForCBL.Add("赵颖","女");
            //初始化DataSourceForBL
            this.DataSourceForBL.Add(new KeyValueClass("青海民族大学",
                "http://www.qhmu.edu.cn"));
            this.DataSourceForBL.Add(new KeyValueClass("青海广播电视大学",
                "http://www.qhrtvu.edu.cn"));
            //DropDownList绑定数据
            this.DropDownList1.DataSource=this.DataSourceForDDL;
            this.DropDownList1.DataBind();
            //完成绑定后在DropDownList中第一个位置插入一个数据项
            this.DropDownList1.Items.Insert(0,"请选择");
            //为CheckBoxList绑定数据
            this.CheckBoxList1.DataSource=this.DataSourceForCBL;
            this.CheckBoxList1.DataTextField="key";
            this.CheckBoxList1.DataValueField="value";
            this.CheckBoxList1.DataBind();
            //为BulletedList绑定数据
            this.BulletedList1.DataSource=this.DataSourceForBL;
            this.BulletedList1.DataTextField="Name";
            this.BulletedList1.DataValueField="Url";
            this.BulletedList1.DataBind();
        }
    }
}
```

注意：

（1）字符串数组DataSourceForDDL用作DropDownList的数据源。

（2）哈希表DataSourceForCBL用作CheckBoxList1的数据源。

（3）ArrayList对象DataSourceForBL用作BulletedList的数据源。

步骤3 再添加一个帮助类KeyValueClass，用于初始化DataSourceForBL对象。

```
public class KeyValueClass
{
    private String WebSiteName;
    private String WebSiteUrl;
    public String Name
    {
        get {return WebSiteName;}
        set {WebSiteName=value;}
    }
    public String Url
    {
        get {return WebSiteUrl;}
        set {WebSiteUrl=value;}
```

```
    }
    public KeyValueClass(String name,String url)
    {
        this.WebSiteName=name;
        this.WebSiteUrl=url;
    }
}
```

步骤 4 运行效果如图 8.3 所示。

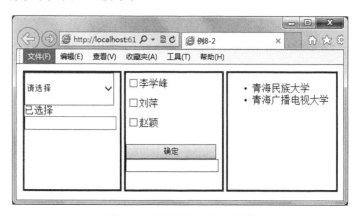

图 8.3 数据绑定的列表控件

步骤 5 为 DropDownList 控件和"确定"按钮添加事件处理代码。

```
protected void DropDownList1_SelectedIndexChanged
(object sender,EventArgs e)
{
    //清除上次显示内容
    this.TextBox1.Text="";
    //在文本框中显示所选列表项
    thisthis.TextBox1.Text=this.DropDownList1.SelectedValue;
}
protected void Button1_Click(object sender,EventArgs e)
{
    this.TextBox2.Text="";
    //循环遍历 CheckBoxList 中每个项,如果已选择在文本框中显示选中项显示文本和值
    foreach (ListItem li in CheckBoxList1.Items)
    {
        if(li.Selected) this.TextBox2.Text +=li.Text +":" +li.Value+",";
    }
}
```

程序运行结果请读者自行验证。

8.1.2 用于简单数据绑定控件

ASP.NET 定义了一系列的控件专门用于显示数据的格式,通过这些控件可以以可视

化的方式查看绑定数据之后的效果。这些控件称为数据绑定控件。在 ASP.NET 中所有的数据库绑定控件都是从 BaseDataBoundControl 这个抽象类派生的,这个抽象类定义了几个重要属性和一个重要方法。

DataSource 属性:指定数据绑定控件的数据来源,显示的时候程序将会从这个数据源中获取数据并显示。

DataSourceID 属性:指定数据绑定控件的数据源控件的 ID,显示的时候程序将会根据这个 ID 找到相应的数据源控件,并利用这个数据源控件中指定方法获取数据并显示。

DataBind() 方法:当指定了数据绑定控件的 DataSource 属性或者 DataSourceID 属性之后,再调用 DataBind() 方法才会显示绑定的数据。并且在使用数据源时,会首先尝试使用 DataSourceID 属性标识的数据源,如果没有设置 DataSourceID 时才会用到 DataSource 属性标识的数据源。也就是说,DataSource 和 DataSourceID 两个属性不能同时使用。

数据绑定控件的 DataSource 控件属性必须是一个可以枚举的数据源,如实现了 ICollection、IEnumerable 或 IListSource 接口的类的实例。

1. DropDownList 控件

DropDownList 控件是一个相对比较简单的数据绑定控件,它在客户端被解释成 <select></select> 这样的 HTML 标记,也就是只能有一个选项处于选中状态。使用 DropDownList 控件可以创建只允许从中选择一项的下拉列表控件。可以通过设置 BorderColor、BorderStyle 和 BorderWidth 属性来控制 DropDownList 控件的外观。

DropDownList 控件常见属性如下。

AutoPostBack 属性:这个属性的用法在讲述基本控件的时候已经讲过,是用来设置当下拉列表项发生变化时是否主动向服务器提交整个表单,默认是 false,即不主动提交。如果设置为 true,就可以编写它的 SelectedIndexChanged 事件处理代码进行相关处理(注意,如果此属性为 false,即使编写了 SelectedIndexChanged 事件处理代码也不会马上起作用)。

DataTextField 属性:设置列表项的可见部分的文字。

DataValueField 属性:设置列表项的值部分。

Items 属性:获取控件的列表项的集合。

SelectedIndex 属性:获取或设置 DropDownList 控件中的选定项的索引。

SelectedItem 属性:获取列表控件中索引最小的选定项。

SelectedValue 属性:取列表控件中选定项的值,或选择列表控件中包含指定值的项。

2. ListBox 控件

1) 控件属性

ListBox 英文意思为列表框,可以说是 ListView 的简化版本,简化名为"LBS"。ListBox 用来列出一系列的文本,每条文本占一行,用户可以从中选择一项或多项。当项总数超过可以显示的项数时,则会自动向 ListBox 控件添加滚动条。

ListBox 控件和 DropDownList 控件非常类似,也是提供一组选项供用户选择,只不过 DropDownList 控件只能有一个选项处于选中状态,并且每次只能显示一行(一个选项),而 ListBox 控件可以设置为允许多选,并且还可以设置为显示多行。除了与 DropDownList 具有很多相似的属性之外,ListBox 控件还有以下属性。

Rows 属性:设置 ListBox 控件显示的行数。

SelectionMode 属性：设置 ListBox 的选择模式，这是一个枚举值，它有 Multiple 和 Single 两个值，分别代表多选和单选，默认是 Single，即同时只能有一个选项处于选中状态。如果要想实现多选，除了设置 SelectionMode 属性为 Multiple 外，在选择时需要按住 Ctrl 键。

需要说明的是，因为 ListBox 允许多选，所以如果 ListBox 的 SelectionMode 属性为 Multiple，那么 SelectedIndex 属性指的是被选中的选项中索引最小的那一个，SelectedValue 属性指的是被选中的选项集合中索引最小的那一个的值。

2) 控件使用方法

(1) 取列表框中被选中的值

```
ListBox.SelectedValue
```

(2) 动态添加列表框中的项。

```
ListBox.Items.Add("所要添加的项")
```

(3) 移出指定项

```
//首先判断列表框中的项数是否大于 0
If(ListBox.Items.Count>0)
{
    //移出选择的项
    ListBox.Items.Remove(ListBox.ScteleedItem);
}
```

(4) 清空所有项

```
//首先判断列表框中的项数是否大于 0
If(ListBox.Items.Count>0)
{
    //清空所有项
    ListBox.Items.Clear();
}
```

列表框可以一次选择多项，只需设置列表框的属性 SelectionMode="Multiple"，按 Ctrl 键可以多选。

(5) 两个列表框联动，即两级联动菜单

```
//判断第一个列表框中被选中的值
switch(ListBox1.SelectValue)
{
    //如果是"A"，第二个列表框中就添加这些：
    case "A"
    ListBox2.Items.Clear();
    ListBox2.Items.Add("A1");
    ListBox2.Items.Add("A2");
    ListBox2.Items.Add("A3");
```

```
//如果是"B",第二个列表框中就添加这些:
case "B"
ListBox2.Items.Clear();
ListBox2.Items.Add("B1");
ListBox2.Items.Add("B2");
ListBox2.Items.Add("B3");
}
```

(6) 实现列表框中项的移位

具体的思路为：创建一个 ListBox 对象,并把要移位的项先暂放在这个对象中。如果是向上移位,就是把当前选定项的上一项的值赋给当前选定的项,然后把刚才新加入的对象的值,再附给当前选定项的前一项。

具体代码如下。

```
//定义一个变量,作移位用
index=-1;
//将当前条目的文本以及值都保存到一个临时变量里面
ListItem lt=new ListItem (ListBox.SelectedItem.Text,ListBox.SelectedValue);
//被选中的项的值等于上一条或下一条的值
ListBox.Items[ListBox.SelectedIndex].Text=ListBox.Items[ListBox.SelectedIndex+
    index].Text;
//被选中的项的值等于上一条或下一条的值
ListBox.Items[ListBox.SelectedIndex].Value=ListBox.Items[ListBox.SelectedIndex+
    index].Value;
//把被选中项的前一条或下一条的值用临时变量中的取代
ListBox.Items[ListBox.SelectedIndex].Test=lt.Test;
//把被选中项的前一条或下一条的值用临时变量中的取代
ListBox.Items[ListBox.SelectedIndex].Value=lt.Value;
//把鼠标指针放到移动后的那项上
ListBox.Items[ListBox.SelectedIndex].Value=lt.Value;
```

(7) 移动指针到指定位置

```
//移至首条
//将被选中项的索引设置为 0
ListBox.SelectIndex=0;
//移至尾条
//将被选中项的索引设置为 ListBox.Items.Count-1
ListBox.SelectIndex=ListBox.Items.Count-1;
//上一条
//用当前被选中的索引去减 1
ListBox.SelectIndex=ListBox.SelectIndex -1;
//下一条
//用当前被选中的索引去加 1
ListBox.SelectIndex=ListBox.SelectIndex +1;
this.ListBox1.Items.Insertat(3,new ListItem("插入在第 3 行之后项",""));
```

```
this.ListBox1.Items.Insertat(index,ListItem)
ListBox1.Items.Insert(0,new ListItem("text","value"));
```

8.2 GridView 控件

8.2.1 GridView 控件概述

GridView 控件又称为网格视图控件,使用该控件可以显示、编辑、删除多种不同的数据源(如数据库、XML 文件等)中的数据,该控件支持自动绑定、显示数据、选择、排序、分页、编辑、删除等功能。另外,GridView 控件还能够支持自定义列和样式,即可以利用模板创建自定义用户界面元素,通过处理事件将自己的代码添加到 GridView 控件的功能中。

GridView 是一个功能强大的数据绑定控件,主要用于表格的形式呈现、编辑关系数据集。对应于关系数据集的结构,GridView 控件以列为单位组织其所呈现的数据,除了普通的文本列,还提供了多种不同的内置列样式,例如按钮列、图像列、复选框形式的数据列等,可以通过设置 GridView 控件的绑定列属性以不同样式呈现数据,也可以通过模板列自定义列的显示样式。

在数据绑定时,通常将访问关系数据库得到的结果集作为 GridView 控件的数据源,GridView 控件对其所呈现的数据集提供内置的编辑、修改、更新、删除以及分页和排序功能,若是使用控件的内置数据处理功能,则需要使用 ASP.NET 提供的数据源控件(如 SqlDataSource 和 ObjectDataSource),否则就需要手动编写事件处理程序来实现相应的功能。虽然采用数据源控件来连接数据库并处理数据更加方便,但手动编写代码却更加灵活,并且在编写代码的过程中可以更深入地了解 GridView 控件的运行方式,因而也更具有参考意义,因此本章将采用查询数据库得到的 TestTable 对象作为控件数据源,然后通过编写事件程序的方式来实现数据处理功能。

GridView 控件主要有以下常见属性。

AllowPaging 属性:设置是否启用分页功能。

AllowSorting 属性:设置是否启用排序功能。

AutoGenerateColumns 属性:设置是否为数据源中的每个字段自动创建绑定字段。这个属性默认为 true,但在实际开发中很少会自动创建绑定列,我们总会根据一些情况让一些列不显示,比如显示用户列表的时候不会将用户密码显示出来,显示文章列表的时候不会将文章内容显示出来。

Columns 属性:获取 GridView 控件中列字段的集合。

PageCount 属性:获取在 GridView 控件中显示数据源记录所需的页数。

PageIndex 属性:获取或设置当前显示页的索引。

PagerSetting 属性:设置 GridView 的分页样式。

PageSize 属性:设置 GridView 控件每次显示的最大记录条数。

8.2.2 GridView 控件绑定数据源

【例 8.3】 本例将演示如何进行 GridView 的数据绑定,其基本的数据绑定方式与列表控件类似,首先设置数据源,然后调用 DataBind()方法。

GridView 控件绑定数据源步骤如下：

步骤 1　在网站中新建一个名为 GridViewDemo.aspx 的网页，并在页面上添加一个 GridView 控件，如图 8.4 所示。

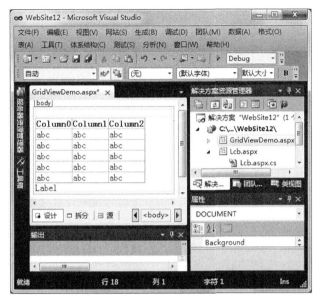

图 8.4　GridViewDemo.aspx 设计页面

GridViewDemo.aspx 页面对应代码如下：

```
<head runat="server">
<title>例8.3</title>
</head>
<body>
<form id="form1" runat="server">
<div>
</div>
<asp:GridView ID="GridView1" runat="server">
</asp:GridView>
<asp:Label ID="Label1" runat="server" Text="Label"></asp:Label>
</form>
</body>
```

步骤 2　为 GridViewDemo.aspx.cs 添加数据绑定代码。

```
using System;
using System.Data.SqlClient;
using System.Data;
using System.Configuration;
public partial class GridViewDemo : System.Web.UI.Page
{
    protected void Page_Load(object sender,EventArgs e)
```

```
        {
            string sqlconnstr=ConfigurationManager.ConnectionStrings
                ["ApplicationServices"].ConnectionString;
            DataSet ds=new DataSet();
            using (SqlConnection sqlconn=new SqlConnection(sqlconnstr))
            {
                SqlDataAdapter sqld=new SqlDataAdapter("select * from test",sqlconn);
                sqld.Fill(ds,"tabtest");
            }
            GridView1.DataSource=ds.Tables["tabtest"].DefaultView;
            GridView1.DataBind();
            Label1.Text="查询成功";
        }
}
```

注意：在 web.config 配置文件中，将＜connectionStrings/＞标记用下面的代码替换为：

```
<connectionStrings>
    <add name="ApplicationServices" connectionString="Password=111111;Persist
        Security Info=True;User ID=sa;Initial Catalog=test;Data Source=."/>
</connectionStrings>
```

D:\My Documents\Visual Studio 2010\WebSites\sjbd.mdf。

步骤 3　运行效果如图 8.5 所示。

图 8.5　GridViewDemo.aspx 数据绑定效果

8.2.3　GridView 控件外观设置

1. 总体外观设置

ShowFooter：是否显示页脚。
ShowHeader：是否显示页眉。
GridLines：None，不显示格线；Horizontal，显示水平格线；Virtical，显示竖直格线；Both，显示水平和竖直格线。
EmptyDataText：如果数据源中内容为 NULL 时在 GridView 中显示的值。
AlternatingRowStyle：交替项的样式。
EditRowStyle：编辑项的样式。

EmptyDataRowStyle：空数据项的样式。
FooterStyle：页脚样式。
HeaderStyle：页眉样式。
PagerStyle：分页样式。
RowStyle：行样式。
SelectedRowStyle：选中项样式。

注意：

（1）使用 GridView 的时候一般可以在"自动套用样式"中选中一个样式，然后在此样式的基础上修改上面的属性，从而制作出满意的外观效果。

（2）上面的样式可以对 GridView 进行总体的外观设置，如果对某一列进行设置可以在 GridView 右上角"智能"菜单中单击"编辑列"进行设置。

【例 8.4】 GridViewDemol.aspx 直接套用样式的外观，如图 8.6 所示。

页面对应的代码如下。

```
<asp:GridView ID="GridView1" runat="server" CellPadding="4" ForeColor=
    "#333333" GridLines="None">
<FooterStyle BackColor="#990000" Font-Bold="True" ForeColor="White" />
<RowStyle BackColor="#FFFBD6" ForeColor="#333333" />
<PagerStyle BackColor="#FFCC66" ForeColor="#333333" HorizontalAlign="Center" />
<SelectedRowStyle BackColor="#FFCC66" Font-Bold="True" ForeColor="Navy" />
<HeaderStyle BackColor="#990000" Font-Bold="True" ForeColor="White" />
<AlternatingRowStyle BackColor="White" />
</asp:GridView>
```

图 8.6 GridViewDemol.aspx 直接套用样式的外观　　图 8.7 GridView 便捷任务面板

2. 对绑定列进行外观设置

在 VS 2010 中，可以通过便捷任务面板进行列的配置，如图 8.7 所示，单击 GridView 右上角的小箭头打开面板。

单击"GridView 任务"面板中的"编辑列"选项，打开"字段"对话框，如图 8.8 所示。

图 8.8 总体可以分作三大部分：可用字段，选中的字段，BoundField 属性。

（1）"可用字段"：显示了可供我们使用的列的类型

BoundField：绑定列，将数据库中的数据以字符形式绑定显示。

图 8.8 用于编辑 GridView 各个数据列样式的"字段"对话框

CheckBoxField：复选框列，一般用来绑定数据库中的 Bit 型数，以复选框的形式显示在 GridView 中。绑定到该类型的列数据应该具有布尔值。

HyperLinkField：超链接列，可以用数据源中的数据作超链接文本也可以把所有超链接文本设为统一的文本。

ImageField：图片列，绑定数据源中的图片路径，并把图片显示出来。

CommandField：命令列，常用的"选择"，"删除"，"编辑"，"更新"，"取消"命令。

ButtonField：按钮列，其他作用的按钮。

TemplateField：模板列，可以更灵活地自定义显示格式。

在实际运用时，可以根据需要显示的数据类型，选择要绑定的列类型并设置其映射到数据集的字段的名称和呈现样式。如例 8.4 中作为数据源的 test 表数据，在 GridView 中以 BoundField 类型显示其中字段名为"姓名"的列，则可以做如下设置。在如图 8.8 所示的"字段"对话框中添加一个 BoundField 列，如图 8.9 所示。

通过类似的方式还可以为 GridView 控件添加其他类型的绑定列，下面介绍 CommandField 使用方式。通过 CommandField 类型，并配合事件处理程序就可以在 GridView 中完成数据的编辑、修改、插入等操作。

添加并设置 CommandField 类型的方式如下。

① 展开 CommandField，如图 8.10 所示。

② 择【编辑、更新、取消】，列样式如图 8.11 所示。

③ 运行时单击"编辑"按钮，列中"编辑"按钮会被替换为两个按钮"更新"和"取消"，单击按钮所发生的行为需要通过设置相应的事件程序完成，由于 CommandField 类型是一种控件内置的用于编辑数据的绑定类型，因此其事件在 GridView 控件的"属性"面板中设置，GridView 控件的"属性"面板设置事件类别如图 8.12 所示。

图 8.9　为 GridView 控件添加绑定列

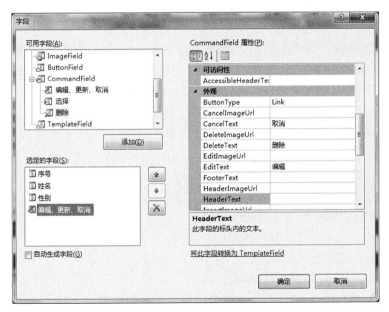

图 8.10　CommandField 类型

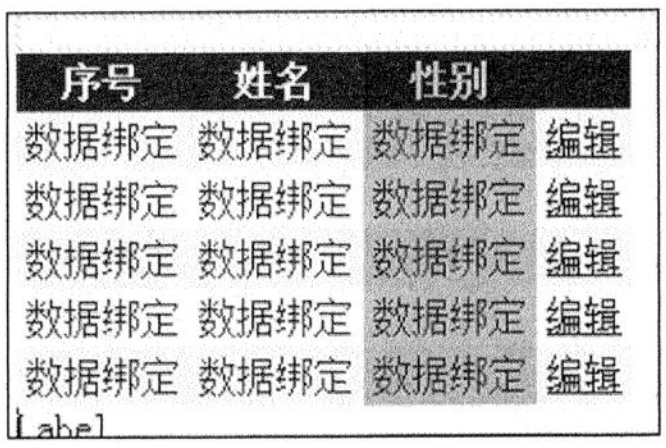

图 8.11　添加"编辑、更新、取消"

图 8.12 GridView 的事件编辑窗口

RowEditing、RowUpdating、RowDeleting、RowCancelingEdit 事件分别在编辑、更新、删除、取消按钮被单击时触发。通过这些事件添加相应的处理程序即可完成数据的编辑和修改功能。

（2）"选定的字段"：从"可用字段"中添加进来的，用来在 GridView 中显示的列。其下方有个"自动生成字段"复选框，如果选中了就会根据 DataSource 控件中检索出来的数据自动生成列，如果要自己设置列的格式，请将此复选框清空。

（3）BoundField 属性：设置每个"可用字段"的属性。

可以根据自己的需要从"可用字段"中选择列添加到"选中的字段"中，然后设置 BoundField 属性。

在此主要介绍 BoundField 列。

BoundField 中的重要属性如下。

ControlStyle：当前列中控件的样式。

HeaderStyle：当前列中页眉的样式。

FooterStyle：当前列中页脚的样式。

ItemStyle：当前列中数据行的样式。

ReadOnly：当前列是否只读列，编辑的时候不显示文本框。

SortExpression：排序表达式，这里只填数据源的列名。

Visible：当前列是否可见。

HeaderText：页眉文本。

FooterText：页脚文本。

DataField：当前列的数据行要显示哪个字段的数据，填写字段名。

DataFormatString：对显示的数据进行格式化显示。

【例 8.5】 为 GridView 控件设置绑定列。

步骤 1 在网站中新建一个名为 Default.aspx 的页面，在页面上添加一个 GridView 控件，为其添加如下绑定列并设置数据映射，如图 8.13 所示。

图 8.13 为 GridView 控件添加并设置绑定列

序号列：BoundField 类型，绑定字段"序号"。
姓名列：BoundField 类型，绑定字段"姓名"。
性别列：BoundField 类型，绑定字段"性别"。
编辑列：CommandField 类型，子类型为编辑、更新、取消，实现数据的编辑和更新。
删除按钮列：ButtonField 类型，实现记录的删除。
页面设计效果如图 8.14 所示。

图 8.14 Default.aspx 设计页面

页面代码如下：

```
<%@Page Language="C#" AutoEventWireup="true" CodeFile="Default.aspx.cs"
Inherits="_Default" %>
<!DOCTYPE html PUBLIC "-//W3C//DTD XHTML 1.0 Transitional//EN"
"http://www.w3.org/TR/xhtml1/DTD/xhtml1-transitional.dtd">
<html xmlns="http://www.w3.org/1999/xhtml">
<head runat="server">
    <title></title>
```

```
</head>
<body>
    <form id="form1" runat="server">
    <div>
        <asp:GridView ID="GridView1" runat="server" AutoGenerateColumns="False"
    CellPadding="4" ForeColor="#333333"
    GridLines="None" onrowcancelingedit="GridView1_RowCancelingEdit"
    onrowdeleting="GridView1_RowDeleting" onrowediting="GridView1_RowEditing"
    onrowupdating="GridView1_RowUpdating">
    <FooterStyle BackColor="#990000" Font-Bold="True" ForeColor="White" />
    <RowStyle BackColor="#FFFBD6" ForeColor="#333333" />
    <Columns>
    <asp:BoundField DataField="no" HeaderText="学号" SortExpression="no">
    </asp:BoundField>
    <asp:BoundField DataField="name" HeaderText="姓名" SortExpression="name" />
    <asp:BoundField DataField="sex" HeaderText="性别" SortExpression="sex" />
    <asp:BoundField DataField="brith" HeaderText="出生日期" SortExpression=
    "brith" />
    <asp:BoundField DataField="fee" HeaderText="学费" SortExpression="fee" />
    <asp:CommandField InsertVisible="False" ShowEditButton="True" />
    <asp:ButtonField ButtonType="Button" CommandName="delete" Text="删除" />
    </Columns>
    <PagerStyle BackColor="#FFCC66" ForeColor="#333333" HorizontalAlign=
    "Center" />
    <SelectedRowStyle BackColor="#FFCC66" Font-Bold="True" ForeColor="Navy" />
    <HeaderStyle BackColor="#990000" Font-Bold="True" ForeColor="White" />
    <AlternatingRowStyle BackColor="White" />
    </asp:GridView>
        <asp:SqlDataSource ID="SqlDataSource1" runat="server"
            ConnectionString="<%$ ConnectionStrings:testConnectionString %>"
            SelectCommand="SELECT * FROM [student]"></asp:SqlDataSource>
    </div>
    <asp:Label ID="Label1" runat="server" Text="Label"></asp:Label>
    </form>
</body>
</html>
```

步骤2 添加页面后台类代码。

```
public partial class _Default : System.Web.UI.Page
{
    protected void Page_Load(object sender,EventArgs e)
    {
        if (!Page.IsPostBack) bindgrid();
    }
    void bindgrid()
```

```
{string sqlconnstr=ConfigurationManager.ConnectionStrings
    ["testConnectionString"].ConnectionString;
    DataSet ds=new DataSet();
    using (SqlConnection sqlconn=new SqlConnection(sqlconnstr))
    {
        SqlDataAdapter sqld=new SqlDataAdapter("select * from student",
            sqlconn);
        sqld.Fill(ds,"estudent");
    }
    GridView1.DataSource=ds.Tables["estudent"].DefaultView;
    GridView1.DataBind();
    Label1.Text="查询成功";
```

步骤3　为命令按钮绑定事件处理方法,如图8.15所示。

图8.15　为命令事件设置处理方法

步骤4　在后台类的事件处理方法中添加如下代码。

```
using System;
using System.Collections.Generic;
using System.Linq;
using System.Web;
using System.Web.UI;
using System.Web.UI.WebControls;
using System.Configuration;
using System.Data;
using System.Data.SqlClient;
public partial class _Default : System.Web.UI.Page
{
    protected void Page_Load(object sender,EventArgs e)
    {
```

```csharp
    if (!Page.IsPostBack) bindgrid();
}
void bindgrid()
{
    string sqlconnstr=ConfigurationManager.ConnectionStrings
        ["testConnectionString"].ConnectionString;
    DataSet ds=new DataSet();
    using (SqlConnection sqlconn=new SqlConnection(sqlconnstr))
    {
        SqlDataAdapter sqld=new SqlDataAdapter("select * from student",
            sqlconn);
        sqld.Fill(ds,"estudent");
    }
    GridView1.DataSource=ds.Tables["estudent"].DefaultView;
    GridView1.DataBind();
    Label1.Text="查询成功";
}
protected void GridView1_RowEditing(object sender,GridViewEditEventArgs e)
{
    GridView1.EditIndex=e.NewEditIndex;
    bindgrid();
}
protected void GridView1_RowUpdating(object sender,GridViewUpdateEventArgs e)
{
    string sqlconnstr=ConfigurationManager.ConnectionStrings
        ["ConnectionString"].ConnectionString;
    SqlConnection sqlconn=new SqlConnection(sqlconnstr);
    sqlconn.Open();
    SqlCommand Comm=new SqlCommand();
    Comm.Connection=sqlconn;
    Comm.CommandText="update student set name=@name,brith=@brith,fee=@fee";
    Comm.Parameters.AddWithValue("@no",GridView1.DataKeys[e.RowIndex].
        Value.ToString());
    Comm.Parameters.AddWithValue("@name",((TextBox)GridView1.Rows
        [e.RowIndex].Cells[1].Controls[0]).Text);
    Comm.Parameters.AddWithValue("@brith",((TextBox)GridView1.Rows
        [e.RowIndex].Cells[1].Controls[0]).Text);
    Comm.Parameters.AddWithValue("@fee",((TextBox)GridView1.Rows
        [e.RowIndex].Cells[1].Controls[0]).Text);
    Comm.ExecuteNonQuery();
    sqlconn.Close();
    sqlconn=null;
    Comm=null;
    GridView1.EditIndex=-1;
```

```
        bindgrid();
    }
    protected void GridView1_RowCancelingEdit(object sender,
        GridViewCancelEditEventArgs e)
    {
        GridView1.EditIndex=-1;
        bindgrid();
    }
    protected void GridView1_RowDeleting(object sender,GridViewDeleteEventArgs e)
    {
        string sqlconnstr=ConfigurationManager.ConnectionStrings
            ["ConnectionString"].ConnectionString;
        SqlConnection sqlconn=new SqlConnection(sqlconnstr);
        sqlconn.Open();
        String sql="delete from student where no=" +GridView1.DataKeys
            [e.RowIndex].Value.ToString() +"";
        SqlCommand Comm=new SqlCommand(sql,sqlconn);
        Comm.ExecuteNonQuery();
        sqlconn.Close();
        sqlconn=null;
        Comm=null;
        GridView1.EditIndex=-1;
        bindgrid();
    }
}
```

步骤5　页面运行效果如图8.16所示。

图 8.16　Default.aspx 运行效果

步骤6　单击"编辑"按钮后,出现编辑和更新界面,如图 8.17 所示。

8.2.4　GridView 控件分页显示数据

GridView 控件提供了内置的分页功能,绑定数据后只要设置分页相关的属性,即可自

图 8.17 Default.aspx 的编辑效果

动完成分页功能,只需要在分页导航按钮的单击事件处理方法中添加代码,设置当前要显示的页索引并重新绑定数据即可。

【例 8.6】 为 GridView 控件实现分页。

步骤 1 在网站中新建页名为 Default1.aspx 的网页,在页面上添加一个 GridView 控件,并添加用于显示分页信息的 Label 控件,页面设计如图 8.18 所示。

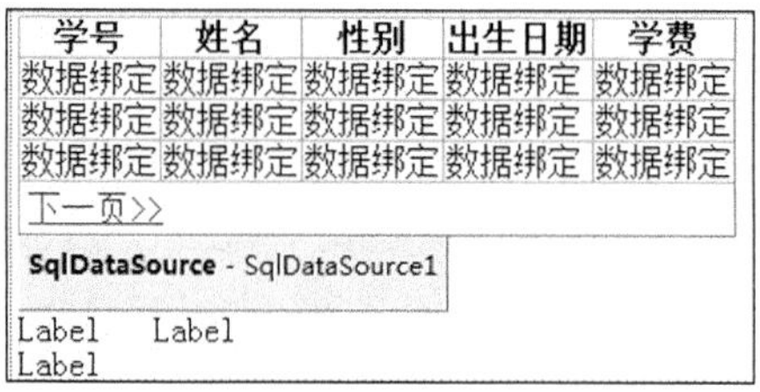

图 8.18 Default1.aspx 设计页面

步骤 2 页面代码如下。

```
<body>
    <form id="form1" runat="server">
    <div>
    <asp:GridView ID="GridView1" runat="server" AllowPaging="True"
        OnPageIndexChanging="GridView1_PageIndexChanging" PageSize="3"
        OnDataBound="GridView1_DataBound" AutoGenerateColumns="False" >
    <Columns>
        <asp:BoundField DataField="no" HeaderText="学号" SortExpression="no">
    </asp:BoundField>
    <asp:BoundField DataField="name" HeaderText="姓名" SortExpression="name" />
    <asp:BoundField DataField="sex" HeaderText="性别" SortExpression="sex" />
    <asp:BoundField DataField="brith" HeaderText="出生日期" SortExpression=
        "brith" />
    <asp:BoundField DataField="fee" HeaderText="学费" SortExpression="fee" />
    </Columns>
    <PagerSettings Mode="NextPrevious" NextPageText="下一页&gt;&gt;"
        PreviousPageText="&lt;&lt;上一页"/>
    </asp:GridView>
        <asp:SqlDataSource ID="SqlDataSource1" runat="server"
            ConnectionString="<%$ ConnectionStrings:testConnectionString %>"
            SelectCommand="SELECT * FROM [student]"></asp:SqlDataSource>
    <asp:Label ID="Label2" runat="server" Text="Label"></asp:Label>
     
    <asp:Label ID="Label1" runat="server" Text="Label"></asp:Label><br/>
    <asp:Label ID="Label3" runat="server" Text="Label"></asp:Label><br/>
    </div>
```

```
        </form>
</body>
```

步骤3 在后台类中添加数据绑定代码如下。

```
protected void Page_Load(object sender,EventArgs e)
{
    if (!Page.IsPostBack)
    bindgrid();
}
void bindgrid()
{
    String sqlconnstr =ConfigurationManager.ConnectionStrings["ConnectionString"].
    ConnectionString; DataSet ds=new DataSet();
    using (SqlConnection sqlconn=new SqlConnection(sqlconnstr))
    {
        SqlDataAdapter sqld=new SqlDataAdapter("select * from student",sqlconn);
        sqld.Fill(ds,"estudent");
    }
    GridView1.DataSource=ds.Tables["estudent"].DefaultView;
    GridView1.DataBind();
}
```

步骤4 打开 GridView 数据"属性"面板，为其设置分页相关属性，如图 8.19 所示。

图 8.19 GridView 分页属性设置

分页的设置主要有以下三个属性。

(1) AllowPaging：设置是否打开分页功能。

(2) PageIndex：当前显示的页索引。

(3) PageSize：设置每页包含的最大项数。

除了以上三个分页属性，还可以展开 PageSetting 子项，在其中设置分页模式、分页按钮的显示文本等分页后的控件样式。其中,Mode 属性用于设置分页模式,共有 4 种可选模式,本例中选择 NextPrevious 模式。

步骤 5　设置分页属性后,就可以为页导航按钮设置分页事件处理按钮,如图 8.20 所示。

图中为 PageIndexChanging 事件设置了事件处理方法,该事件在分页导航按钮被单击时触发,并返回导航按钮所指示的,也就是控件中要显示的页的索引,在其事件处理方法中根据索引设置要显示的页并重新绑定数据即可完成分页。另外,还设置了 DataBound 事件的处理方法,用于在分页时重新绑定数据后,设置 Label 控件分页信息:总页数和当前页数。

步骤 6　为事件处理程序添加如下代码。

```
protected void GridView1_PageIndexChanging(object sender,GridViewPageEve-
    ntArgs e)
{
    GridView1.PageIndex=e.NewPageIndex;
    bindgrid();
}
protected void GridView1_DataBound(object sender,EventArgs e)
{
    Label2.Text="共" + (GridView1.PageCount).ToString() +"页";
    Label1.Text="第" + (GridView1.PageIndex +1).ToString() +"页";
    Label3.Text=string.Format("总页数:{0},当前页:{1}",GridView1.PageCount,
        GridView1.PageIndex +1);
}
```

步骤 7　程序运行效果如图 8.21 所示。

图 8.20　设置分页事件处理方法

图 8.21　Default1.aspx 运行效果

8.2.5　GridView 控件中数据排序

GridView 控件提供了用于实现排序功能的接口,通过设置相关属性并实现排序的处理程序就可以完成排序功能。

【例8.7】 为GridView控件实现排序。

步骤1 新建一个网页Default3.aspx,并设置GridView控件的属性AllowSorting = True,如图8.22所示。

除了AllowSorting属性,还必须设置作为排序关键字的列的属性SortExpress属性。

步骤2 在GridView控件的便捷任务面板中选择"编辑列"选项,选择可以作为排序关键字的列,设置其SortExpress属性为排序字段名,如图8.23所示。

这时,作为排序关键字的列的列名变为超链接样式,如图8.24所示。

图8.22 设置AllowSorting属性

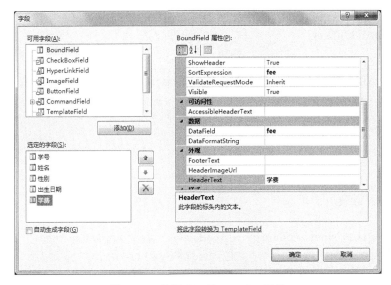

图8.23 设置SortExpression属性

步骤3 为GridView控件设置排序事件处理方法,如图8.25所示。

图8.24 设置排序属性后的控件样式　　图8.25 为控件设置排序事件处理方法

GridView 的排序功能通过相应排序事件在后台生成已排序的数据源，然后重新绑定数据来完成，因此，需要在事件相应代码中获取排序字段名和排序方式（升序、降序），然后据此对数据源进行排序后重新绑定数据。

步骤 4　为排序事件处理方法添加如下代码，代码中用一个 ViewState["SortDirection"]来记录当前的排列顺序，用一个 ViewState["SortExpression"]记录作为排序关键字的字段名，然后重新绑定数据。

```
protected void GridView1_Sorting(object sender,GridViewSortEventArgs e)
{
    if (ViewState["SortDirection"]==null) ViewState["SortDirection"]="DESC";
    if (ViewState["SortDirection"].ToString()=="ASC")
    ViewState["SortDirection"]="DESC";
    else
    ViewState["SortDirection"]="ASC";
    ViewState["SortExpression"]=e.SortExpression;
    this.bindgrid();
}
```

添加 bindgrid()代码如下，使其根据 ViewState["SortDirection"]的值生成排序后的 DataView 对象作为数据源。

```
protected void Page_Load(object sender,EventArgs e)
    {
        if (!Page.IsPostBack) bindgrid();
    }
void bindgrid()
{
    string sqlconnstr=ConfigurationManager.ConnectionStrings
        ["testConnectionString"].ConnectionString;
    DataSet ds=new DataSet();
    using (SqlConnection sqlconn=new SqlConnection(sqlconnstr))
    {
        SqlDataAdapter sqld=new SqlDataAdapter("select * from student",sqlconn);
        sqld.Fill(ds,"estudent");
        if (ViewState["SortDirection"]==null)
        GridView1.DataSource=ds.Tables["estudent"].DefaultView;
        else
        {
            DataView SortedDV=new DataView(ds.Tables["estudent"]);
            SortedDV.Sort=ViewState["SortExpression"].ToString() +" " +ViewState
                ["SortDirection"].ToString();
            GridView1.DataSource=SortedDV;
        }
        GridView1.DataBind ();
    }
}
```

步骤 5　排序效果如图 8.26 所示。

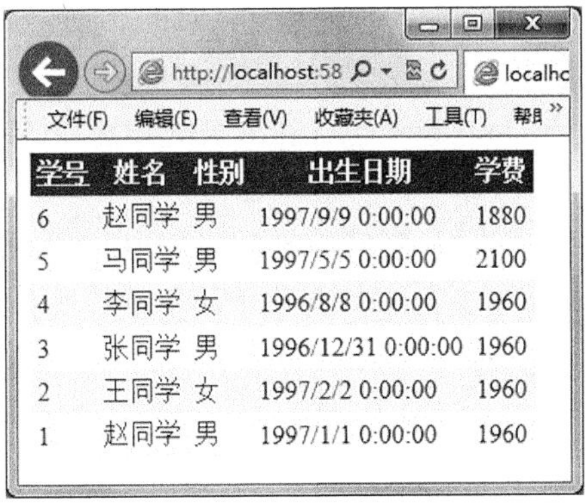

学号	姓名	性别	出生日期	学费
6	赵同学	男	1997/9/9 0:00:00	1880
5	马同学	男	1997/5/5 0:00:00	2100
4	李同学	女	1996/8/8 0:00:00	1960
3	张同学	男	1996/12/31 0:00:00	1960
2	王同学	女	1997/2/2 0:00:00	1960
1	赵同学	男	1997/1/1 0:00:00	1960

图 8.26　GridView 排序效果

8.3　DataList 控件

8.3.1　DataList 控件概述

DataList 控件是.NET 中的一个控件。DataList 控件以表的形式呈现数据，通过该控件，可以使用不同的布局来显示数据记录，例如，将数据记录排成列或行的形式。可以对 DataList 控件进行配置，使用户能够编辑或删除表中的记录。

DataList 控件是一种很常用的数据绑定控件，可以用自定义格式显示数据。DataList 控件绑定到一个数据源，数据源中的每一条数据在 DataList 中称为一项。DataList 是一个数据列表，可以显示多条数据。每一条数据称为 DataList 的一项，如何在控件中显示一项称为项模板。DataList 控件提供了两种页面布局：Table 和 Flow，在 Table 模式下，在一个行列表中重复每个数据源，可以通过相关属性控制其按行显示或按列显示并设置行(列)中包含的最大项数；Flow 模式下，在一行或者一列中重复显示数据项。

DataList 控件用于显示限制于该控件的项目的重复列表，其使用方式和 Repeater 控件相似，也是使用模板标记。不过，DataList 控件会默认地在数据项目上添加表格，而且正是由于它使用模板进行设计，所以它的灵活性比 GridView 更高。DataList 控件可被绑定到数据库表、XML 文件或者其他项目列表，DataList 控件新增 SelectedItemTemplate 和 EditItemTemplate 模板标记，可以支持选取和编辑功能。

DataList 控件中通过自定义模板来设置数据的显示样式，它支持如下模板类型。

ItemTemplate：包含一些 HTML 元素和控件，将为数据源中的每一行呈现一次这些 HTML 元素和控件。

AlternatingItemTemplate：包含一些 HTML 元素和控件，将为数据源中的每两行呈现一次这些 HTML 元素和控件。通常，可以使用此模板来为交替行创建不同的外观，例如指定一个与在 ItemTemplate 属性中指定的颜色不同的背景色。

SelectedItemTemplate：包含一些元素，当用户选择 DataList 控件中的某一项时将呈现这些元素。通常，可以使用此模板来通过不同的背景色或字体颜色直观地区分选定的行，还可以通过显示数据源中的其他字段来展开该项。

EditItemTemplate：指定当某项处于编辑模式时的布局。此模板通常包含一些编辑控件，如 TextBox 控件。

HeaderTemplate 和 FooterTemplate：包含在列表的开始和结束处分别呈现的文本和控件。

SeparatorTemplate：包含在每项之间呈现的元素。

通常根据不同的需要定义不同类型的项模板，DataList 控件根据项的运行时状态自动加载相应的模板显示数据，例如，当某一项被选定后将会以 SelectedItemTemplate 模板呈现数据，编辑功能被激活时将以 EditItemTemplate 模板呈现数据。

8.3.2　DataList 控件绑定数据源

【例 8.8】　DataList 控件的数据绑定。

步骤 1　新建一个名为 Default3.aspx 的页面，在页面上添加一个 DataList 控件。

步骤 2　编辑 DataList 控件，并设置项模板，进行显示字段映射。

（1）在 VS2010 环境中使用 DataList 控件的快捷任务面板进入模板的编辑页面，如图 8.27 所示。

图 8.27　打开 DataList 的模板编辑器

（2）单击"编辑模板"按钮后进入模板编辑界面，如图 8.28 所示。

图 8.28　模板编辑界面

（3）在本例中只实现 DataList 控件的数据绑定，所以只简单地定义一个 ItemTemplate，单击模板类型后编辑 ItemTemplate 模板样式如图 8.29 所示。

图 8.29　ItemTemplate 模板样式

DataList 控件中的项模板显示数据源每条记录中的各个字段,需要将模板中的显示控件映射到相应字段,才能在数据绑定后在模板项中显示正确的数据。数据映射通过绑定表达式完成,在项模板中各个显示控件的页面代码中添加如下绑定表达式:＜%♯Eval("×××")%＞,其中,Eval 方法用于读取数据绑定后当前显示项中所呈现的数据项的相应字段数据,Eval 方法的参数"×××"用于指定记录中要显示的字段名。

(4) 定义模板后的页面代码如下。

```
<asp:DataList ID="DataList1" runat="server" RepeatColumns="5" >
<ItemTemplate>
学号:<%#Eval ("no") %><br />
姓名:<%#Eval ("name") %><br />
性别:<%#Eval ("brith") %><br />
出生日期:<%#Eval ("fee") %><br />
学费:<%#Eval("fee") %><br />
<br />
</ItemTemplate>
</asp:DataList>
```

步骤 3　设置 DataList 的布局属性,采用 Table 布局,每行显示 5 项,按行显示,如图 8.30 所示。

步骤 4　在页面后台类中添加数据绑定代码如下。

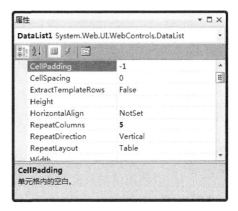

图 8.30　设置 DataList 布局属性

```
protected void Page_Load(object sender,EventArgs e)
{
    if (!Page.IsPostBack) listbind();
}
void listbind()
{
    string sqlconnstr=ConfigurationManager.ConnectionStrings
        ["testConnectionString"].ConnectionString;
        DataSet ds=new DataSet();
    using (SqlConnection sqlconn=new SqlConnection(sqlconnstr))
    {
        SqlDataAdapter sqld=new SqlDataAdapter("select * from student",sqlconn);
        sqld.Fill(ds,"estudent");
    }
    DataList1.DataSource=ds.Tables["estudent"].DefaultView;
    DataList1.DataBind();
}
```

(5) 页面的运行效果如图 8.31 所示。

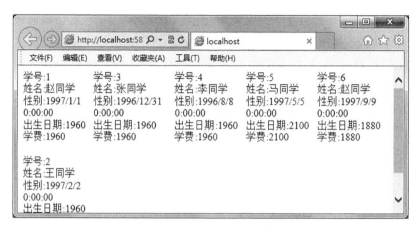

图 8.31 Default3.aspx 运行页面

8.3.3 使用 SelectedItemTemplate 模板

在浏览数据时，用户有时并不关心记录中所有字段的值，通常只需要每台记录的主题信息即可。在找到合适自己的记录后才希望看到全部信息。SelectedItemTemplate 模板就是为了这个需要而设计的。

使用 SelectedItem 属性来获取 DataListItem 对象，该对象表示 DataList 控件中的选定项。然后，可以使用该对象设置选定项的属性。

【例 8.9】 使用 SelectedItemTemplate 模板。

步骤 1 设计 SelectedItemTemplate 模板样式，如图 8.32 所示。

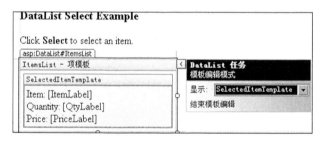

图 8.32 SelectedItemTemplate 模板样式

步骤 2 页面代码如下。

```
<%@Page Language="C#" AutoEventWireup="True" %>
<%@Import Namespace="System.Data" %>
<!DOCTYPE html PUBLIC "-//W3C//DTD XHTML 1.0 Transitional//EN"
    "http://www.w3.org/TR/xhtml1/DTD/xhtml1-transitional.dtd">
<html xmlns="http://www.w3.org/1999/xhtml">
<head>
<title>DataList Select Example</title>
<script runat="server">
    ICollection CreateDataSource()
```

```csharp
        {
            //Create sample data for the DataList control.
            DataTable dt=new DataTable();
            DataRow dr;
            //Define the columns of the table.
            dt.Columns.Add(new DataColumn("Item",typeof(Int32)));
            dt.Columns.Add(new DataColumn("Qty",typeof(Int32)));
            dt.Columns.Add(new DataColumn("Price",typeof(double)));
            //Populate the table with sample values.
            for (int i=0;i<9;i++)
            {
                dr=dt.NewRow();
                dr[0]=i;
                dr[1]=i * 2;
                dr[2]=1.23 * (i +1);
                dt.Rows.Add(dr);
            }
            DataView dv=new DataView(dt);
            return dv;
        }
        void Page_Load(Object sender,EventArgs e)
        {
            //Load sample data only once,when the page is first loaded.
            if (!IsPostBack)
            {
                ItemsList.DataSource=CreateDataSource();
                ItemsList.DataBind();
            }
        }
        void Item_Command(Object sender,DataListCommandEventArgs e)
        {
            //Set the SelectedIndex property to select an item in the DataList.
            ItemsList.SelectedIndex=e.Item.ItemIndex;
            //Rebind the data source to the DataList to refresh the control.
            ItemsList.DataSource=CreateDataSource();
            ItemsList.DataBind();
        }
    </script>
</head>
<body>
    <form id="form1" runat="server">
        <h3>DataList Select Example</h3>
        Click<b>Select</b>to select an item.
```

```
<br /><br />
<asp:DataList id="ItemsList"
GridLines="Both"
CellPadding="3"
CellSpacing="0" OnItemCommand="Item_Command" runat="server">
<HeaderStyle BackColor="#aaaadd">
</HeaderStyle>
<AlternatingItemStyle BackColor="Gainsboro">
</AlternatingItemStyle>
<SelectedItemStyle BackColor="Yellow">
</SelectedItemStyle>
<HeaderTemplate>
Items
</HeaderTemplate>
<ItemTemplate>
<asp:LinkButton id="SelectButton" Text="Select" CommandName=
    "Select" runat="server"/>
Item<%# DataBinder.Eval(Container.DataItem,"Item") %>
</ItemTemplate>
<SelectedItemTemplate>
Item:
<asp:Label id="ItemLabel" Text='<%# DataBinder.Eval(Container.DataItem,
    "Item") %>' runat="server"/>
<br />
Quantity:
<asp:Label id="QtyLabel" Text='<%# DataBinder.Eval(Container.DataItem,
    "Qty") %>' runat="server"/>
<br />
Price:
<asp:Label id="PriceLabel"
Text='<%# DataBinder.Eval(Container.DataItem,"Price","{0:c}") %>' runat=
    "server"/>
</SelectedItemTemplate>
</asp:DataList>
    </form>
</body>
</html>
```

注：本例中使用了单文件代码模型。

步骤3　程序运行效果如图8.33所示。

步骤4　单击SelectItem1后效果如图8.34所示。

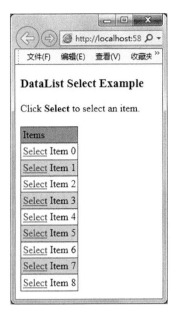
图 8.33 程序运行效果

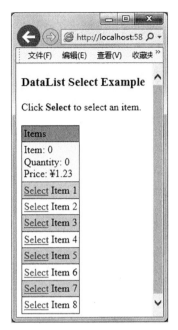
图 8.34 单击 SelectItem1 运行效果

8.3.4 在 DataList 控件中编辑数据

【例 8.10】 在 DataList 控件中编辑数据,本例中将演示如何删除数据。

步骤 1 前台页面代码如下。

```
<div>
<div style="text-align: center">DataList 用法(删除)
<table border="0" cellpadding="0" cellspacing="0" style="width: 500px">
<tr>
<td style="width: 100px">
</td>
</tr>
<tr>
<td style="width: 500px">
<asp:DataList ID="DataList1" runat="server">
<ItemTemplate>
<div style="text-align: center">
<table border="0" cellpadding="0" cellspacing="0" style="width: 100%">
<tr>
<td style="width: 100px"><%#DataBinder.Eval(Container.DataItem,"no")%>
</td>
<td style="width: 150px"><%#DataBinder.Eval(Container.DataItem,"name")%>
</td>
<td style="width: 150px"><%#DataBinder.Eval(Container.DataItem,"brith")%>
```

```
</td>
<td style="width: 150px">
<asp:LinkButton ID="LinkButton1" runat="server" CommandName="delete">删除
    </asp:LinkButton></td>
</tr>
</table>
</div>
</ItemTemplate>
</asp:DataList></td>
</tr>
<tr>
<td style="width: 100px">
</td>
</tr>
</table>
</div>
</div>
```

步骤2 后台页面代码如下。

```
public partial class DataList : System.Web.UI.Page
{
protected void Page_Load(object sender,EventArgs e)
    {
        if (!IsPostBack)
        {
            bind();
        }
    }
    void bind()
    {
        string sqlconnstr=ConfigurationManager.ConnectionStrings
            ["testConnectionString"].ConnectionString;
        DataSet ds=new DataSet();
        using (SqlConnection sqlconn=new SqlConnection(sqlconnstr))
        {
            SqlDataAdapter sqld=new SqlDataAdapter("select * from student",
                sqlconn);
            sqld.Fill(ds,"estudent");
        }
        DataList1.DataSource=ds.Tables["estudent"].DefaultView;
        DataList1.DataBind();
    }
    ...
```

删除数据语句请读者自行编制。

步骤 3　程序运行效果如图 8.35 所示。

图 8.35　DataList 删除数据运行效果

8.4　Repeater 控件

8.4.1　Repeater 控件概述

Repeater 控件是一个数据容器控件,它能够以表格形式显示数据源的数据。若该控件的数据源为空,则什么都不显示。该控件允许用户创建自定义列,并且还能够为这些列提供布局,然而 Repeater 控件本身不提供内置呈现功能。若该控件需要呈现数据,则必须为其提供相应的布局。Repeater 控件的属性如表 8.1 所示。

表 8.1　Repeater 控件的属性

属　　性	描　　述
DataSource	数据源
DataSourceID	数据源控件的 ID 属性,控件从该数据源控件检索数据
DataMember	DataSource 属性中要绑定到控件的数据成员
Items	RepeaterItem 对象的集合
Controls	子控件集合
EnableTheming	是否应用主题

Repeater 控件可以通过 DataSourceID、DataSource 或 DataMember 属性来设置其数据源。其中,DataSourceID 属性为数据源控件的 ID 属性值。若 Repeater 控件使用数据源控件提供数据,它不需要显示绑定控件的数据。DataSource 属性可以直接作为 Repeater 控件的数据源,但是需要显式调用 DataBind() 方法绑定 Repeater 控件的数据。另外,若 DataSource 属性包含多个数据成员,则还可以使用 DataMember 属性指定 DataSource 属性中的一个数据成员为 Repeater 控件的数据源。

Repeater 控件还提供了三个事件:ItemCommand、ItemCreated 和 ItemDataBound,如表 8.2 所示。

表 8.2 Repeater 控件的事件

事　　件	描　　述	事　　件	描　　述
ItemCommand	单击控件中的按钮时发生	ItemDataBound	控件中的项被数据绑定之后发生
ItemCreated	控件中的项创建时发生		

Repeater 控件有 5 个模板,使用 Repeater 控件至少要定义 ItemTemplate 模板,其他模板可以根据需要增加。Repeater 控件以及 5 个模板的 HTML 标记格式如下。

```
<asp:Repeater id=Repeater1 runat="server">
<HeaderTemplate>…</HeaderTemplate>
<ItemTemplate>…</ItemTemplate>
<AlternatingItemTemplate>…</AlternatingItemTemplate>
<SeparatorTemplate>…</SeparatorTemplate>
<FooterTemplate>…</FooterTemplate>
</asp:Repeater>
```

其中,ItemTemplate 和 AlternatingItemTemplate 模板可以绑定数据源,这两个模板一般称作 Repeater 控件数据显示模板,其他三个模板不能绑定数据源。

5 个模板的用途如下。

(1) HeaderTemplate:定义头部显示的内容和布局。如果没有定义,则不显示任何内容。

(2) ItemTemplate:定义要显示的数据和布局。此数据显示模板为必选,可以绑定数据源。

(3) AlternatingItemTemplate:数据显示模板要重复使用显示数据,本属性是重复次数(从零开始)为奇数时的数据显示模板。如无定义使用 ItemTemplate。此模板可绑定数据源。

(4) SeparatorTemplate:数据显示模板重复使用显示数据,该属性定义两次用数据显示模板显示的数据之间的分隔符。如果未定义,则不呈现分隔符。

(5) FooterTemplate:定义底部的显示内容和布局。如果没有定义,则不显示任何内容。

该控件首先按照 HeaderTemplate 模板显示头部内容。然后按照模板 ItemTemplate 和 AlternatingItemTemplate 显示绑定的数据,要重复多次,直到把绑定的数据显示完。模板 SeparatorTemplate 为两组数据之间增加分隔符。最后按照模板 FooterTemplate 显示底部内容。

8.4.2 在 Repeater 控件中显示数据

【例 8.11】 在 Repeater 控件中显示数据。

步骤 1　新建一个名为 Repeater.aspx 的网页,其设计页面如图 8.36 所示。

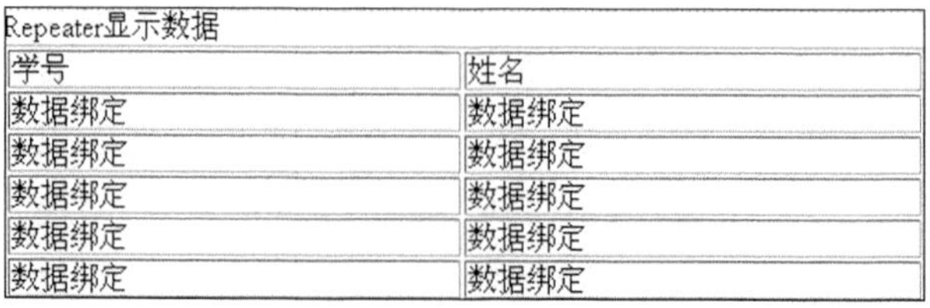

Repeater显示数据	
学号	姓名
数据绑定	数据绑定
数据绑定	数据绑定
数据绑定	数据绑定
数据绑定	数据绑定
数据绑定	数据绑定

图 8.36　Repeater.aspx 页面设计

步骤 2 Repeater.aspx 页面代码如下。

```html
<div>Repeater 显示数据
    <asp:Repeater ID="Repeater1" runat="server">
    <ItemTemplate>
    <tr>
    <td><%#DataBinder.Eval(Container.DataItem,"no") %></td>
    <td><%#DataBinder.Eval(Container.DataItem,"name")%></td>
    </tr>
    </ItemTemplate>
    <HeaderTemplate>
    <table border="1" width="500px" style="background-position:center">
    <tr>
    <td>学号</td>
    <td>姓名</td>
    </tr>
    </HeaderTemplate>
    <FooterTemplate>
    </table>
    </FooterTemplate>
    </asp:Repeater>
</div>
```

步骤 3 Repeater.aspx.cs 页面代码如下。

```csharp
protected void Page_Load(object sender,EventArgs e)
{
    if (!IsPostBack)
    {
        bind();
    }
}
void bind()
{
    string sqlconnstr=ConfigurationManager.ConnectionStrings
        ["testConnectionString"].ConnectionString;
    DataSet ds=new DataSet();
    using (SqlConnection sqlconn=new SqlConnection(sqlconnstr))
    {
        SqlDataAdapter sqld=new SqlDataAdapter("select no,name from student",
            sqlconn);
        sqld.Fill(ds,"estudent");
    }
    Repeater1.DataSource=ds.Tables["estudent"].DefaultView;
    Repeater1.DataBind();
}
```

步骤4　运行效果如图8.37所示。

图 8.37　Repeater.aspx 运行页面

实践与练习

一、实践练习1

1. 新建名为"Sjbd"的网站。
2. 在网站中建立用于数据绑定的数据库（可参照书中数据库）。
3. 添加一个网页，利用 GridView 控件实现数据的分页显示。
4. 添加一个网页，利用 DataList 控件实现数据的插入与删除。
5. 添加一个网页，利用 Repeater 控件实现对记录数据的显示。

二、实践练习2

1. 在 VS2010 中，创建一个 SQL Server 数据库 Example，其中包含一个表 Teachers，其字段类型如表8.3所示。

表 8.3　Teachers 表结构

字段名称	数据类型	大　　小	说　　明
No	文字	6	教师编号
Name	文字	30	教师姓名
Power	文字	4	教师权限
Phone	文字	11	教师电话号码
Class	文字	10	教师类别

2. 创建 ASP.NET 程序，使用 LinqDataSource 控件连接到 Example 数据库，使用 GridView 控件显示表 Teacher 中的数据记录，表格提供排序和分页功能，每页显示5条记录数据。

3. 创建 ASP.NET 程序，使用 SqlDataSource 控件连接到 Example 数据库，使用 DataList 控件实现详细显示某一条数据，并且提供数据表的编辑功能。

第 9 章 ASP.NET AJAX 服务器端编程

本章学习目标
- 理解 AJAX 技术的基本原理。
- 学会使用 AJAX Extensions 选项卡里面的 5 个基本控件。
- 了解 AJAX Control Toolkit 的其他工具。

AJAX 全称为 Asynchronous JavaScript and XML(异步 JavaScript 和 XML),它不是一种技术,而是几种技术,每种技术都有其独特之处,合在一起就成了一个功能强大的新技术,是一种可以创建更强交互式网页应用的 Web 应用程序技术。AJAX 带来的好处可以总结为三点:最大的一点是页面无刷新,在页面内与服务器通信,具有良好的用户体验;另外一点,使用异步方式与服务器通信,不需要打断用户的操作,具有更加迅速的响应能力;最后,可以把以前一些服务器负担的工作转嫁到客户端,利用客户端闲置的能力来处理,减轻服务器和带宽的负担,节约空间和宽带租用成本,并且减轻服务器的负担,AJAX 的原则是"按需取数据",可以最大程度地减少冗余请求和响应对服务器造成的负担。

本章将介绍如何使用 ASP.NET AJAX 开发 Web 应用程序。

9.1 ASP.NET AJAX 基础

9.1.1 AJAX 的基本概念和特点

AJAX 是一种运用于浏览器的技术,目前的主流浏览器都支持,包括 Mozilla、Firefox、Internet Explorer、Opera、Konqueror 以及 Safari。

AJAX 具有以下特点。
(1) 使用 CSS 和 XHTML 来表示。
(2) 使用 DOM 模型来交互和动态显示。
(3) 使用 XMLHttpRequest 来和服务器进行异步通信。
(4) 使用 JavaScript 来绑定和调用

传统的 Web 应用允许用户填写表单,当提交表单时就向 Web 服务器发送一个请求。服务器接收并处理传来的表单,然后返回一个新的网页。这种做法浪费了许多带宽,因为在前后两个页面中的大部分 HTML 代码往往是相同的。由于每次应用的交互都需要向服务器发送请求,应用的响应时间就依赖于服务器的响应时间。这导致了用户界面的响应比本地应用慢得多。

AJAX 的工作原理相当于在用户和服务器之间添加了个中间层,使得用户操作与服务器响应异步化。也就是说,并不是所有的用户请求都提交给服务器处理,而是把诸如数据验证和数据处理等请求都交给 AJAX 引擎自己来做,只有确定需要从服务器读取新数据时,再由 AJAX 引擎代为向服务器提交请求,在它的帮助下可以消除网络交互过程中的处理→

等待→处理等缺陷。在处理的过程中，Web 服务器响应是标准的 XML 的数据，传递给 AJAX 后再转化为 HTML 页面格式，辅助 CSS 显示。与 AJAX 相关的一个重要的对象是 XMLHttpRequest。这个对象是 AJAX 技术中最重要的对象。一个页面可以在不刷新的情况下通过 XMLHttpRequest 发送请求来获取服务器响应。其工作过程示意如图 9.1 所示。

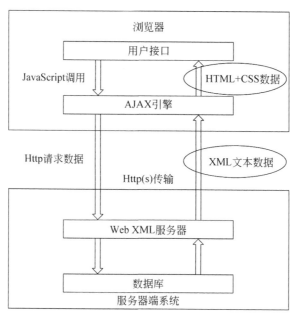

图 9.1　AJAX 访问服务器示意图

使用 AJAX 的最大优点就是局部刷新功能，即在不刷新整个页面的前提下维护数据。这使得 Web 应用程序更为迅捷地响应用户交互，并避免了在网络上发送那些没有改变的信息。

9.1.2　安装和配置 ASP.NET AJAX

Visual Studio 2010（基于 .NET 4.0，3.5 也可以）提供了对开发 ASP.NET AJAX 的内置支持，新建 Web 应用程序之后，可以从工具箱中看到一个 AJAX Extensions 选项卡，其中包含开发 AJAX 所需要的服务器控件，通过直接拖拉所需要的 AJAX 服务器控件到 Web 页面可轻松地开发 AJAX 应用程序。在工具箱中可看到图 9.2 所示的 AJAX Extensions 选项卡。

其中包含 5 个控件，它们构成了基础 ASP.NET AJAX 框架。本章后续会对这 5 个控件逐一讲述，但是只用这 5 个控件来设计一个 ASP.NET AJAX 网站是很困难的，因此可

图 9.2　AJAX Extensions 选项卡

以选择性地手动安装 ASP.NET AJAX Control Toolkit 以增强 AJAX 应用程序开发的特性。读者可以进一步学习这些控件的使用方法。安装 AJAX Control Toolkit 的步骤如下。

步骤1　下载 AJAX Control Toolkit。

进入网址 http://AJAXcontroltoolkit.codeplex.com/ 即可下载，如图 9.3 所示。

图 9.3　AJAX Control Toolkit 下载界面

下载之后得到图 9.4 所示的安装文件。

图 9.4　AJAX Control Toolkit 安装文件

步骤2　双击安装，默认选项即可，安装完成后重新启动，工具箱里面会出现 AJAX Control Toolkit 选项卡，打开后会发现有图 9.5 所示的一系列控件。该控件包提供了很多使用效果很好的控件，学会灵活运用 AJAX Control Toolkit 中的所有控件便能轻松创建一个 AJAX 网站。因篇幅限制，本书不再对此部分控件做详细介绍。

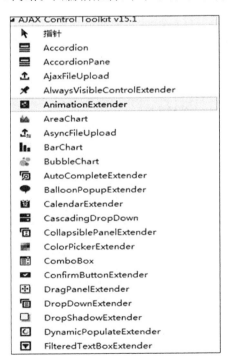

图 9.5　AJAX Control Toolkit 系列控件

9.2 ScritpManager 控件的使用

ScriptManager 控件是 ASP.NET AJAX 中非常重要的一个控件,它可以实现网页的局部刷新,所有需要支持 ASP.NET AJAX 的 ASP.NET 页面上只能有一个 ScriptManager 控件。ScriptManager 控件的重要属性和方法如表 9.1 所示。

表 9.1 ScriptManager 控件的常用属性和方法

属性或方法	说　　明
AllowCustomErrorsRedirect	该属性为布尔类型,默认值为 true,表示在异步更新发生异常时是否使用 Web.config 中 <customErrors> 节中的设定。Web.config 的 <customErrors> 节中可以指定应用程序级别的错误处理页面,这将通过重定向至某个专门显示异常的页面来实现
AsyncPostBackErrorMessage	该属性表示了异步回送过程中发生的异常将显示出的消息,可以在 ScriptManager 的声明中设置这个属性
AsyncPostBackTimeout	异步回传时超时限制,默认值为 90,单位为 s
EnablePartialRendering	该属性可以使页面的某些控件或某个区域实现 AJAX 类型的异步回送和局部更新功能。若需要启用页面的局部更新模式,则应该将 EnablePartialRendering 属性设置为 true,保持默认值即可
ScriptMode	指定 ScriptManager 发送到客户端的脚本的模式,有 4 种模式:Auto、Inherit、Debug、Release,默认值为 Auto。具体如表 9.2 所示
ScriptPath	设置所有的脚本块的根目录,作为全局属性,包括自定义的脚本块或者引用第三方的脚本块。如果在 Scripts 中的 <asp:ScriptReference/> 标签中设置了 Path 属性,它将覆盖该属性
ResolveScriptReference	指定 ResolveScriptReference 事件的服务器端处理函数,在该函数中可以修改某一条脚本的相关信息,如路径、版本等

表 9.2 ScriptMode 的属性值

属性或方法	说　　明
Auto	该属性值用于根据 web.config 配置中的 retail 配置节的值来决定脚本的模式。如果 retail 配置节的值为 true,则把发布模式的脚本发送到客户端,反之则发送调试脚本
Debug	该属性值用于当 retail 配置节的值不为 true 时,则发送 Debug 版本的客户端脚本
Release	该属性值用于当 retail 配置节的值不为 false 时,则发送 Release 版本的客户端脚本
Inherit	该属性值意义与 Auto 相同

定义 ScriptManager 控件的方法有以下两种。

第一种方法:使用 <asp:ScriptManager/> 来定义一个 ScriptManager,简单的 ScriptManager 定义形式如下。

```
<asp:ScriptManager ID="ScriptManager1" runat="server">
<AuthenticationService Path="" />
<ProfileService LoadProperties="" Path="" />
<Scripts>
```

```
<asp:ScriptReference/>
</Scripts>
<Services>
<asp:ServiceReference />
</Services>
</asp:ScriptManager>
```

第二种方法：在设计页面中展开左侧工具箱中的 AJAX Extensions 选项卡，拖动 ScriptManager 控件到网页中，即向网页中添加该控件，如图 9.6 所示。

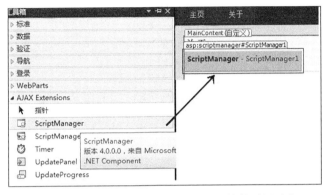

图 9.6　从工具箱拖动 ScriptManager 控件到网页中

9.3　UpdatePanel 控件的使用

ASP.NET UpdatePanel 控件可用于生成功能丰富、以客户端为中心的 Web 应用程序。通过使用 UpdatePanel 控件，可以在回发期间刷新网页的选定部分而不是刷新整个网页。这称为执行部分页更新，包含一个 ScriptManager 控件和一个或多个 UpdatePanel 控件的 ASP.NET 网页，不需要使用自定义客户端脚本即可自动参与部分页更新。

9.3.1　UpdatePanel 控件基础

UpdatePanel 控件的重要属性如表 9.3 所示。

表 9.3　UpdatePanel 控件的属性

属性或方法	说　　明
ChildrenAsTriggers	当 UpdateMode 属性为 Conditional 时，UpdatePanel 中的子控件的异步回送是否会引发 UpdatePanle 的更新
RenderMode	表示 UpdatePanel 最终呈现的 HTML 元素。Block(默认)表示<div>，Inline 表示<span>
Triggers	Triggers 是设置 UpdatePanel 的触发事件
UpdateMode	表示 UpdatePanel 的更新模式，有两个选项：Always 和 Conditional。Always 是不管有没有 Trigger，其他控件都将更新该 UpdatePanel，Conditional 表示只有当前 UpdatePanel 的 Trigger，或 ChildrenAsTriggers 属性为 true 时当前 UpdatePanel 中控件引发的异步回送或者整页回送，或是服务器端调用 Update() 方法才会引发更新该 UpdatePanel

在网页的设计页面中展开左侧的工具箱,拖动 UpdatePanel 控件到网页中,可以向网页中添加 UpdatePanel 控件,如图 9.7 所示。

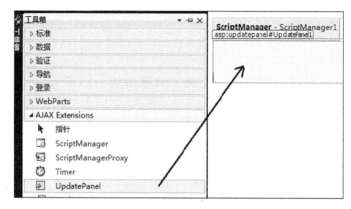

图 9.7 从工具箱拖动 UpdatePanel 控件到网页中

9.3.2 UpdatePanel 控件应用

【例 9.1】 使用 UpdatePanel 内部的控件引起的回发,来更新当前 UpdatePanel 内部的控件内容。

步骤 1 在网页的设计页面中添加一个 ScriptManager、一个 UpdatePanel 控件和一个 Label 控件。

步骤 2 在 UpdatePanel 控件中添加一个 Button 控件、一个 Label 控件。

步骤 3 双击 Button 按钮,在事件处理程序中写入下列代码:

```
Label2.Text=DateTime.Now.ToString();
```

步骤 4 在 Page_Load 事件中写入下列代码:

```
Label1.Text=DateTime.Now.ToString();
```

步骤 5 运行网页,发现每次单击 Button 按钮都会产生异步局部刷新,只有 Label2 控件的时间发生改变,网页上 Label1 的时间才没有发生改变。

网页的设计界面代码如下。

```
<asp:ScriptManager ID="ScriptManager1" runat="server" />
<asp:Label ID="Label1" runat="server" Text="Label" Width="203px">
    </asp:Label><br />
<br />
<asp:UpdatePanel ID="UpdatePanel1" runat="server">
    <ContentTemplate>
        <asp:Button ID="Button1" runat="server" Text="提交" OnClick=
            "Button1_Click" />
        <br />
        <br />
```

```
        <asp:Label ID="Label2" runat="server" Text="Label" Width="202px">
        </asp:Label>
    </ContentTemplate>
</asp:UpdatePanel>
```

网页的设计界面如图 9.8 所示。

网页的事件代码如下。

```
protected void Page_Load(object sender,EventArgs e)
{
    Label1.Text=DateTime.Now.ToString();
}
protected void Button1_Click(object sender,EventArgs e)
{
    Label2.Text=DateTime.Now.ToString();
}
```

图 9.8　例 9.1 的设计界面

注意：此时的 ScriptManager 的 EnablePartialRendering 属性应设为 true。UpdatePanel 的 UpdateMode 属性应设为 Always。ChildAsTrigger 属性应设为 true。默认即可。

UpdatePanel 的工作依赖于 ScriptManager 服务端控件和客户端 PageRequestManager 类(Sys.WebForms.PageRequestManager)，当 ScriptManager 中允许页面局部更新时，它会以异步的方式回传给服务器。与传统的整页回传方式不同的是，只有包含在 UpdatePanel 中的页面部分会被更新，在从服务端返回 HTML 之后，PageRequestManager 会通过操作 DOM 对象来替换需要更新的代码片段。

【**例 9.2**】　使用 UpdatePanel 控件外部的控件引起的回发，来异步更新 UpdatePanel 控件内部的内容。

虽然例 9.1 中的方法能够很简单地实现异步局部刷新的功能，但就性能方面考虑，应当只将数据确实会发生变化的控件放置在 UpdatePanel 控件中，这就可能会出现引起回发的控件不在 UpdatePanel 控件内的情况。

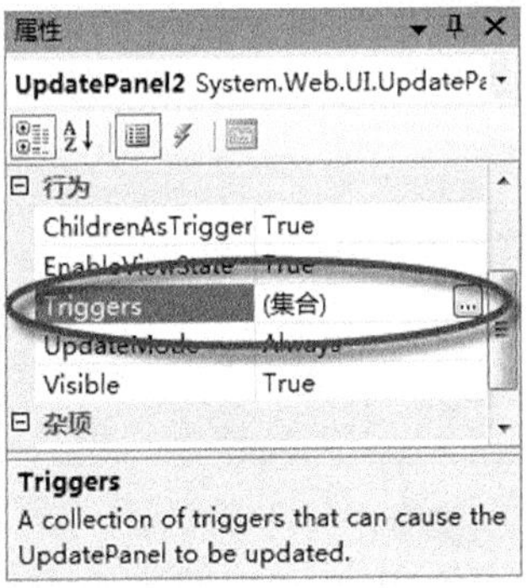

如果页面上有多个 UpdatePanel 控件，要实现外部控件的回发引发指定 UpdatePanel 控件的更新，那应当为要实现刷新的 UpdatePanel 控件建立一个触发器。

步骤 1　选中要进行局部更新的 UpdatePanel 控件。

步骤 2　在其属性页中单击 Triggers 集合属性右边的小按钮，如图 9.9 所示。

步骤 3　在弹出的对话框中的成员列表中添加一个 AsyncPostBackTriggers 成员，如图 9.10 所示。

步骤 4　指定 AsyncPostBackTriggers 成员的 ControlID 和 EventName，即指定引发异步回送的控件的 ID 和该控件的事件，如图 9.11 所示。

图 9.9　UpdatePanel2 的属性页

网页设计界面的代码如下。

图 9.10　UpdatePanel2 的 UpdatePanelTrigger 集合编辑器

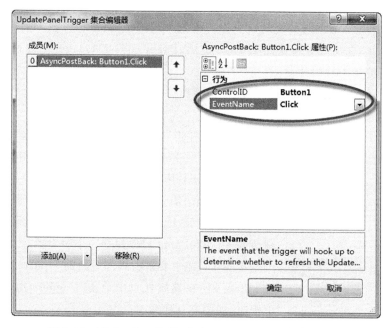

图 9.11　UpdatePanel2 的 UpdatePanelTrigger 集合编辑器

```
<div>
    <asp:ScriptManager ID="ScriptManager1" runat="server">
    </asp:ScriptManager>
    <asp:Button ID="Button1" runat="server" Text="提交" OnClick="Button1_Click" />
</div>
```

```
    <asp:UpdatePanel ID="UpdatePanel1" runat="server" UpdateMode="Conditional">
        <ContentTemplate>
            <asp:Label ID="Label1" runat="server" Text="Label"></asp:Label>
        </ContentTemplate>
    </asp:UpdatePanel>
    <asp:UpdatePanel ID="UpdatePanel2" runat="server" UpdateMode="Conditional">
        <ContentTemplate>
            <asp:Label ID="Label2" runat="server" Text="Label"></asp:Label>
        </ContentTemplate>
        <Triggers>
            <asp:AsyncPostBackTrigger ControlID="Button1" EventName="Click" />
        </Triggers>
    </asp:UpdatePanel>
    <asp:UpdatePanel ID="UpdatePanel3" runat="server" UpdateMode="Conditional">
        <ContentTemplate>
            <asp:Label ID="Label3" runat="server" Text="Label"></asp:Label>
        </ContentTemplate>
    </asp:UpdatePanel>
```

网页的设计界面如图9.12所示。

网页的事件代码如下。

```
protected void Button1_Click(object sender,
    EventArgs e)
{
    Label1.Text=DateTime.Now.ToString();
    Label2.Text=DateTime.Now.ToString();
    Label3.Text=DateTime.Now.ToString();
}
```

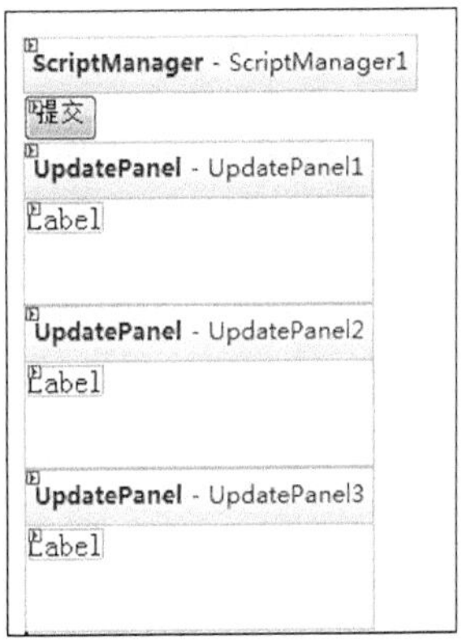

图 9.12 例 9.2 的设计界面

可以看到，虽然在代码中 Button 按钮也想对 Label1 控件和 Label3 控件的内容做更改，但实际上，Button 按钮只对 UpdatePanel2 控件中的 Label2 控件起作用。

使用 UpdatePanel 的时候一个页面上可以用多个 UpdatePanel，所以可以为不同的需要局部更新的页面区域加上不同的 UpdatePanel。由于 UpdatePanel 默认的 UpdateMode 是 Always，如果页面上有一个局部更新被触发，则所有的 UpdatePanel 都将更新，这是我们不愿看到的，所以应注意：把所有的 UpdatePanel 控件的 UpdateMode 设为 Conditional，这样才能够针对建有相关触发器的 UpdatePanel 控件更新。一个 UpdatePanel 控件上可以建有多个触发器，实现在不同的情况下对该 UpdatePanel 控件内容的更新。

【例 9.3】 ScriptManager 控件中利用 RegisterAsyncPostBackControl 方法实现网页页面的局部更新。

在网页中添加一个 UpdatePanel 控件，并在其中添加一个 Label 控件，在 UpdatePanel 控件外部添加一个 Button 控件，代码如下。

```
<div>
    <asp:ScriptManager ID="ScriptManager1" runat="server">
    </asp:ScriptManager>
     
    <asp:Button ID="Button1" runat="server" OnClick="Button1_Click" Text=
        "Button" />
    <asp:UpdatePanel ID="UpdatePanel1" runat="server" UpdateMode="Conditional">
        <ContentTemplate>
            <asp:Label ID="Label1" runat="server" Text="Label" Width="277px">
            </asp:Label>
        </ContentTemplate>
    </asp:UpdatePanel>
</div>
```

网页的设计页面如图9.13所示。

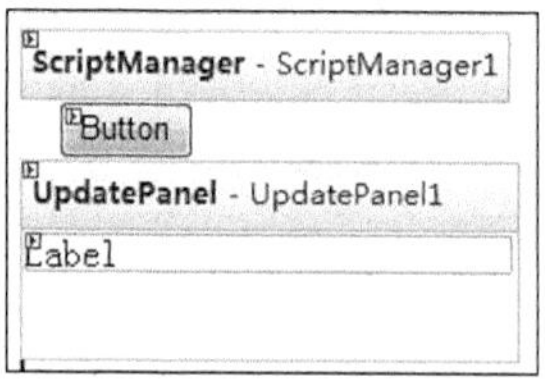

在 Form_Load 方法中调用 ScriptManager 控件的 RegisterAsyncPostBackControl 方法将 Button1 控件注册为异步提交控件，代码如下。

图9.13 例9.3的设计界面

```
protected void Page_Load(object sender,EventArgs e)
    {
        ScriptManager1.RegisterAsyncPostBackControl(Button1);
    }
protected void Button1_Click(object sender,EventArgs e)
    {
        Label1.Text=DateTime.Now.ToString();
        UpdatePanel1.Update();
    }
```

注意：要设置 UpdatePanel 控件的 UpdateMode 属性为 Conditional。

UpdatePanel 还可以嵌套使用，即在一个 UpdatePanel 的 ContentTemplate 中还可以放入另一个 UpdatePanel。当最外面的 UpdatePanel 被触发更新时，它里面的子 UpdatePanel 也随着更新，里面的 UpdatePanel 触发更新时，只更新它自己，而不会更新外层的 UpdatePanel。

9.4 UpdateProgress 控件的使用

9.4.1 UpdateProgress 控件基础

UpdateProgress 控件提供有关 UpdatePanel 控件中的部分页更新的状态信息，可以自定义 UpdateProgress 控件的默认内容和布局。它并不指示进度，而是提供一条等待信息让用户知道页面还在工作，最后的请求还在继续处理中。添加 UpdateProgress 控件后，就能够指定异步请求开始后显示某些内容，而这些内容在异步请求结束时又将自动消失。这些内容可以包括固定的消息或图片。

UpdateProgress 控件的重要属性如表 9.4 所示。

表 9.4 UpdateProgress 控件的常用属性

属 性	说 明
DynamicLayout	该属性为布尔类型,默认值为 true,用来设置 UpdateProgress 控件的显示方式。为 true 表示当 UpdateProgress 控件不显示的时候不占用空间,为 false 表示 UpdateProgress 控件不显示的时候仍然占用空间
AssociateUpdatePanelID	设置哪个 UpdatePanel 内的控件产生的回送会显示 UpdateProgress 的内容
DisplayAfter	当引发回送后多少毫秒会显示 UpdateProgress 控件的内容

在网页的设计页面中展开左侧的工具箱,拖动 UpdateProgress 控件到网页中,可以向网页中添加 UpdateProgress 控件,如图 9.14 所示。

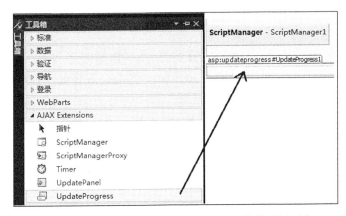

图 9.14 从工具箱拖动 UpdateProgress 控件到网页中

9.4.2 UpdateProgress 控件应用

【例 9.4】 使用单个 UpdateProgress 控件的方法。

在网页中添加一个 ScriptManager 控件,一个 UpdatePanel 控件,然后在该 UpdatePanel 控件中添加一个 Label 控件和一个 Button 控件,最后在网页上再添加一个 UpdateProgress 控件,并在其中输入文字"正在处理,稍候……"。

网页的设计界面如图 9.15 所示。

运行该页面,界面如图 9.16 所示。单击"提交"按钮,在网页上会显示"正在处理,稍候……"的文字,如图 9.17 所示。5s 后,UpdateProgress 控件中提示等候的信息将消失,在 Label 控件中显示当前的时间,运行结果如图 9.18 所示。

图 9.15 例 9.4 的设计界面

图 9.16 运行初始页面

图 9.17　局部刷新时 UpdateProgress 控件显示等候信息

图 9.18　刷新结束后 UpdateProgress 控件的提示信息消失

【例 9.5】　使用多个 UpdateProgress 控件的方法。

通常不需要把 UpdateProgress 控件显式关联到 UpdatePanel 控件。无论哪一个 UpdatePanel 开始回调，UpdateProgress 都会自动显示它的 ProgressTemplate。不过，如果页面很复杂且具有多个 UpdatePanel，可以选择让 UpdateProgress 只关注其中某一个。要这么做只需把 UpdateProgress.AssociatedUpdatePanelID 的属性设为相应的 UpdatePanel 的 ID 即可。甚至可以为同一页面添加多个 UpdateProgress 控件，然后分别关联到不同的 UpdatePanel。

首先在网页中添加一个 ScriptManager 控件，然后添加两个 UpdatePanel 控件，分别在两个 UpdatePanel 控件中添加一个 Label 控件和一个 Button 控件。将两个 UpdatePanel 控件的 UpdateMode 属性都设置为 Conditional。

在网页中添加两个 UpdateProgress 控件，在第一个 UpdateProgress 控件中添加文字说明"正在处理 UpdatePanel1，请稍候……"，在第二个 UpdateProgress 控件中添加文字说明"正在处理 UpdatePanel2，请稍候……"。

图 9.19　例 9.5 的设计界面

网页的设计页面如图 9.19 所示。

两个 Button 按钮的程序与例 9.4 相似，代码如下。

```
protected void Button1_Click(object sender,EventArgs e)
{
    Label1.Text=DateTime.Now.ToString();
    System.Threading.Thread.Sleep(5000);
}
protected void Button2_Click(object sender,EventArgs e)
{
    Label2.Text=DateTime.Now.ToString();
    System.Threading.Thread.Sleep(5000);
}
```

运行工程，单击"提交 1"按钮，可以看到 UpdatePanel1 控件都会显示对应的 UpdateProgress 控件设定的文字说明，如图 9.20 所示。

相同地，单击"提交 2"按钮，可以看到 UpdatePanel2 控件都会显示对应的 UpdateProgress 控件设定的文字说明，如图 9.21 所示。

图 9.20　例 9.5 的运行界面

图 9.21　例 9.5 的运行界面

9.5　Timer 控件的使用

ASP.NET AJAX Timer 控件可按照定义的间隔执行回发。如果将 Timer 控件和 UpdatePanel 控件结合在一起使用,可以按照定义的间隔启用部分页更新,还可以使用 Timer 控件来发布整个网页。如果要执行以下操作,可使用 Timer 控件:定期更新一个或多个 UpdatePanel 控件的内容而不刷新整个网页;每次 Timer 控件导致回发时在服务器上运行代码;按照定义的间隔将整个网页同步发布到 Web 服务器。使用 Timer 控件时,网页中必须包括 ScriptManager 控件。

当 Timer 控件启动回发时,Timer 控件会在服务器上引发 Tick 事件,要为 Tick 事件创建一个事件处理程序,以便将网页发布到服务器时执行操作。

Timer 控件的重要属性如表 9.5 所示。

表 9.5　Timer 控件的常用属性

属　性	说　明
Interval	Timer 控件引发 Tick 事件的时间间隔,单位为 ms

【例 9.6】　使用 Timer 控件的方法。

首先在网页中添加一个 ScriptManager 控件,然后添加一个 Label 控件,再添加一个 UpdatePanel 控件,在 UpdatePanel 控件中添加一个 Label 控件,一个 Timer 控件,并将 Timer 控件的 Interval 属性设置为 1000(1s)。网页的设计界面如图 9.22 所示。

加载 Web 窗体时,向 Label1 控件中赋值当前的系统时间,代码如下。

```
protected void Page_Load(object sender,EventArgs e)
    {
        Label1.Text="页面载入时间: "+DateTime.Now.ToString();
    }
```

Timer 控件的代码如下。

```
protected void Timer1_Tick(object sender,EventArgs e)
    {
        Label2.Text="当前时间是: "+DateTime.Now.ToString();
    }
```

运行工程,结果如图 9.23 所示。

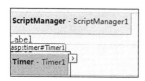 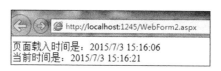

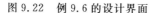

图 9.22　例 9.6 的设计界面　　　　图 9.23　例 9.6 的运行界面

如果不同的 UpdatePanel 控件必须在不同的时间间隔更新,则可以在网页上加入多个 Timer 控件。此外,Timer 控件的单个实例可以是某网页中多个 UpdatePanel 控件的触发器,必须将 Timer 控件显式定义为要更新的 UpdatePanel 控件的触发器。

实践与练习

练习:局部刷新 UpdatePanel 控件

(1) 在 Microsoft Visual Studio 2010 中,新建 ASP.NET Web 应用程序,然后切换到"设计"视图。

(2) 在"工具箱"任务窗格中,AJAX Extensions 选项卡下,双击 ScriptManager 控件添加到该网页中。

(3) 在"工具箱"任务窗格中,AJAX Extensions 选项卡下,双击 UpdatePanel 控件两次,将两个 UpdatePanel 控件添加到该网页中。

(4) 选中网页中的一个 UpdatePanel 控件,在"属性"面板中,将 UpdateMode 属性设置为 Conditonal,对另一个 UpdatePanel 控件重复此步骤。

(5) 在"工具箱"任务窗格中,"标准"选项卡下,将 Label 控件拖到"设计"视图中的一个 UpdatePanel 控件中。

(6) 选中刚才的 Label 控件,在"属性"面板中,将 Text 属性设置为"Panel Created"。

(7) 在"工具箱"任务窗格中,在"标准"选项卡下,将 Button 控件拖到包含 Label 控件的同一个 UpdatePanel 控件中。选中该按钮,在"属性"面板中,将 Text 属性设置为 Refresh Panel。

为 Button 控件添加以下代码。

```
protected void Button1_Click(object sender,EventArgs e)
    {
        Label1.Text="Panel refreshed at " +DateTime.Now.ToString();
    }
```

(8) 在"工具箱"任务窗格中,在"标准"选项卡下,将 Calendar 控件拖到"设计"视图中的另一个 UpdatePanel 控件中。

(9) 按 F12 键在 Web 浏览器中运行该网页,单击按钮。

结论:面板中的文本将更改,以显示该面板的内容上次刷新的时间。在日历中,移到其他月份,另一个面板中的时间不会更改,这两个面板的内容会单独更新。

第 10 章　LINQ 技术

本章学习目标
- 了解 LINQ 技术。
- 了解 LINQ 操作数据库。

语言集成查询(LINQ)是微软公司提供的一种统一数据查询模式,并与.NET 开发语言进行高度的集成,在很大程度上简化了数据查询的编码和调试工作,提高了数据处理的性能。LINQ 引入了标准的、易于学习的查询和更新数据模式,可以对其进行扩展以支持几乎任何类型的数据存储。Visual Studio 2010 包含 LINQ 提供程序的程序集,这些程序集支持将 LINQ 与.NET Framework、SQL Server 数据库、ADO.NET 数据集一起使用。

10.1　LINQ 技术

以前对数据的查询都是简单的字符串表示,而没有编译时的类型检查或 IntelliSense 支持。此外,程序员还必须针对以下各种数据源学习不同的查询语言:SQL 数据库、XML 文档,以及各种 Web 服务。微软推出了语言集成查询。

LINQ 是 Language Integrated Query 的简称,它是集成在.NET 编程语言中的一种特性,已成为编程语言的一个组成部分。由于 LINQ 的出现,程序员可以使用关键字和运算符实现针对强类型化对象集的查询操作。在编写查询过程时,程序员可以得到很好的编译时语法检查、丰富的元数据、智能感知、静态类型等强语言的好处,同时它还可以方便地对内存中的信息进行查询而不只是外部数据源。

LINQ 是一系列技术,包括 LINQ、DLINQ、XLINQ 等。其中,LINQ to 对象是对内存进行操作,LINQ to SQL 是对数据库的操作,LINQ to XML 是对 XML 数据进行操作。图 10.1 描述了 LINQ 技术的体系结构。

LINQ 技术采用类似于 SQL 语句的句法,它的句法结构是以 from 开始,结束于 select 或 group 子句。开头的 from 子句可以跟随 0 个或者更多个 from 或 where 子句。每个 from 子句都是一个产生器,它引入了一个迭代变量在序列上搜索;每个 where 子句是一个过滤器,它从结果中排除一些项。最后的 select 或 group 子句指定了依据迭代变量得出的结果的外形。select 子句可以通过把一条查询语句的结果作为产生器插进子序列查询中的方式来拼接查询。

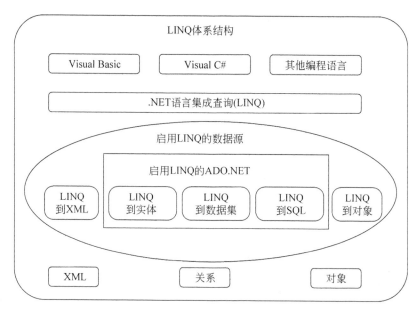

图 10.1 LINQ 体系结构

10.2 LINQ 查询

本节介绍如何在 C♯ 4.0 中使用查询操作。为了简便，这里使用的例子都是控制台程序。在介绍如何在 C♯ 中使用 LINQ 之前，首先引入"查询"的概念。"查询"是一组指令，这些指令描述如何从一个或多个给定数据源检索数据，以及返回的数据应该使用的格式和组织形式。

1. LINQ 的查询操作

（1）获得数据源。

（2）创建查询。

（3）执行查询。

通常，数据源会在逻辑上组织为相同种类的元素序列。例如，SQL 数据库表包含一个行序列，ADO.NET DataTable 包含一个 DataRow 对象序列。在 XML 文件中，有一个 XML 元素序列（不过这些元素按分层形式组织为树结构）。内存中的集合包含一个对象序列。

在 LINQ 中，查询的执行与查询本身截然不同，如果只是创建查询变量，那么不会检索出任何数据。图 10.2 展示了完整的查询操作。

2. 查询的方法

（1）延迟执行：在定义完查询变量后，实际的查询执行会延迟到在 foreach 语句中循环访问查询变量时发生。

（2）强制立即执行：对一系列源元素执行聚合函数的查询必须首先循环访问这些元素。Count、Max、Average 和 First 就属于此类型查询。这些查询返回单个值。

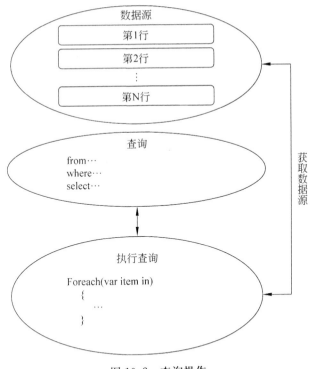

图 10.2　查询操作

3. LINQ 查询常用子句

LINQ 最明显的"语言集成"部分是查询表达式。查询表达式使用引入的声明性查询语法编写。通过使用查询语法，开发人员可以使用最少的代码对数据源执行复杂的筛选、排序和分组操作，也可以查询和转换 SQL 数据库、ADO.NET 数据集、XML 文档和流以及.NET 集合中的数据。

查询表达式是用查询语法表示的查询，它是一流的语言构造。它就像任何其他表达式一样，可以用在 C♯ 表达式有效的任何上下文中。查询表达式由一组子句组成，这些子句使用类似于 SQL 或 XQuery 的声明性语法编写，每个子句又包含一个或多个 C♯ 表达式，而这些表达式本身有可能是查询表达式或包含查询表达式。

查询表达式必须以 from 子句开头，并且必须以 select 或 group 子句结尾。在第一个 from 子句和最后一个 select 或 group 子句之间，查询表达式可以包含一个或多个下列可选句子：where、orderby、join 及 let，甚至可以包括附加的 from 子句。还可以使用 into 关键字使 join 或 group 子句的结果能够充当同一查询表达式中附加查询子句的源。

1) from 子句

查询表达式必须以 from 子句开头。它同时指定了数据源和范围变量。在对源序列进行遍历的过程中，范围变量表示源序列中的每个后续元素。将根据数据源中元素的类型对范围变量进行强类型化。

2) select 子句

使用 select 子句可产生所有其他类型的序列。简单的 select 子句只是产生与数据源中包含的对象具有相同类型的对象的序列。例如下面的代码：

```
IEnumerable<Country>sortedQuery=       //定义查询变量
    form country in countries          //定义数据源,该查询的数据源包含country对象
    orderby country.Area               //orderby子句将元素重新排序
    select country;                    //select子句产生重新排序的country对象的序列
```

3) group 子句

使用group子句可产生按照指定的键进行分组的序列。键可以采用任何数据类型。例如，可以指定结果按City分组，以便使位于不同City所有客户位于各自的组中，代码如下。

```
var queryCustomersByCity=
    form cust in customers
    group cust by cust.City;         //使用City对查询结果进行分组
foreach(var customerGroup in queryCustomersByCity)    //遍查询结果
{
    Console.WriteLine(customerGroup.Key);
    foreach(Customer customer in customerGroup)
    {
        Console.WriteLine("  {0}",customer.Name);
    }
}
```

在使用group子句结束查询时，结果保存在嵌套的列表中。列表中的每一个元素是一个列表，该子列表中包含根据Key键划分的每个小组的对象。在循环访问生成组序列的查询时，必须使用嵌套的foreach循环。外部循环用于循环访问每个组，内部循环用于循环访问每个组的成员。

如果必须引用组操作的结果，可以使用into关键字来创建可进一步查询的标识符。下面的查询只返回那些包含两个以上的客户组。

```
var custQuery=
    from cust in customers
    group cust by cust.City into custGroup    //into关键字表示把group分组的结果保
                                              //存在custGroup中
    where custGroup.Count()>2                 //设置查询的条件为返回客户多于2的分组
    orderby custGroup.Key
    select custGroup;
```

4) where 子句

where子句是查询的筛选器，最常用的查询操作是应用布尔表达式形式的筛选器。此筛选器使查询只返回那些表达式结果为true的元素。实际上，筛选器指定从源序列中排除哪些元素。在下面的示例中，只返回那些地址位于伦敦的customers：

```
var queryLondonCustomers=
    form cust in customers
```

```
where cust.City=="London"    //设置查询的条件为客户的地址是否在伦敦,通过where
                             //子句,排除客户地址不在伦敦的客户。
select cust;
```

如果要使用多个筛选条件,需要使用逻辑运算符号,如 &&、|| 等。例如,下面的代码只返回位于"伦敦"且姓名为"Devon"的客户。

```
Where cust.City=="London"&&cust.Name=="Devon"
```

5) orderby 子句

使用 orderby 子句可以很方便地对返回的数据进行排序。orderby 子句对返回的序列中的元素,根据指定的排序类型,使用默认比较器进行排序。例如,下面查询返回的结果为按 Name 属性进行排序的序列。

```
var queryLondonCustomers3=            //使用 orderby 进行排序
    from cust in customers
    where cust.City=="London"
    orderby cust.Name ascending
    select cust;
```

Customer 类型的 Name 属性是一个字符串,所以默认比较器执行从 A~Z 的字母排序。此外,ascending 表示按递增的顺序进行排序,为默认方式;descending 表示逆序排序,若要把筛选的数据进行逆序排列,则必须在查询语句中加上该修饰符。

6) 连接

连接运算创建数据源中没有显式建模的序列之间的关联。例如,可以执行连接来查询符合以下条件的所有客户:位于巴黎,且从位于伦敦的供应商处订购产品。在 LINQ 中,join 子句始终针对对象集合而非直接针对数据库表。在 LINQ 中不必像在 SQL 中那样频繁使用 join,因为 LINQ 中的外键在对象模型中表示为包含项集合的属性。例如,Customer 对象包含 Order 对象的集合,不必执行连接,只需使用点表示法访问订单:

```
from order in customer.Orders...
```

7) 投影

select 子句生成查询结果并指定每个返回的元素的类型。例如,可以指定结果包含整个 Customer 对象、仅一个成员、成员的子集,还是某个基于计算或新对象创建的完全不同的类型。当 select 子句生成源元素副本以外的内容时,该操作称为"投影"。使用投影转换数据是 LINQ 查询表达式的一种强大功能。

10.3 使用 LINQ 操作数据库

10.3.1 LINQ to SQL

LINQ to SQL 提供运行时基础结构,用于将关系数据库作为对象管理,LINQ to 实体则通过实体数据库模型,把关系数据在.NET 环境中公开为对象,这使得对象层成为实现 LINQ 支持的理想目标。

在 LINQ to SQL 中，关系数据库的数据模型映射为编程语言表示的对象模型。当应用程序执行时，LINQ to SQL 会将对象模型中的语言集成查询转换为 SQL，然后将它们发送到数据库进行执行。当数据库返回结果时，LINQ to SQL 会将它们再次转换为编程语言处理的对象。

通过使用 LINQ to SQL，可以像访问内存中的集合一样访问 SQL 数据库。例如，下面的代码使用 LINQ 进行数据库查询操作。

```
BookSample bookSample=new BookSample(@"BookStore.mdf");
                                            //创建 bookSample 对象表示 BookStore 数据库
var bookQuery=
    from book in bookSample.Book      //将 Book 表作为目标
    where book.作者=="张三"            //筛选出作者为"张三"的 Book 记录
    select book.名称;                  //执行投影操作,返回一个表示作品名称的字符串
foreach(var book in bookQuery)
{
    Response.Write(book);
}
```

使用 LINQ to SQL 可以完成几乎所有使用 T-SQL 可以执行的功能，LINQ to SQL 可以完成的常用功能包括选择、插入、更新和删除。

以上 4 大功能包含数据库应用程序的所有功能，LINQ to SQL 全部能够实现。因此在掌握了 LINQ 技术后就不需要再针对特殊的数据库学习特别的 SQL 语法了（不同的数据库 SQL 语法有很多的不同，正是基于这一点才导致了 LINQ 技术的出现）。

LINQ to SQL 的使用主要可以分为以下两大步骤。

第一个步骤是创建对象模型。要实现 LINQ to SQL，首先必须根据现有关系数据库的元数据创建对象模型。对象模型就是按照开发人员所用的编程语言来表示的数据库。关于如何创建对象模型，在后面的章节会详细介绍。

第二个步骤是使用对象模型。在创建了对象模型之后，就可以在该模型中描述信息请求和操作数据了。下面是使用已创建对象模型的典型步骤。

（1）创建查询用于从数据库中检索信息。
（2）重写 Insert，Update 和 Delete 的默认行为。
（3）设置适当的选项以检测和报告并发冲突。
（4）建立继承层次结构。
（5）提供合适的用户界面。
（6）调试并测试应用程序。

以上只是使用对象模型的典型步骤，其中很多步骤都是可选的，在实际应用当中，有些步骤可能并不会使用到。

10.3.2 对象模型和对象模型的创建

对象模型是关系数据库在编程语言中表示的数据模型，对对象模型的操作就是对关系

数据库的操作。表 10.1 列举了 LINQ to SQL 对象模型中最基本的元素及其与关系数据库模型中的元素的关系。

表 10.1 LINQ to SQL 对象模型中最基本的元素及其与关系数据库模型中的元素的关系

LINQ to SQL 对象模型	关系数据库模型	LINQ to SQL 对象模型	关系数据库模型
实体类	表	关联	外键关系
成员类	列	方法	存储过程和函数

创建数据模型,就是基于关系数据库来创建这些 LINQ to SQL 对象模型中最基本的元素。创建对象模型的方法有以下三种。

(1) 使用对象关系设计器。对象关系设计器提供了用于从现有数据库创建对象模型的丰富用户界面,它包含在 VS2010 中,最适合小型或中型数据库。

(2) 使用 SQLMetal 代码生成工具。这个工具适合大型数据库的开发,因此对于普通读者来说,这种方法就不常用了。

(3) 直接编写创建对象的代码。

下面详细介绍如何使用对象关系设计器创建对象模型。

对象关系设计器(O/R 设计器)提供了一个可视化设计图面,用于创建基于数据库中的对象的 LINQ to SQL 实体类和关联(关系)。换句话说,O/R 设计器用于在应用程序中创建映射到数据库对象的对象模型。它还生成一个强类型 DataContext,用于在实体类与数据库之间发送和接收数据。O/R 设计器还提供了相关功能,用于将存储过程和函数映射到 DataContext 方法以便返回数据和填充实体类。最后,O/R 设计器提供了对实体类之间的继承关系进行设计的能力。

强类型 DataContext 对应于类 DataContext,它表示 LINQ to SQL 框架的主入口点,充当 SQL Server 数据库与映射到数据库的 LINQ to SQL 实体类之间的管道。DataContext 类包含用于连接数据库以及操作数据库数据的连接字符串信息和方法。默认情况下,DataContext 类包含多个可以调用的方法,例如,用于将已更新数据从 LINQ to SQL 类发送到数据库的 SubmitChanges 方法。还可以创建其他映射到存储过程和函数的 DataContext 方法。也就是说,调用这些自定义方法将运行数据库中 DataContext 方法所映射到的存储过程或函数。与可以添加方法对任何类进行扩展一样,也可以将新方法添加到 DataContext 类。

10.3.3 查询数据库

创建了对象模型后,就可以查询数据库了。下面介绍如何在 LINQ to SQL 项目中查询数据库。

LINQ to SQL 中的查询与 LINQ 中的查询使用相同的语法,只不过它们操作的对象有所差异,LINQ to SQL、查询引用的对象映射到数据库中的元素。表 10.2 列出了两者的相似和不同之处。

表 10.2　LINQ to SQL 对象模型中最基本的元素及其与关系数据库模型中的元素的关系

项	LINQ 查询	LINQ to SQL
保存查询的局部变量的返回类型	泛型 IEnumerable	泛型 IQueryable
指定数据源	使用开发语言直接指定	相同
筛选	使用 Where/where 子句	相同
分组	使用 Group…by/groupby	相同
选择	使用 Select/select 子句	相同

　　LINQ to SQL 会将编写的查询转换成等效的 SQL 语句,然后把它们发送到服务器进行处理。具体来说,应用程序使用 LINQ to SQL API 来请求查询执行,LINQ to SQL 提供程序随后会将查询转换成 SQL 文本,并委托 ADO 提供程序执行。ADO 提供程序将查询结果作为 DataReader 返回,而 LINQ to SQL 提供程序将 ADO 结果转换成用户对象的 IQueryable 集合。图 10.3 描绘了 LINQ to SQL 的查询过程。

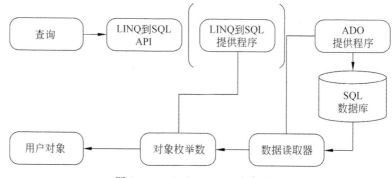

图 10.3　LINQ to SQL 查询过程

实践与练习

使用对象关系来创建 LINQ to SQL 实体类。

第三篇 实 战 篇

第 11 章 应用程序设计实例

本章学习目标
- 掌握 ASP.NET 开发系统的方法。

11.1 注册及登录验证模块设计

用户登录及管理是任何功能网站应用程序中不可缺少的一个功能,是保障系统安全的第一个环节。本章介绍用户登录、用户管理及权限设置是如何实现的。

11.1.1 系统设计

注册及登录验证模块实现了一个 Web 网站中最为普遍的登录及用户管理功能。根据系统的基本要求,模块需要完成以下任务。

用户登录功能:用户登录系统。
用户注册功能:新用户注册。
修改用户信息功能:修改用户基本信息。
设置用户权限功能:将普通用户设为管理员。
删除用户功能:从数据库中删除用户。
退出登录功能:退出系统。
程序运行结果如图 11.1 所示。

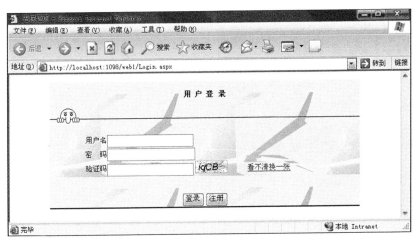

图 11.1 用户登录

11.1.2 关键技术

为了防止其他人编写程序重复登录破解密码,为网站制造麻烦,很多网站开始采用动态生成的图形码进行验证。在生成图形验证码时主要用到两方面技术：一是生成随机数，二是将生成的随机数转化成图片格式显示出来。

在用户登录页中使用了图形验证码技术。在"验证码"文本框右边添加了一个 Image 控件，控件中的图片由 Validata.aspx 页动态生成。代码如下。

1. HTML 源码中的代码

```
<asp:TextBox ID="tbValidate" runat="server"></asp:TextBox>
<asp:Image ID="Image1" runat="server" ImageUrl="~/Validata.aspx" />
<asp:LinkButton ID="LButton" runat="server" OnClick="LButton_Click">看不清换一张</asp:LinkButton>
```

2. 功能代码设计

```csharp
protected void Page_Load(object sender,EventArgs e)
{
if (!IsPostBack)
{
string validateNum=RandomNum(4);
createImage(validateNum);
Session["validateNum"]=validateNum;
}
}
private string RandomNum(int Num)
{   //生成随机字符串
string Char="0,1,2,3,4,5,6,7,8,9,A,B,C,D,E,F,G,H,I,J,K,L,M,N,O,P,Q,R,S,T,U,V,W,X,Y,Z,a,b,c,d,e,f,g,h,i,g,k,l,m,n,o,p,q,i,s,t,u,v,w,x,y,z";
string[] charArray=Char.Split(',');
string randomNum="";
int temp=-1;
Random rand=new Random();
for (int i=0;i<Num;i++)
{
if (temp !=1)
{
rand=new Random(i * temp * ((int)DateTime.Now.Ticks));
}
int t=rand.Next(61);
if (temp==t)
{
return RandomNum(Num);
}
temp=t;
randomNum +=charArray[t];
}
return randomNum;
```

```csharp
}
private void createImage(string validateNum)
{   //生成图片
if (validateNum==null || validateNum.Trim()==string.Empty)
return;
System.Drawing.Bitmap image=new System.Drawing.Bitmap(validateNum.Length *
12+10,22);
System.Drawing.Graphics g=System.Drawing.Graphics.FromImage(image);
try
{
Random random=new Random();
g.Clear(System.Drawing.Color.White);
for (int i=0;i<25;i++)
{
int x1=random.Next(image.Width);
int x2=random.Next(image.Width);
int y1=random.Next(image.Height);
int y2=random.Next(image.Height);
g.DrawLine(new System.Drawing.Pen(System.Drawing.Color.Silver),x1,y1,x2,
y2);
}
System.Drawing.Font font=new System.Drawing.Font("Arial",12,(System.Drawing.
FontStyle.Bold|System.Drawing.FontStyle.Italic));
System.Drawing.Drawing2D.LinearGradientBrush brush = new System.Drawing.
Drawing2D.LinearGradientBrush(new System.Drawing.Rectangle(0,0,image.Width,
image.Height),System.Drawing.Color.Blue,System.Drawing.Color.DarkRed,1.2f,
true);
g.DrawString(validateNum,font,brush,2,2);
for(int i=0;i<100;i++)
{
int x=random.Next(image.Width);
int y=random.Next(image.Height);
image.SetPixel(x,y,System.Drawing.Color.FromArgb(random.Next()));
}
g.DrawRectangle(new System.Drawing.Pen(System.Drawing.Color.Silver),0,0,
image.Width-1,image.Height-1);
System.IO.MemoryStream ms=new System.IO.MemoryStream();
image.Save(ms,System.Drawing.Imaging.ImageFormat.Gif);
Response.ClearContent();
Response.ContentType="image/Gif";
Response.BinaryWrite(ms.ToArray());
}
finally
{
```

```
    g.Dispose ();
    image .Dispose ();
    }
    }
```

11.1.3 开发过程

1. 数据库设计

本实例采用 SQL Server 2008 数据库系统,新建一个数据库,将其命名为 db1。创建用户信息表(tb_user),用于保存用户基本信息,表结构如表 11.1 所示。

表 11.1 用户信息表

字段名	类型	长度	是否主键	描述
userID	int	4	是	用户编号(自动编号)
userName	nvarchar	20	否	用户名
passWord	nvarchar	50	否	密码
telePhone	nvarchar	20	否	电话号码
Role	bit		否	是否为管理员

2. 配置文件 Web. config

Web. config 文件对于访问站点的用户来说是不可见的,也是不可访问的,所以为了系统数据的安全和易操作,可以在配置文件 Web. config 中配置数据库连接字符串。该文件的代码如下所示。

```
<configuration>
<appSettings/>
<connectionStrings>
<add name="dbconnectionstring" connectionString="Server= (local);Database=db1;User Id=sa;Pwd=;" providerName="System.Data.SqlClient"/>
</connectionStrings>
```

3. 公共类

在项目开发中良好的类设计能够使系统结构更加清晰,并且可以加强代码的重用性。本例中建立了一个公共类 DB.cs。用户可以在项目中的 App_Code 文件夹上右击,选择快捷菜单中的"添加新项"命令,将会弹出"添加新项"对话框。在其中选择"类"选项,并将其命名为 DB.cs,然后单击"添加"按钮,将会在 App_Code 文件夹下创建一个名为 DB.cs 的类文件。

公共类 DB.cs 中包含几个功能函数,分别为 GetConnection()方法、ExecSql()方法、GetReader()方法和 ExecScalar()方法,它们的功能设计如下。

1) GetConnection()方法

GetConnection 方法用来建立数据库连接,从配置文件 Web. config 中获取连接数据库的字符串实例化 SqlConnection 对象,并返回 SqlConnection 对象。代码如下。

```
public static SqlConnection GetConnection()     //连接数据库
{
//返回 SqlConnection 对象
return new SqlConnection(ConfigurationManager.ConnectionStrings
    ["dbconnectionstring"].ToString());
}
```

2) ExecSql(string sqlStr)方法

ExecSql 方法是使用 SqlCommand 对象对数据库执行 Updae、Insert、Delete 等 SQL 语句。代码如下。

```
public int ExecSql(string sqlStr)
{ //运行 Update、Insert、Delete 等 SQL 语句
int count;
SqlConnection myconn=GetConnection();            //连接数据库
myconn.Open();                                   //打开连接
SqlCommand mycmd=new SqlCommand(sqlStr,myconn);
try
{
count=Convert.ToInt32(mycmd.ExecuteNonQuery());  //执行 SQL 语句并返回受影响的行数
}
finally
{
myconn.Close();                                  //关闭连接
}
return count;
}
```

3) GetReader(string sqlStr)方法

GetReader 方法是将对数据库执行的结果保存在一个 SqlDataReader 对象中,最后将这个 SqlDataReader 对象返回。代码如下。

```
public SqlDataReader GetReader(string sqlStr)
{ //根据 Select 查询 sql,返回 OleDbDataReader
SqlConnection myconn=GetConnection();            //连接数据库
myconn.Open();                                   //打开连接
SqlCommand mycmd=new SqlCommand(sqlStr,myconn);
SqlDataReader dr=mycmd.ExecuteReader(CommandBehavior.CloseConnection);
myconn.Close();                                  //关闭连接
return dr;                                       //返回 SqlDataReader 对象 dr
}
```

4) ExecScalar(string sqlStr)方法

ExecScalar 方法是使用 SqlCommand 对象对数据库执行查询,并返回查询结果,代码

如下：

```
public int ExecScalar(string sqlStr)
{ //根据 Select 查询 sql,返回一个整数
int count;
SqlConnection myconn=GetConnection();          //连接数据库
myconn.Open();                                  //打开连接
SqlCommand mycmd=new SqlCommand(sqlStr,myconn);
try
{
count=Convert.ToInt32(mycmd.ExecuteScalar());
return 1;
}
finally
{
myconn.Close();                                 //关闭连接
}
}
```

4．模块设计

1）用户登录(Login.aspx)

用户登录页面实现了用户登录的功能，是整个 Web 程序的起始页，对于未注册的用户该页面还提供了注册的功能。页面运行效果如图 11.2 所示。

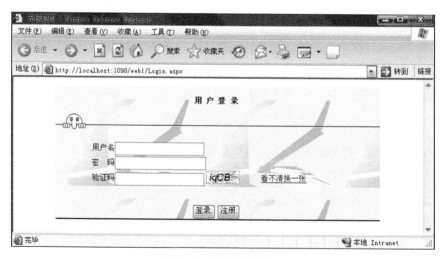

图 11.2　用户登录界面

用户登录页面的设计步骤如下：

（1）用户登录页面设计

在用户登录页面添加一个表格用来进行页面布局，然后，从"工具箱"→"标准"选项卡中向表格中添加三个 TextBox 控件、两个 Button 控件和一个 LinkButton 控件，打开"属性"面板，设置控件的属性。它们的属性设置及说明如表 11.2 所示。

表 11.2 登录页面中控件属性设置

控件类型	控件名	主 要 属 性	说　　明
TextBox 控件	tbName	TextMode 属性设置为 SingleLine	输入用户名
	tbPwd	TextMode 属性设置为 Password	输入密码
	tbValidate	Id 属性设置为 tbValidate	输入验证码
Button 控件	btLogin	Text 属性设置为"登录"	用户登录
	btRegister	Text 属性设置为"注册"	用户注册
LinkButton 控件	LButton	Text 属性设置为"看不清换一张"	更换验证码

(2) 用户登录页面功能实现

用户单击"登录"按钮，触发 btLogin 按钮的 Click 事件。先判断输入的验证码是否正确，然后通过数据库判断用户输入的用户名和密码是否正确。验证用户名和密码时，调用 DB 类的 GetReader()方法获取用户信息。如果信息正确，使用 Session 对象保存用户的登录信息；如果信息不正确，给出登录失败的提示信息。代码如下。

导入命名空间：

```
using System.Data.SqlClient;
//"登录"按钮下的代码
protected void btLogin_Click(object sender,EventArgs e)
{
string userName=this.tbName.Text.Trim();
string passWd=this.tbPwd.Text.Trim();
string num=this.tbValidate.Text.Trim();
if (Session["validateNum"].ToString()==num.ToUpper())
{
string sqlStr="select count from tb_user where userName='" +userName +"'and 
passWord='" +passWd +"'";
DB db=new DB();
SqlDataReader dr=db.GetReader(sqlStr);
dr.Read();
if (dr.HasRows)
{
Session["userID"]=dr.GetValue(0);
Session ["Role"]=dr.GetValue (4);
Response.Redirect("Usermanager.aspx");
}
else
{
Response.Write("<script>alert('登录失败!');location='Login.aspx'</script>");
}
dr.Close();
}
```

```
else
{
Response.Write("<script>alert('验证码输入错误!');location='Login.aspx'
    </script>");
}
}
```

(3) 注册新用户

单击"注册"按钮,触发 btRegister 按钮的 Click 事件跳转到 register.aspx 用户注册页面,新用户可以进行注册。代码如下。

```
protected void btRegister_Click(object sender,EventArgs e)
{
    Response.Redirect("register.aspx");
}
```

2) 用户注册(Register.aspx)

用户注册页面主要实现添加用户的功能。用户添加成功后,系统默认设置用户权限为普通用户。页面运行如图 11.3 所示。

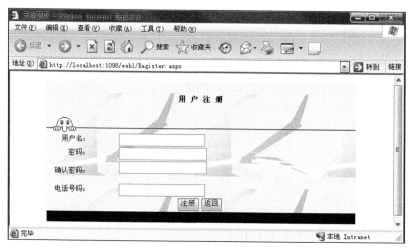

图 11.3 注册界面

用户注册页面设计步骤如下。

(1) 用户注册页面设计

在用户注册页面添加一个表格用来进行页面布局,然后,从"工具箱"→"标准"选项卡中向表格中添加 4 个 TextBox 控件、两个 Button 控件、4 个 RequiredFieldValidator 控件、一个 CompareValidator 控件和一个 RegularExpressionValidator 控件,打开"属性"面板,设置控件的属性。它们的属性设置及说明如表 11.3 所示。

(2) 注册新用户

在注册新用户前,先要对注册的用户名进行检查,如果用户名已经被使用则给出提示信息,如果用户名未被使用则完成新用户注册。

表 11.3　注册页面中控件属性设置

控件类型	控件名	主要属性	说明
TextBox 控件	tbName	Id 属性设置为 tbName	输入用户名
	tbPwd	TextMode 属性设置为 Password	输入密码
	tbRepwd	TextMode 属性设置为 Password	输入确认密码
	tbPhone	Id 属性设置为 tbPhone	输入电话号码
Button 控件	btRegister	Text 属性设置为"注册"	用户注册
	btBack	Text 属性设置为"返回"	返回登录页面
RequiredFieldValidator 控件	RequiredFieldValidator1	ControlToValidate 属性设置为 tbName	验证用户名不能为空
		ErrorMessage 属性设置为"*"	
	RequiredFieldValidator2	ControlToValidate 属性设置为 tbPwd	验证密码框不能为空
		ErrorMessage 属性设置为"*"	
	RequiredFieldValidator3	ControlToValidate 属性设置为 tbRepwd	验证确认密码框不能为空
		ErrorMessage 属性设置为"*"	
	RequiredFieldValidator4	ControlToValidate 属性设置为 tbPhone	验证电话号码不能为空
		ErrorMessage 属性设置为"*"	
CompareValidator 控件	CompareValidator1	ControlToValidate 属性设置为 tbRepwd	比较用户两次输入的密码是否相同
		ControlToCompare 属性设置为 tbPwd	
		ErrorMessage 属性设置为"两次密码输入不相符"	
RegularExpressionValidator 控件	RegularExpressionValidator1	ControlToValidate 属性设置为 tbPhone	验证电话号码
		ValidationExpression 属性设置为 "(\(\d{3}\)|\d{3}—)?\d{8}"	
		ErrorMessage 属性设置为"格式不正确！"	

单击"注册"按钮,触发 btRegister 按钮的 Click 事件。在该事件中先检查用户名是否已经存在。如果用户名已经存在,给出"用户名存在！"的提示信息;如果用户名不存在则将用户的信息添加到数据库中。添加成功,弹出"注册成功！"提示信息;否则弹出"注册失败！"提示信息。代码如下。

导入命名空间:

```
using System.Data.SqlClient;
//"注册"按钮代码
protected void btRegister_Click(object sender,EventArgs e)
{
    string userName=this.tbName .Text .Trim();
    string pwd=this.tbPwd.Text.Trim();
    string phone=this.tbPhone.Text.Trim();
```

```
string sqlStr="select count(*) from tb_user where userName='" +userName +"'";
DB db=new DB ();
int count=Convert.ToInt32 (db.sqlEsc (sqlStr));
if (count>0)
Response.Write("<script>alert('用户名存在!');location='register.aspx'</script>");
else
if (this.tbName.Text!="")
{
string sqlStr1="insert into tb_user(userName,passWord) values('" +userName +"','" +pwd +"')";
int count1=db.sqlinsert(sqlStr1);
if (count1>0)
{
Response.Write("<script>alert('注册成功!');</script>");
Clear();
}
else
Response.Write("<script>alert('注册失败!');location='register.aspx'</script>");
}
}
//"注册"按钮中清空文本框的Clear()方法代码
public void Clear()
{
this.tbName.Text="";
this.tbPwd.Text="";
this.tbRepwd.Text="";
this.tbPhone.Text="";
}
```

（3）返回登录页

单击"返回"按钮，将跳转到用户登录页（Login.aspx），代码如下。

```
protected void btBack_Click(object sender,EventArgs e)
{
Response.Redirect("Login.aspx");
}
```

3）用户管理（Usermanager.aspx）

在用户管理页面中，权限为管理员的用户具有对其他用户信息进行修改、删除和设置用户权限的功能。用户管理页面运行如图11.4所示。

用户管理页面设计步骤如下。

（1）用户管理页面设计

在用户管理页面上添加表格用来进行页面布局。然后，从"工具箱"→"标准"选项卡中往页面上添加一个GridView控件和一个LinkButton控件，打开"属性"面板，设置控件的属

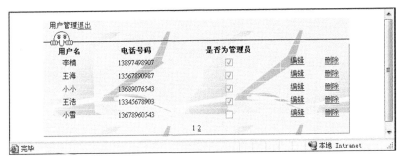

图 11.4 用户管理界面

性。它们的属性及源码的设置如下。

```
<table border="0" cellpadding="0" cellspacing="0" style="width: 500px">
<tr>
<td style="width: 100px;height: 19px">
用户管理<asp:LinkButton ID="LButton" runat="server">退出</asp:LinkButton>
</td>
</tr>
<tr>
<td style="width: 100px">
<img src="Image/adline.gif" />
</td>
</tr>
<tr>
<td style="width: 100px">
</td>
</tr>
<tr>
<td style="width: 100px">
</td>
</tr>
<tr>
<td style="width: 100px">
 <asp:GridView ID="GridView1" runat="server" AutoGenerateColumns=
"False" DataKeyNames="userID,userName,telePhone"
OnRowEditing="GridView1_RowEditing1" OnRowUpdating="GridView1_RowUpdating1"
Width="552px" OnRowCancelingEdit="GridView1_RowCancelingEdit1" OnRowDeleting=
"GridView1_RowDeleting" OnRowDataBound="GridView1_RowDataBound">
<Columns>
<asp:BoundField DataField="userName" HeaderText="用户名" />
<asp:BoundField DataField="telePhone" HeaderText="电话号码" />
<asp:CheckBoxField DataField="Role" HeaderText="是否为管理员" />
<asp:CommandField ShowEditButton="True" />
<asp:CommandField ShowDeleteButton="True" />
```

```
</Columns>
</asp:GridView>
</td>
</tr>
</table>
```

(2) 用户管理功能实现

导入命名空间：

```csharp
using System.Data.SqlClient;
//Page_Load 中的代码
protected void Page_Load(object sender,EventArgs e)
{
    if (!IsPostBack)
    {
        dbind();
    }
}
//定义一个自定义方法dbind()，读取数据库中的信息，并将其绑定到数据控件GridView中
public void dbind()
{
    DB db=new DB();
    string sqlStr="select * from tb_user";
    DataSet ds=db.GetDataSet(sqlStr);
    GridView1.DataSource=ds.Tables[0];
    GridView1.DataBind();
}
//单击GridView控件上的"编辑"按钮，将触发GridView控件的RowEditing事件
protected void GridView1_RowEditing1(object sender,GridViewEditEventArgs e)
{
    GridView1.EditIndex=e.NewEditIndex;
    this.dbind ();
}
//单击GridView控件上的"更新"按钮，将触发GridView控件的RowUpdating事件
protected void GridView1_RowUpdating1(object sender,GridViewUpdateEventArgs e)
{
    int id=Convert.ToInt32(GridView1.DataKeys[e.RowIndex].Value.ToString());
    string userName=((TextBox)(GridView1.Rows[e.RowIndex].Cells[0].Controls[0])).Text.ToString();
    string phone=((TextBox)(this.GridView1.Rows[e.RowIndex].Cells[1].Controls[0])).Text.ToString();
    string Role=((CheckBox)(this.GridView1.Rows[e.RowIndex].Cells[2].Controls[0])).Checked.ToString();
    string sqlStr="update tb_user set userName='" +userName +"',telePhone='"+phone +"',Role='"+Role+"'where userID=" +id;
```

```
DB db=new DB();
db.ExecSql(sqlStr);
GridView1.EditIndex=-1;
dbind ();
}
//单击GridView控件上的"取消"按钮,将触发GridView控件的RowCancelingEdit事件
protected void GridView1_RowCancelingEdit1(object sender,
    GridViewCancelEditEventArgs e)
{
GridView1.EditIndex=-1;
this.dbind ();
}
//单击GridView控件上的"删除"按钮,将触发GridView控件的RowDeleting事件
protected void GridView1_RowDeleting(object sender,GridViewDeleteEventArgs e)
{
DB db=new DB();
int id=Convert.ToInt32(GridView1.DataKeys[e.RowIndex].Value.ToString());
string sqlStr="delete from tb_user where userID=" +id;
db.ExecSql(sqlStr);
GridView1.EditIndex=-1;
dbind ();
}
protected void GridView1_RowDataBound(object sender,GridViewRowEventArgs e)
{
if (e.Row.RowType==DataControlRowType.DataRow)
{
((LinkButton)e.Row.Cells[4].Controls[0]).Attributes.Add("onclick","return confirm('真的要删除吗?')");
dbind();
}
}
```

11.2 新闻发布系统

随着互联网的迅速发展,新闻网也很快发展起来,它内容丰富、涉及面广,不仅有时事新闻,同时还具有互联网所具备的一切特性。在全球网络化、信息化的今天,它已成为人们生活中不可缺少的重要组成部分。通过本章的学习,了解新闻系统中的用户管理、新闻显示、新闻发布和新闻管理等功能的设计方法。

新闻发布系统由后台新闻管理和前台浏览新闻两部分组成。其中,后台新闻管理由后台登录、新闻管理、新闻编辑组成,前台由新闻浏览、新闻搜索和显示新闻组成,满足了人们浏览新闻时的要求。前台还提供查询新闻信息的功能,方便浏览者查找相关的新闻信息。

实例的具体功能如下。

浏览新闻功能：通过网络浏览各行业新闻。

分类显示功能：新闻分类显示相关信息。

站内搜索功能：实现站内新闻全面搜索。

后台管理功能：为后台管理人员提供管理入口。

后台编辑功能：编辑并管理新闻信息。

新闻浏览页面运行结果如图 11.5 所示。

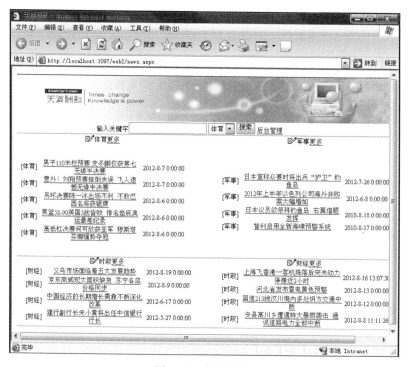

图 11.5　新闻浏览

11.2.1　关键技术

1. GridView 控件中绑定数据并实现分页

GridView 控件是一种数据绑定控件，是以表格的形式显示数据，并且有一个内置分页功能，支持基本的分页。

使用 GridView 控件绑定数据并实现分页功能主要代码如下。

```
public void dbind()
{
newsClass cs=new newsClass();
string sqlStr="select * from tb_news";
this.GridView1.DataSource=cs.GetDataSet(sqlStr);
this.GridView1.DataBind();
}
protected void GridView1_PageIndexChanging(object sender,GridViewPageEventArgs e)
```

```
{
GridView1.PageIndex=e.NewPageIndex;
dbind();
}
```

2. DataList 控件中绑定数据并实现分页

DataList 控件是一种数据绑定控件,也可以实现分页,分页功能是借助 PagedDataSource 类实现的。

使用 DataList 控件绑定数据并实现分页功能主要代码如下。

```
//定义公共类 newsClass
newsClass cs=new newsClass();
//实现分页
int currentPage=Convert.ToInt32(this.Lbpage.Text);
PagedDataSource ps=new PagedDataSource();
DataSet ds=cs.GetDataSet(Convert.ToString(Session["search"]));
ps.DataSource =ds.Tables[0].DefaultView;
ps.AllowPaging=true;
ps.PageSize=4;
ps.CurrentPageIndex=currentPage-1;
this.LinkBup.Enabled=true;
this.Linknext.Enabled=true ;
this.LinkBback.Enabled=true ;
this.LinkBone.Enabled=true ;
if(currentPage==1)
{
this.LinkBone.Enabled=false ;
this.LinkBup.Enabled=false ;
}
if(currentPage==ps.PageCount)
{
this.Linknext.Enabled=false ;
this.LinkBback.Enabled=false ;
}
this.LinkBback.Text=Convert.ToString(ps.PageCount);
DataList1.DataSource=ps;
DataList1.DataBind();
```

11.2.2 开发过程

1. 数据库设计

本实例采用 SQL Server 2008 数据库系统,新建一个数据库,将其命名为 db2。然后在该数据库中创建两个数据表,分别为管理员信息表(tb_user)和新闻表(tb_news)。

管理员信息表主要用于保存管理员的基本信息,tb_user 数据表的结构如表 11.4 所示。

表 11.4 管理员信息表

字段名	类型	长度	是否主键	描述
userID	int	4	是	管理员编号（自动编号）
userName	nvarchar	20	否	管理员姓名
passWord	nvarchar	50	否	管理员密码
Email	nvarchar	50	否	电子邮箱

新闻信息表（tb_news）主要用于保存新闻的基本信息，tb_news 数据表的结构如表 11.5 所示。

表 11.5 新闻信息表

字段名	类型	长度	是否主键	描述
newsID	int	4	是	新闻编号（自动编号）
newsTitle	nvarchar	50	否	新闻标题
Content	text	16	否	新闻内容
Type	nvarchar	50	否	新闻类型
addDate	datetime	8	否	发表时间

2．配置 Web.config

为了方便对数据库的操作和网页维护，可以将一些配置参数放在 Web.config 文件中。Web.config 文件中配置连接数据库的字符串，代码如下。

```
<configuration>
<appSettings/>
<connectionStrings>
<add name="dbconnectionstring" connectionString="Server=(local);Database=
    db2;User Id=sa;Pwd=;" providerName="System.Data.SqlClient "/>
</connectionStrings>
<system.web>
```

3．公共类

创建类文件时，用户可以在项目中的 App_Code 文件夹上右击，选择快捷菜单中的"添加新项"命令，将会弹出"添加新项"对话框。在其中选择"类"选项，并将其命名为 newsClass.cs，然后单击"添加"按钮，将会在 App_Code 文件夹下创建一个名为 newsClass 的类文件。

公共类 newsClass.cs 中包含几个功能函数，分别为 getConnection()方法、MessageBox()方法、ExecSelect()方法、ExecSql()方法和 GetDataSet()方法，它们的功能设计如下。

1) getConnection()方法

getConnection 方法用来建立数据库连接，从配置文件 Web.config 中获取连接数据库的字符串实例化 SqlConnection 对象，并返回 SqlConnection 对象。代码如下。

```
public static SqlConnection getConnection()
{   //返回 SqlConnection 对象
return new SqlConnection(ConfigurationManager.ConnectionStrings
    ["dbconnectionstring"].ToString());
}
```

2) MessageBox(string Message,string Url)方法

MessageBox 方法用于脚本语言,弹出提示信息框。

```
public string MessageBox(string Message,string Url)
{
string str="<script>alert('"+Message +"');location='"+Url +"'</script>";
return str;
}
```

3) ExecSelect(string sqlStr)方法

ExecSelect 方法是使用 OleDbCommand 对象对数据库执行查询,并返回查询结果,代码如下。

```
public int ExecSelect(string sqlStr)
{   //根据 Select 查询 sql,返回一个整数
int count;
SqlConnection myconn=getConnection();      //连接数据库
myconn.Open();                              //打开连接
SqlCommand mycmd=new SqlCommand(sqlStr,myconn);
count=(int)mycmd.ExecuteScalar();
mycmd.Dispose();
myconn.Close();                             //关闭连接
return count;
}
```

4) ExecSql(string sqlStr)方法

ExecSql 方法是使用 SqlCommand 对象对数据库执行 Updae、Insert、Delete 等 SQL 语句。代码如下。

```
public int ExecSql(string sqlStr)
{   //运行 Update、Insert、Delete 等 SQL 语句
SqlConnection myconn=getConnection();      //连接数据库
myconn.Open();                              //打开连接
SqlCommand mycmd=new SqlCommand(sqlStr,myconn);
try
{
mycmd.ExecuteNonQuery();                   /执行 SQL 语句并返回受影响的行数
myconn.Close();                             //关闭连接
}
catch
{
```

```
        myconn.Close();                          //关闭连接
        return 0;
    }
    return 1;
}
```

5) GetDataSet(string sqlStr)方法

GetDataSet 方法是用于 SQL 语句并返回数据集,主要对数据库中的数据进行查询,将查询结果返回数据集 GetDataSet。代码如下。

```
public System.Data.DataSet GetDataSet(string sqlStr)
{ //返回数据源的数据集 ds
    SqlConnection myconn=getConnection();
    myconn.Open();                              //打开连接
    SqlDataAdapter da=new SqlDataAdapter(sqlStr,myconn);
    DataSet ds=new DataSet();
    da.Fill(ds);                                //用 DataAdapte 的方法填充 DataSet 数据源
    myconn.Close();                             //关闭连接
    return ds;
}
```

4. 后台登录设计

前台新闻浏览页面设置了进入后台新闻管理的入口。单击"后台管理"按钮,进入后台登录页面(Login.aspx),后台登录页面运行结果如图 11.6 所示。

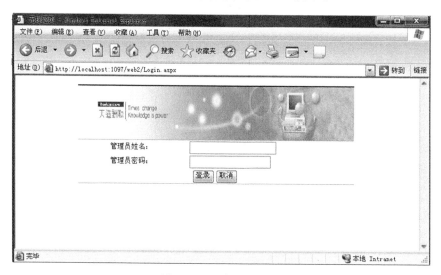

图 11.6 后台登录界面

1) 后台登录页面设计(Login.aspx)

在后台登录页面中添加一个表格用于页面布局,然后,从"工具箱"→"标准"选项卡中往页面上添加两个 TextBox 控件和两个 Button 控件,打开"属性"面板,设置控件的属性。控件的属性设置及说明如表 11.6 所示。

表 11.6　Login.aspx 页面控件属性设置

控　件	控件名	主要属性	说　明
TextBox 控件	tbName	TextMode 属性设置为 SingleLine	输入管理员名
	tbPwd	TextMode 属性设置为 Password	输入管理员密码
Button 控件	btLogin	Text 属性设置为"登录"	登录功能
	btCancel	Text 属性设置为"取消"	取消功能

2) 后台登录功能实现

后台登录主要用于验证管理员登录时管理员名和密码输入是否合法，合法的用户才可以进入系统。程序代码如下。

导入命名空间：

```
using System.Data.SqlClient;
```

在 Login.aspx.cs 中编写代码前，先定义一个 newsClass 类，以便调用该类中的方法。

```
newsClass cs=new newsClass();
//"登录"按钮下的代码
protected void btLogin_Click(object sender,EventArgs e)
{
if (tbName.Text.Trim()=="" || tbPwd.Text.Trim()=="")
{
Response.Write(cs.MessageBox("姓名和密码不能为空!","Login.aspx"));
}
else
{
string name=this.tbName.Text .Trim ();
string pwd=this.tbPwd .Text .Trim ();
string sqlStr="select count(*) from tb_user where userName='" +name +"' and
    passWord='" +pwd +"'";
int i=cs.ExecSelect(sqlStr);
if (i>0)
Response.Redirect("manageNews.aspx");
else
Response.Write(cs.MessageBox("姓名和密码错误!","Login.aspx"));
}
}
//"取消"按钮下的代码
protected void btCancel_Click(object sender,EventArgs e)
{
Response.Write("<script>location='index.aspx';</script>");
}
```

5. 后台新闻管理设计

后台新闻管理在新闻发布系统中有着非常重要的地位，主要包括新闻查询、新闻添加、新闻修改和新闻删除等功能。

1）新闻查询功能

在新闻管理页面（manageNews.aspx）中，用户可以对新闻进行站内搜索，如图11.7所示。

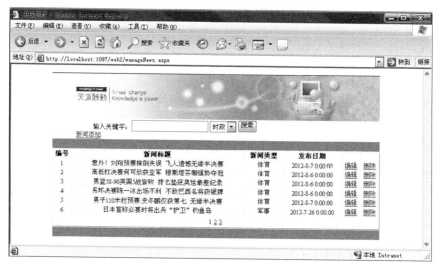

图11.7 新闻管理界面

（1）新闻管理页面设计

在新闻管理页面（manageNews.aspx）中添加一个表格用来进行页面布局，然后，从"工具箱"→"标准"选项卡中向表格中添加一个TextBox控件、一个DropDownList控件、一个Button控件和一个GridView控件，打开"属性"面板设置控件的属性。各个控件的属性设置如表11.7所示。

表11.7 manageNews.aspx 页面控件属性设置

控件类型	控件名	主要属性	说明
TextBox 控件	tbKey	TextMode 属性设置为 SingleLine	输入查询关键字
DropDownList 控件	DDownStyle	ID 属性设置为 DDownStyle	显示新闻类型
Button 控件	btSearch	Text 属性设置为"搜索"	站内搜索功能
GridView 控件	GridView1	AutoGenerateColumns 属性设置为 False	显示新闻信息

在HTML源码中对DropDownList控件进行设置，代码如下。

```
<asp:DropDownList ID="ddType" runat="server" Width="80px">
<asp:ListItem>时政</asp:ListItem>
<asp:ListItem>军事</asp:ListItem>
<asp:ListItem>体育</asp:ListItem>
<asp:ListItem>科学</asp:ListItem>
<asp:ListItem>经济</asp:ListItem>
</asp:DropDownList>
```

为 GridView 控件添加显示字段"编号"、"新闻标题"、"新闻类型"、"发布日期"和"编辑",在 HTML 源码中添加如下代码。

```
<asp:GridView ID="GridView1" runat="server" Width="664px" AutoGenerateColumns=
"False" DataKeyNames="newsID">
<Columns>
<asp:BoundField DataField="newsID" HeaderText="编号" />
<asp:BoundField DataField="newsTitle" HeaderText="新闻标题" />
<asp:BoundField DataField="Type" HeaderText="新闻类型" />
<asp:BoundField DataField="addDate" HeaderText="发布日期" />
<asp:HyperLinkField DataNavigateUrlFields="newsID" DataNavigateUrlFormatString=
"newsEdit.aspx?newsID={0}"
Text="编辑" />
<asp:CommandField ShowDeleteButton="True" />
</Columns>
</asp:GridView>
```

(2) 新闻查询功能代码

导入命名空间:

```
using System.Data.SqlClient;
```

在 manageNews.aspx.cs 中编写代码前,先需要定义一个 newsClass 类对象,以便在编写代码时调用该类中的方法。

```
newsClass cs=new newsClass();
```

程序主要代码如下。

```
protected void Page_Load(object sender,EventArgs e)
{
if (!IsPostBack)
{
dbind();
}
}
public void dbind()
{
newsClass cs=new newsClass();
string sqlStr="select * from tb_news";
this.GridView1.DataSource=cs.GetDataSet(sqlStr);
this.GridView1.DataBind();
}
//"搜索"按钮代码
protected void btSearch_Click(object sender,EventArgs e)
{
newsClass cs=new newsClass();
string type=this.DDownStyle.SelectedValue.ToString();
```

```
string newsKey=this.tbKey.Text.Trim();
string sqlStr="select * from tb_news where Type='"+type +"'and newsTitle
like '%" +newsKey +"%'";
GridView1.DataSource=cs.GetDataSet(sqlStr);
GridView1.DataBind();
}
//"新闻添加"按钮代码
protected void LBAddnew_Click(object sender,EventArgs e)
{
Response.Redirect("addNews.aspx");
}
//分页功能实现
protected void GridView1 _ PageIndexChanging (object sender, GridViewPageEv-
entArgs e)
{
GridView1.PageIndex=e.NewPageIndex;
dbind();
}
```

2）新闻添加功能

在后台新闻管理页面中有一个"新闻添加"按钮，单击该按钮进入如图11.8所示的新闻添加页面，在该页面中可以添加新闻的详细信息。

图 11.8 新闻添加界面

（1）新闻添加页面设计

在新闻添加页面（addNews.aspx）中添加一个表格用来进行页面布局，然后，从"工具箱"→"标准"选项卡中向表格中添加一个 DropDownList 控件、两个 TextBox 控件和两个 Button 控件,打开"属性"面板设置控件的属性。各控件的属性设置如表 11.8 所示。

表 11.8 addNews.aspx 页面控件属性设置

控件类型	控件名	主要属性	说明
DropDownList 控件	ddStyle	AutoPostBack 属性设置为 True	显示新闻类型
TextBox 控件	tbTitle	TextMode 属性设置为 SingleLine	输入新闻标题
	tbContent	TextMode 属性设置为 MultiLine	输入新闻内容
Button 控件	btAdd	Text 属性设置为"添加"	添加功能
	btReset	Text 属性设置为"重置"	重写功能

(2) 新闻添加功能代码

导入命名空间:

```
using System.Data.SqlClient;
```

在 addNews.aspx.cs 中编写代码前,先需要定义一个 newsClass 类对象,以便在编写代码时调用该类中的方法。

```
newsClass cs=new newsClass();
```

程序主要代码如下:

```
//"添加"按钮代码
protected void btAdd_Click(object sender,EventArgs e)
{
string newsType=ddStyle.SelectedValue.ToString();
string newsTitle=tbTitle.Text.Trim();
string newsContent=tbContent.Text.Trim();
string sqlStr="insert into tb_news(newsTitle,Content,Type,addDate) values
('"+newsTitle +"','"+newsContent +"','"+newsType +"','"+DateTime.Now +"')";
int i=cs.ExecSql(sqlStr);
if (i>0)
Response.Write(cs.MessageBox("添加成功!","addNews.aspx"));
else
Response.Write(cs.MessageBox("添加失败!","addNews.aspx"));
}
//"重置"按钮代码
protected void btReset_Click(object sender,EventArgs e)
{
this.tbTitle.Text="";
this.tbContent.Text="";
}
```

3) 新闻编辑功能

在新闻管理页面中,每一条新闻后有一个"编辑"按钮,单击该按钮跳转到图 11.9 所示的新闻编辑页面(newsEdit.aspx),在该页面可以对指定新闻进行编辑。

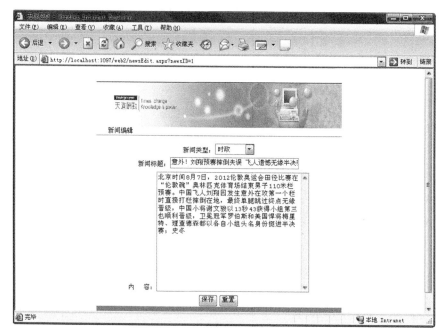

图 11.9 新闻编辑界面

(1) 新闻编辑页面设计

在新闻编辑页面(newsEdit.aspx)中添加一个表格用来进行页面布局,然后,从"工具箱"→"标准"选项卡中向表格中添加一个 DropDownList 控件、两个 TextBox 控件和两个 Button 控件,打开"属性"面板,设置控件属性。各控件的属性设置如表 11.9 所示。

表 11.9 newsEdit.aspx 页面控件属性设置

控件类型	控件名	主要属性	说明
DropDownList 控件	ddType	AutoPostBack 属性设置为 True	显示新闻类型
TextBox 控件	tbTitle	TextMode 属性设置为 SingleLine	输入新闻标题
	tbContent	TextMode 属性设置为 MultiLine	输入新闻内容
Button 控件	btSave	Text 属性设置为"保存"	保存修改的新闻信息
	btReset	Text 属性设置为"重置"	重新填写新闻信息

在 HTML 源码中对 DropDownList 控件进行设置,代码如下。

```
<asp:DropDownList ID="ddType" runat="server" Width="80px">
<asp:ListItem>时政</asp:ListItem>
<asp:ListItem>军事</asp:ListItem>
<asp:ListItem>体育</asp:ListItem>
<asp:ListItem>科学</asp:ListItem>
<asp:ListItem>经济</asp:ListItem>
</asp:DropDownList>
```

(2) 新闻编辑功能代码

导入命名空间：

using System.Data.SqlClient;

在 newsEdit.aspx.cs 中编写代码前，先需要定义一个 newsClass 类对象，以便在编写代码时调用该类中的方法。

newsClass cs=new newsClass();

程序主要代码如下。

```
protected void Page_Load(object sender,EventArgs e)
{
newsClass cs=new newsClass();
int id=Convert.ToInt32(Request.Params["newsID"]);
string sqlStr="select * from tb_news where newsID="+id;
DataSet ds=cs.GetDataSet(sqlStr);
if (!IsPostBack)
{
this.tbTitle.Text=ds.Tables[0].Rows[0]["newsTitle"].ToString();
this.tbContent.Text=ds.Tables[0].Rows[0]["Content"].ToString();
}
}
//"保存"按钮代码
protected void btSave_Click(object sender,EventArgs e)
{
newsClass cs=new newsClass();
string newsTitle=tbTitle.Text.Trim();
string newsContent=this.tbContent.Text.Trim();
string newsType=this.ddType.SelectedValue.ToString();
string sqlStr="update tb_news set newsTitle='"+newsTitle+"',Content='"+
newsContent+"',Type='"+newsType+"' where newsID="+Convert.ToInt32(Request.
Params["newsID"]);
int i=cs.ExecSql(sqlStr);
Response.Write(cs.MessageBox("数据修改成功!","manageNews.aspx"));
}
protected void btReset_Click(object sender,EventArgs e)
{
this.tbTitle.Text="";
this.tbContent.Text="";
}
```

4) 新闻删除功能

在新闻编辑页面，当用户单击新闻显示框中的"删除"按钮时，激发 GridView 控件的 RowDeleting 事件，在该事件下调用 newsClass 类的 ExecSql() 方法删除指定的新闻信息。代码如下。

```
//"删除"按钮代码
protected void GridView1_RowDeleting(object sender,GridViewDeleteEventArgs e)
{
newsClass cs=new newsClass();
int id=Convert.ToInt32(this.GridView1.DataKeys[e.RowIndex].Value.ToString());
string sqlStr="delete from tb_news where newsID="+id;
int i=cs.ExecSql(sqlStr);
dbind();
}
```

6. 前台模块设计

1) 新闻首页

（1）新闻首页页面设计

在新闻首页（news.aspx）中添加一个表格，用于页面布局，然后，从"工具箱"→"标准"选项卡中添加一个 TextBox 控件、一个 DropDownList 控件、一个 Button 控件和 4 个 DataList 控件，DataList 控件根据新闻类型不同来分类显示新闻。各个控件的属性设置如表 11.10 所示。

表 11.10 news.aspx 页面控件属性设置

控件类型	控件名	主要属性	说 明
TextBox 控件	tbKey	TextMode 属性设置为 SingleLine	输入查询关键字
DropDownList 控件	DDType	AutoPostBack 属性设置为 True	显示新闻类型
Button 控件	btSearch	Text 属性设置为"搜索"	站内搜索功能
DataList 控件	DataList1	DataKeyField 属性设置为"newsID"	显示新闻信息
	DataList2		
	DataList3		
	DataList4		

在 HTML 源码中对 DataList 控件进行设置，代码如下。

```
<asp:DataList ID="DataList1" runat="server" DataKeyField="newsID"
    OnItemCommand="DataList1_ItemCommand">
<ItemTemplate>
<div style="text-align: center">
<table border="0" cellpadding="0" cellspacing="0" style="width: 100%">
<tr>
<td style="width: 50px">
[<asp:Label ID="Label1" runat="server" Text='<%#DataBinder.Eval
    (Container.DataItem,"Type") %>'>
</asp:Label>]</td>
<td style="width: 200px">
<asp:LinkButton ID="LinkButton1" runat="server"><%#DataBinder.Eval
```

```
          (Container.DataItem,"newsTitle") %>
</asp:LinkButton>
</td>
<td style="width: 100px"><%# DataBinder.Eval(Container.DataItem,"addDate")%>
</td>
</tr>
</table>
</div>
</ItemTemplate>
</asp:DataList>
```

(2) 新闻首页功能代码

导入命名空间:

```
using System.Data.SqlClient;
```

在 news.aspx.cs 中编写代码前,先需要定义一个 newsClass 类对象,以便在编写代码时调用该类中的方法。

```
newsClass cs=new newsClass();
```

程序主要代码如下。

```
protected void Page_Load(object sender,EventArgs e)
{
dbind();
}
public void dbind()
{
newsClass cs=new newsClass();
string sqlStr="select * from tb_news where Type='体育'";
DataList1.DataSource=cs.GetDataSet(sqlStr);
DataList1.DataBind();
string sqlStr1="select * from tb_news where Type='军事'";
DataList2.DataSource=cs.GetDataSet(sqlStr1);
DataList2.DataBind();
string sqlStr2="select * from tb_news where Type='经济'";
DataList3.DataSource=cs.GetDataSet(sqlStr2);
DataList3.DataBind();
string sqlStr3="select * from tb_news where Type='科学'";
DataList4.DataSource=cs.GetDataSet(sqlStr3);
DataList4.DataBind();
}
protected void DataList1_ItemCommand(object source,DataListCommandEventArgs e)
{
int id=Convert.ToInt32(DataList1.DataKeys[e.Item.ItemIndex].ToString());
Response.Write("<script>window.open('newsContent.aspx?newsID=" +id +"','',
    'width=500,height=500')</script>");
```

```
}
protected void btSearch_Click(object sender,EventArgs e)
{
string type=this.DDType.SelectedValue.ToString();
string newsKey=this.tbKey.Text.Trim();
string sqlStr="select * from tb_news where Type='" +type +"'and newsTitle
    like '%" +newsKey +"%'";
Response.Redirect("newsList.aspx?str=" +sqlStr);
}
```

2) 站内搜索显示结果页

用户需要查看特定新闻时,可以在 news.aspx 页面中的搜索区输入关键字,然后单击"搜索"按钮将查询相关信息显示在 newsList.aspx 页面中,运行结果如图 11.10 所示。

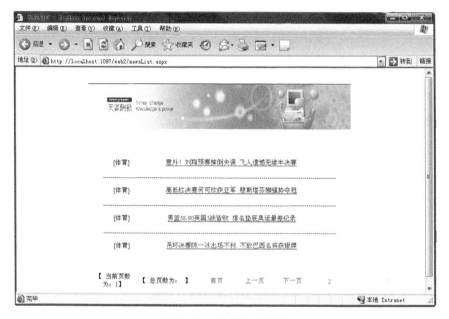

图 11.10 搜索显示结果

(1) 页面设计

在页面(newsList.aspx)中添加一个表格用来页面布局,然后,从"工具箱"→"标准"选项卡中添加一个 DataList 控件、三个 Label 控件和 4 个 LinkButton 控件,打开"属性"面板,设置控件的属性。它们的属性设置如表 11.11 所示。

表 11.11 newsList.aspx 页面控件属性设置

控件类型	控件名	主要属性	说 明
DataList 控件	DataList1	DataKeyField 属性设置为 newsID	显示新闻
Label 控件	Lbloca	Text 属性设置为""	显示新闻当前所在位置
	Lbpage	Text 属性设置为"1"	显示当前页数
	Lbcount	Text 属性设置为""	显示分页数

续表

控件类型	控件名	主要属性	说明
LinkButton 控件	LinkBone	ForeColor 属性设置为 Red	跳转到第一页
	LinkBup		跳转到上一页
	LinkNext		跳转到下一页
	LinkBack		跳转到最后一页

在 HTML 源码中对 DataList 控件进行设置,代码如下。

```
<asp:DataList ID="DataList1" runat="server" Width="536px" DataKeyField=
    "newsID" OnItemCommand="DataList1_ItemCommand" OnItemDataBound=
    "DataList1_ItemDataBound" Height="192px">
<SeparatorTemplate>
----------------------------------------------------------
</SeparatorTemplate>
<ItemTemplate>
<div style="text-align: center">
<table border="0" cellpadding="0" cellspacing="0" style="width: 500px">
<tr>
<td style="width: 100px">[<%#DataBinder.Eval(Container.DataItem,"Type") %>]
</td>
<td style="width: 300px">
<asp:LinkButton ID="LinkButton1" runat="server"><%#DataBinder.Eval
    (Container.DataItem,"newsTitle")%>
</asp:LinkButton>
</td>
</tr>
</table>
</div>
</ItemTemplate>
</asp:DataList>
```

(2) 页面功能代码

导入命名空间:

```
using System.Data.SqlClient;
```

在 newsList.aspx.cs 中编写代码前,先要定义一个 newsClass 类,以便在编写代码时调用该类中的方法。

```
newsClass cs=new newsClass();
```

程序主要代码如下。

```
protected void Page_Load(object sender,EventArgs e)
{
if (IsPostBack)
```

```csharp
{
dbind();
}
}
public void dbind()
{
int currentPage=Convert.ToInt32(this.Lbpage.Text);
PagedDataSource ps=new PagedDataSource();
DataSet ds=cs.GetDataSet(Convert.ToString(Session["search"]));
ps.DataSource =ds.Tables[0].DefaultView;
ps.AllowPaging=true;
ps.PageSize=4;
ps.CurrentPageIndex=currentPage-1;
this.LinkBup.Enabled=true;
this.Linknext.Enabled=true;
this.LinkBback.Enabled=true;
this.LinkBone.Enabled=true;
if(currentPage==1)
{
this.LinkBone.Enabled=false;
this.LinkBup.Enabled=false;
}
if(currentPage==ps.PageCount)
{
this.Linknext.Enabled=false;
this.LinkBback.Enabled=false;
}
this.LinkBback.Text=Convert.ToString(ps.PageCount);
DataList1.DataSource=ps;
DataList1.DataKeyField="newsID";
DataList1.DataBind();
}
protected void LinkBone_Click(object sender,EventArgs e)
{
this.Lbpage.Text="1";
this.dbind();
}
protected void LinkBup_Click(object sender,EventArgs e)
{
this.Lbpage.Text=Convert.ToString(Convert.ToInt32(this.Lbpage.Text)-1);
this.dbind();
}
protected void Linknext_Click(object sender,EventArgs e)
{
this.Lbpage.Text=Convert.ToString(Convert.ToInt32(this.Lbpage.Text)+1);
this.dbind();
}
```

```
protected void LinkBback_Click(object sender,EventArgs e)
{
this.Lbpage.Text=this.Lbcount.Text;
this.dbind();
}
protected void DataList1_ItemCommand(object source,DataListCommandEventArgs e)
{
int id=Convert.ToInt32(DataList1.DataKeys[e.Item.ItemIndex].ToString());
Response.Write("<script>window.open('newsContent.aspx?newsID=" +id +"','',
    'width=500,height=500')</script>");
}
```

3) 新闻内容显示页面

新闻内容显示页面(newsContent.aspx)用来显示新闻详细信息,如图11.11所示。

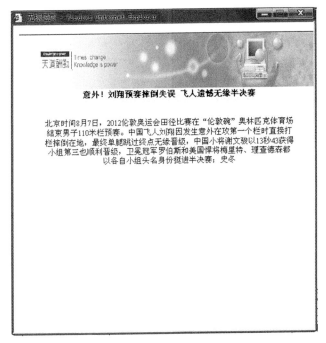

图11.11 新闻内容显示界面

(1) 新闻内容显示页面设计

在新闻内容显示页面(newsContent.aspx)中添加一个表格用来布局页面,然后,从"工具箱"→"标准"选项卡中添加一个DataList控件,打开"属性"面板,设置控件的属性。它们的属性设置如表11.12所示。

表11.12 newsContent.aspx 页面控件属性设置

控件类型	控件名	主要属性	说明
DataList 控件	DataList1	DataKeyField 属性设置为 newsID	显示新闻内容

在HTML源码中对DataList控件进行设置,代码如下。

```
<asp:DataList ID="DataList1" runat="server" Width="416px">
<ItemTemplate>
<div style="text-align: center">
<table border="0" cellpadding="0" cellspacing="0" style="width: 100%">
<tr>
<td colspan="2" style="height: 19px"><h4><%# DataBinder.Eval(Container.DataItem,"newsTitle")%></h4>
</td>
</tr>
<tr>
<td colspan="2" style="height: 100px"><%# DataBinder.Eval(Container.DataItem,"Content")%>
</td>
</tr>
</table>
</div>
</ItemTemplate>
</asp:DataList>
```

(2) 新闻内容显示页面代码设计

导入命名空间：

```
using System.Data.SqlClient;
```

在 newsContent.aspx.cs 中编写代码前，先要定义一个 newsClass 类，以便在编写代码时调用该类中的方法。

```
newsClass cs=new newsClass();
```

程序主要代码如下。

```
protected void Page_Load(object sender,EventArgs e)
{
dbind();
}
public void dbind()
{
int id=Convert.ToInt32(Request.Params["newsID"]);
string sqlStr="select * from tb_news where newsID=" +id;
DataList1.DataSource=cs.GetDataSet(sqlStr);
DataList1.DataBind();
}
```

参 考 文 献

1. 韩颖,卫琳等.ASP.NET动态网站开发教程(第3版)[M].北京:清华大学出版社,2013.
2. 李春葆,喻丹丹等.ASP.NET动态网站设计教程:基于C#+SQL Server[M].北京:清华大学出版社,2011.
3. 丁桂芝.ASP.NET动态网页设计教程(第二版)[M].北京:中国铁道出版社,2011.
4. 吴黎兵,郝自勉等.网页设计与Web编程[M].北京:人民邮电出版社,2007.
5. 孙士保,张瑾等.ASP.NET数据库网站设计教程(C#版)[M].北京:电子工业出版社,2012.
6. 韩颖,卫琳等.ASP.NET 3.5动态网站开发基础教程[M].北京:清华大学出版社,2010.
7. 金旭亮.ASP.NET程序设计教程[M].北京:高等教育出版社,2010.
8. 李春葆,金晶等.ASP.NET 2.0动态网站设计教程[M].北京:清华大学出版社,2010.
9. 弗瑞曼,麦克唐纳等.精通ASP.NET 4.5(第5版)[M].北京:人民邮电出版社,2014.
10. 刘智勇,刘径舟.SQL Server 2008宝典[M].北京:电子工业出版社,2010.